计算机系列教材

张超 王剑云 陈宗民 叶文珺 编著

计算机应用基础
（第3版）

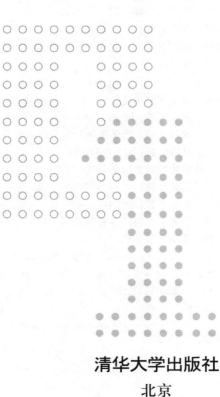

清华大学出版社

北京

内 容 简 介

本书共分为 5 章,分别介绍计算机基础知识、计算机硬件系统、计算机软件、计算机网络、信息安全基础,另附有一篇故事性的计算机发展史作为附加阅读材料;每章均包含大量练习,读者通过练习可快速掌握和巩固相关的知识。

本书配有专门的实验指导,全部为上机实验,案例典型、内容新颖、概念准确、通俗易懂、实用性强。

本书可作为高等院校计算机应用基础指导教材,也可作为广大计算机爱好者的自学教材或参考用书。

图书在版编目(CIP)数据

计算机应用基础/张超等编著. —3 版. —北京:清华大学出版社,2018(2024.9重印)
(计算机系列教材)
ISBN 978-7-302-49841-4

Ⅰ. ①计… Ⅱ. ①张… Ⅲ. ①电子计算机—教材 Ⅳ. ①TP3

中国版本图书馆 CIP 数据核字(2018)第 042819 号

责任编辑:黄 芝 薛 阳
封面设计:常雪影
责任校对:时翠兰
责任印制:宋 林

出版发行:清华大学出版社
   网　　址:https://www.tup.com.cn,https://www.wqxuetang.com
   地　　址:北京清华大学学研大厦 A 座   邮　　编:100084
   社 总 机:010-83470000   邮　　购:010-62786544
   投稿与读者服务:010-62776969,c-service@tup.tsinghua.edu.cn
   质量反馈:010-62772015,zhiliang@tup.tsinghua.edu.cn
   课件下载:https://www.tup.com.cn,010-83470236
印 装 者:三河市少明印务有限公司
经　　销:全国新华书店
开　　本:185mm×260mm 印　　张:13.25   字　　数:326 千字
版　　次:2012 年 8 月第 1 版 2018 年 9 月第 3 版 印　　次:2024 年 9 月第 11 次印刷
印　　数:17301～19300
定　　价:39.50 元

产品编号:075544-01

在信息时代,随着计算机科学与技术的飞速发展和广泛应用,计算机已经渗透到科学技术的各个领域,渗透到人们的工作、学习和生活之中。今天,计算机已成为社会文化不可缺少的一部分,学习计算机知识、掌握计算机的基本应用技能已成为时代对我们的要求。

"计算机应用基础"作为一门公共基础课,旨在引导刚刚进入大学的新生对计算机科学技术的基础知识有一个概括而准确的了解,从而为正式而系统地学习计算机系列课程打下基础。从入学看,大学入校新生的计算机教育已非零起点;从毕业看,大学生计算机应用能力已经成为就业的必备条件;从大学教育看,计算机技术愈来愈多地融入了各专业科研和专业课的教学之中。计算机应用技术对学生的知识结构、技能的提高和智力的开发变得越来越重要。

目前,计算机导论、大学计算机基础、计算机文化基础之类的教材林林总总,主要为大学一年级新生所用,主要讲述计算机的基本概念、操作系统和办公软件的使用,以及网络和多媒体技术等。本教材当然也涵盖这些内容。

近年来,随着网络的发展,信息系统的应用范围不断扩大,人们也受到日益严重的来自网络的安全威胁,诸如网络的数据窃贼、黑客的侵袭、病毒发布者等,信息安全已经与人们的工作和生活密切相关。因此,本教材用一整章介绍信息安全基本概念,讲述信息安全机制,信息安全体系结构,介绍计算机网络安全和计算机病毒原理与防范技术。

全书共分为5章,第1章讲述计算机基础知识,主要介绍计算机的发展、计算机的各种应用、计算机中数的表示方法及运算,为进一步学习和使用计算机打下必要的基础;第2章讲述计算机硬件基础,主要介绍计算机的系统构成和基本工作原理,使读者对计算机的整体结构有一定认识;第3章讲述计算机软件,主要介绍计算机软件的基本概念、系统软件和应用软件,特别介绍了操作系统的概念、分类;第4章是关于计算机网络的基本原理和应用,介绍了计算机网络的基本概念和原理、局域网的基本组成原理及 Internet 基础知识以及应用;第5章讲述信息安全基础,较全面地向读者普及信息安全的常识,包括信息安全的基本概念、信息安全体系结构、网络安全、病毒防范、典型攻防技术等。

　　本书第1、2章由叶文珺、王剑云、李舫共同编写，第3章由张超编写，第4章由张超、叶文珺共同编写，第5章由魏为民编写，附录部分由陈宗民编写，张超负责全书的结构和各章节的内容统筹工作。

　　由于作者的编写水平有限，书中难免存在疏漏和不足之处，恳请读者和同人给予批评指正。

编　者

2018年5月于上海

目 录

CONTENTS

第 1 章 计算机基础知识

1.1 计算机概述

1.1.1 计算机发展史

在漫漫历史长河中,人们使用的计算工具,从简单到复杂,从初级到高级,逐步发展,人类从未停止过追求高速计算工具的脚步。其中有几件事对现代计算机的发明有重要意义:一是中国古代发明的直到今天还在使用的算盘,被人们誉为"原始计算机";二是 1642 年法国物理学家帕斯卡发明的齿轮式加减法器;三是 1673 年德国数学家莱布尼兹制成的机械式计算器,可以进行乘除运算;如图 1-1 所示;四是 1822 年英国数学家查尔斯·巴贝奇提出了差分机和分析机的构想,具有输入、处理、存储、输出及控制 5 个基本装置,而这些正是现代意义上的计算机所具备的,如图 1-2 所示。

图 1-1 算盘、齿轮式加减法器、机械式计算器

图 1-2 巴贝奇的差分机

以上这些事件对计算机的产生与发展具有不可替代的历史作用。这些计算工具或是人工的,或是机械的,但都不是电子的。

1946 年 2 月，世界上第一台全自动电子数字计算机 ENIAC（Electronic Numerical Integrator and Calculator，爱尼亚克），即"电子数字积分计算机"诞生了。这台计算机是为解决弹道计算问题而研制的，主要研制人是美国宾夕法尼亚大学莫尔电气工程学院的 J. W. Mauchly（莫奇利）和 J. P. Eckert（埃克特）。当时正值第二次世界大战期间，它的资助者是美国军方，目的是计算弹道的各种非常复杂的非线性方程组。这些方程组是没有办法求出准确解的，只能用数值方法近似地进行计算，因此研究一种快捷准确计算的办法很有必要。美国军方花费了近 50 万美元在 ENIAC 项目上，这在当时是一笔巨款。

ENIAC 计算机使用了一万八千多个电子管、一万多个电容器、7000 个电阻、一千五百多个继电器，耗电 150kW，重量达 30t，占地面积为 170m²，如图 1-3 所示。它每秒能进行 5000 次加法运算（而人最快的运算速度每秒仅 5 次加法运算），还能进行平方和立方运算、计算正弦和余弦等三角函数的值及其他一些更复杂的运算。这样的速度在当时已经是人类智慧的最高水平。

图 1-3　ENIAC 计算机

ENIAC 的问世，宣告了电子计算机时代的到来。虽然它每秒只能进行 5000 次加法运算，但它预示着科学家们将从奴隶般的计算中解脱出来，它的出现具有划时代的意义。自从第一台电子数字计算机问世以来，计算机的发展以硬件的电子器件的演变为标志，大致经历了第 1 代～第 4 代 4 个阶段，而第 5 代计算机是正在研制中的新型计算机，是一种更接近人的人工智能计算机。

1. 第 1 代——电子管计算机

第 1 代电子计算机是电子管计算机，时间大约为 1946—1958 年，其基本特征是计算机采用电子管作为计算机的逻辑元件，数据表示主要是定点数，用机器语言和汇编语言编写程序。由于当时电子技术的限制，电子管计算机的体积十分庞大，成本很高，可靠性低，运算速度慢。第一代计算机的运算速度一般为每秒几千次至几万次，其应用领域仅限于科学计算，其代表机型有 IBM 650、IBM 709。

2. 第 2 代——晶体管计算机

第 2 代计算机是晶体管电路电子计算机，时间大约为 1958—1964 年。它的基本特征是逻辑元件逐步由电子管改为晶体管,内存所使用的器件大都使用磁芯存储器,外存储器开始使用磁盘、磁带,并提供了较多的外部设备。晶体管计算机的体积缩小,重量减轻,成本降低,容量扩大,功能增强,可靠性大大提高。它的运算速度提高到每秒几万次至几十万次。在这个阶段,出现了FORTRAN、COBOL、ALGOL等高级程序设计语言。这类语言主要使用英文字母及人们熟悉的数字符号,接近于自然语言,使用者能够方便地编写程序。第2代计算机的应用领域扩大到数据处理、事务管理和工业控制等方面,其代表机型有IBM 7094、CDC 7600。

3. 第3代——中、小规模集成电路计算机

第3代计算机是集成电路计算机,时间大约为1964—1970年。随着固体物理技术的发展,集成电路工艺可以在几平方毫米的单晶硅片上集成由十几个甚至上百个电子元件组成的逻辑电路。其基本特征是逻辑元件采用小规模集成电路(Small Scale Integration,SSI)和中规模集成电路(Middle Scale Integration,MSI)。由于采用了集成电路,计算机的体积大大缩小,成本进一步降低,耗电量更省,可靠性更高,功能更加强大。其运算速度已达到每秒几十万次至几百万次,内存容量大幅度增加。在软件方面,出现了多种高级语言和会话式语言,并开始使用操作系统,使计算机的管理和使用更加方便。这代计算机广泛用于科学计算、文字处理、自动控制与信息管理等方面,其代表机型有IBM 360。

4. 第4代——大规模和超大规模集成电路计算机

第4代计算机称为大规模集成电路计算机,时间从1971年起至今。进入20世纪70年代以来,计算机逻辑元件全面采用大规模集成电路(Large Scale Integrated Circuit,LSI)和超大规模集成电路(Very Large Scale Integrated Circuit,VLSI),在硅半导体上集成了1000~100 000个以上电子元器件。集成度很高的半导体存储器代替了服役达20年之久的磁芯存储器。业界著名的摩尔定律指出:当价格不变时,集成电路上可容纳的元器件的数目,每隔18~24个月便会增加一倍,性能也随之提升一倍。

随着计算机的存储容量及运算速度和功能的极大提高,提供的硬件和软件更加丰富和完善。随着操作系统的不断完善,应用软件已成为现代工业的一部分。在这个阶段,计算机向巨型和微型两极发展。20世纪70年代,微型计算机问世,电子计算机开始进入普通人的生活。微型计算机的出现使计算机的应用进入了突飞猛进的发展时期。特别是微型计算机与多媒体技术的结合,将计算机的生产和应用推向了新的高潮。计算机的发展进入了以计算机网络为特征的时代。

5. 第5代——新一代计算机

当前的电子计算机都是冯·诺依曼体系计算机,基本工作原理是先将程序存入存储器中,然后按照程序逐次进行运算。当前电子计算机存在的主要不足如下。

首先,电子计算机虽然已具有一些相当幼稚的"智能",但它不能进行联想(即根据某一信息,从记忆中取出其他有关信息的功能)、推论(针对所给的信息,利用已记忆的信息对未知问题进行推理得出结论的功能)、学习(将对应新问题的内容,以能够高度灵活地加以运用的方式进行记忆的功能)等人类头脑的最普通的思维活动。

其次，电子计算机虽然已经能在一定程度上配合、辅助人类的脑力劳动，但是，它还不能真正听懂人的说话，读懂人的文章，还需要由专家用电子计算机懂得的特殊的"程序语言"同它进行"对话"。这就大大限制了电子计算机的应用、普及及大众化。

最后，电子计算机虽然能以惊人的信息处理来完成人类无法完成的工作，但是它仍不能满足某些科技领域的高速、大量的计算任务的要求。例如，在进行超高层建筑的耐震设计时，为解析一种立柱模型受到摇动时的三维振动情况，用超大型电子计算机算上100年也难以完成。

人工智能的应用将是未来信息处理的主流，第5代计算机系统结构将突破传统的诺依曼机器的概念，将信息采集、存储、处理、通信同人工智能结合在一起。它能进行数值计算或处理一般的信息，主要能面向知识处理，具有形式化推理、联想、学习和解释的能力，能够帮助人们进行判断、决策、开拓未知领域和获得新的知识。人-机之间可以直接通过自然语言（声音、文字）或图形图像交换信息。

未来的计算机包括以下几种。

1. 量子计算机

量子计算机是一类遵循量子力学规律进行高速数学和逻辑运算、存储及处理的量子物理设备，当某个设备是由量子元件组装，处理和计算的是量子信息，运行的是量子算法时，它就是量子计算机。

2. 神经网络计算机

人脑总体运行速度相当于每秒1000万亿次的计算机功能，可把生物大脑神经网络看作一个大规模并行处理的、紧密耦合的、能自行重组的计算网络。从大脑工作的模型中抽取计算机设计模型，用许多处理机模仿人脑的神经元机构，将信息存储在神经元之间的联络中，并采用大量的并行分布式网络就构成了神经网络计算机。

3. 化学、生物计算机

在运行机理上，化学计算机以化学制品中的微观碳分子作信息载体，来实现信息的传输与存储。DNA分子在酶的作用下可以从某种基因代码通过生物化学反应转变为另一种基因代码，转变前的基因代码可以作为输入数据，反应后的基因代码可以作为运算结果，利用这一过程可以制成新型的生物计算机。生物计算机最大的优点是生物芯片的蛋白质具有生物活性，能够跟人体的组织结合在一起，特别是可以与人的大脑和神经系统有机地连接，使人机接口自然吻合，免除了烦琐的人机对话，这样，生物计算机就可以听人指挥，成为人脑的外延或扩充部分，还能够从人体的细胞中吸收营养来补充能量，不要任何外界的能源。由于生物计算机的蛋白质分子具有自我组合的能力，从而使生物计算机具有自调节能力、自修复能力和自再生能力，更易于模拟人类大脑的功能。现今科学家已研制出了许多生物计算机的主要部件——生物芯片。

4. 光计算机

光计算机是用光子代替半导体芯片中的电子，以光互连来代替导线制成数字计算机。

与电的特性相比,光具有无法比拟的各种优点:光计算机是"光"导计算机,光在光介质中以许多个波长不同或波长相同而振动方向不同的光波传输,不存在寄生电阻、电容、电感和电子相互作用问题,光器件无电位差,因此光计算机的信息在传输中畸变或失真小,可在同一条狭窄的通道中传输数量大得难以置信的数据。

1.1.2　计算机的分类

由于计算机技术的迅猛发展,计算机已成为一个庞大的家族。从计算机处理的对象、计算机的规模以及计算机的用途等不同的角度可做以下分类。

1. 按照计算机工作原理分

计算机可以分为数字计算机、模拟计算机和数字模拟计算机。

数字计算机的特点是该类计算机输入、处理、输出和存储的数据都是数字信息,这些数据在时间上是离散的。

模拟计算机的特点是该类计算机输入、处理、输出和存储的数据都是模拟信息,这些数据在时间上是连续的。

数字模拟计算机是将数字技术和模拟技术相结合,兼有数字计算机和模拟计算机的功能。通常所讲的计算机一般是指数字计算机。

2. 按照计算机的规模和价格分类

计算机可以分为巨型计算机、小巨型计算机、大型计算机、小型计算机、个人计算机(微型计算机)这5大类,这也是国际常用的一种分类。

巨型计算机是指其运算速度每秒超过百亿次的超大型计算机,存储容量大、价格昂贵,主要用于国防等尖端技术发展的需要,如核武器、空间技术、天气预报、石油勘探等。

小巨型计算机是指体积小、运算速度快的计算机。

大型计算机是指其运算速度较高、容量大、通用性好的计算机,主要用于银行、政府部门和大型企业,有极强的综合处理能力。

小型计算机是指其运算速度容量略低于大型计算机的计算机,价格便宜,应用领域较为广泛,具有多个中央处理器,可以处理一个银行支行、一家宾馆、一个生产车间的事务。

微型计算机是使用大规模集成电路芯片制作的微处理器、存储器和接口,配置了相应的软件而构成的完整的微型计算机系统。微型计算机是性价比最高、应用领域最广泛的计算机。按组装形式又可以分为台式计算机,笔记本和掌上电脑。微型计算机虽小,但所连成的计算机网络系统性能甚至可以达到大型计算机或小型计算机的水平。

3. 按照使用的方式

计算机可以分为工作站和服务器,这是在网络应用和分布式计算环境中常用的分类方法。服务器是计算机网络服务中的一台中枢计算机,保存数据库并连接客户端,为网络环境中的客户机提供文件服务、打印服务等,因而要求服务器具有较好的数据交换性能、较高的可靠性和扩展能力。目前应用广泛的云计算技术就是透过网络将庞大的计算处理程序自动分拆成无数个较小的子程序，再交由多部服务器所组成的庞大系统经搜寻、计算分析之后将处理结果回传给用户。

工作站是由高性能的微型计算机系统、输入输出设备以及专用软件组成，应用于复杂的工程计算和计算机辅助设计、制造等特定领域，能提供友好的人机界面和高效率的工作平台。在分布式网络环境中，工作站可以通过网络，与服务器和其他工作站或计算机互通信息和共享资源。

4. 按照计算机的用途

计算机可以分为通用计算机和专用计算机。

通用计算机是指有一定外设的计算机硬件系统配备了多种系统软件，再配备可用于各领域的相应的应用软件，使其具有通用性强、功能全的特点，可以应用于科学计算、数据处理和过程控制等。

专用计算机是指该类计算机的系统结构和专用软件设计针对某一特殊的应用领域，如智能仪表、生产过程控制、军事装备的自动控制等。它功能单一、结构简单、成本较低、可靠性较高，能高效地应用于这些特定领域，但不能用于其他领域。

1.1.3 计算机的特点

计算机能进行高速运算，具有超强的记忆（存储）功能和灵敏准确的判断能力，是其他任何信息处理工具所不能及的。计算机具有以下一些基本特点。

1. 运算速度快

计算机的运算速度是标志计算机性能的重要指标之一。通常计算机的运算速度可以用单位时间内执行的指令的平均条数来衡量。目前计算机的运行速度已达到每秒百亿次/秒，极大地提高了工作效率。还有用计算机的工作频率来衡量运算速度的，如一台计算机的主时钟频率为 2GHz，则意味着每秒钟包含 20 亿个工作节拍。达到如此快的运算处理速度是过去难以想象的。以圆周率的计算为例，如果要计算圆周率近似到小数点后的 707 位，则数学家用手算的方法要算十几年的时间，而用现代的计算机只需要短短的几分钟。

2. 运算精确度高

由于计算机内部采取二进制数字进行运算，所以计算的精度决定于计算机的机器字长（表示二进制数的位数值）。机器字长的值越大则精度越高。现今的计算机的字长已达到 64 位，可以满足各种计算精度的要求，如利用计算机可以计算出精确到小数点后 200 万位的 π 值。

3. 信息存储容量大

计算机存储容量类似于人的大脑，可以记忆（存储）大量的数据和信息。随着计算机的广泛应用，计算机存储的信息量越来越大，要求计算机具备海量存储能力。目前，微型计算机不仅提供了大容量的主存储器，还提供了海量存储器的硬盘、光盘。

4. 自动操作的能力强

计算机是由程序控制其操作的,程序的运行是自动的、连续的,除了输入输出操作外,无须人工干预。由于计算机能够存储程序,所以只要根据应用需要,将事先编制好的程序输入计算机,它就能自动快速地按指定的步骤完成预定的处理任务。

5. 强大的数据处理能力和逻辑判断能力

计算机不仅可以实现算术运算,同时还可以进行逻辑运算,具有逻辑判断能力,能完成各种复杂的处理任务。

1.1.4 计算机技术的发展趋势

计算机技术是世界上发展最快的科学技术之一,产品不断升级换代。当前计算机正朝着巨型化、微型化、智能化、网络化等方向发展,计算机本身的性能越来越优越,应用范围也越来越广泛,从而使计算机成为工作、学习和生活中必不可少的工具。

计算机技术的发展主要有以下 4 个特点。

1. 多极化

如今,个人计算机已遍及全球,但由于计算机应用的不断深入,对巨型计算机、大型计算机的需求也稳步增长,巨型、大型、小型、微型计算机各有自己的应用领域,形成了一种多极化的形势。如巨型计算机主要应用于天文、气象、地质、核反应、航天飞机和卫星轨道计算等尖端科学技术领域和国防事业领域,它标志一个国家计算机技术的发展水平。目前运算速度为每秒几百亿次到上万亿次的巨型计算机已经投入运行,并正在研制更高速的巨型计算机。

2. 智能化

智能化使计算机具有模拟人的感觉和思维过程的能力,使计算机成为智能计算机。这也是目前正在研制的新一代计算机要实现的目标。智能化的研究包括模式识别、图像识别、自然语言的生成和理解、博弈、定理自动证明、自动程序设计、专家系统、学习系统和智能机器人等。目前,已研制出多种具有人的部分智能的机器人。

3. 网络化

所谓计算机网络化,是指用现代通信技术和计算机技术把分布在不同地点的计算机互联起来,组成一个规模大、功能强、可以互相通信的网络结构。网络化的目的是使网络中的软件、硬件和数据等资源能被网络上的用户共享。目前,大到世界范围的通信网,小到实验室内部的局域网已经很普及,因特网(Internet)已经连接包括我国在内的一百五十多个国家和地区。由于计算机网络实现了多种资源的共享和处理,提高了资源的使用效率,因而深受广大用户的欢迎,得到了越来越广泛的应用。

4. 多媒体化

多媒体计算机就是利用计算机技术、通信技术和大众传播技术，来综合处理多种媒体信息的计算机。这些信息包括文本、视频图像、图形、声音、文字等。多媒体技术使多种信息建立了有机联系，并集成为一个具有人机交互性的系统。多媒体计算机将真正改善人机界面，使计算机朝着人类接收和处理信息的最自然的方式发展。

1.1.5　中国计算机发展史

华罗庚教授是我国计算技术的奠基人和最主要的开拓者之一。早在1947年，华罗庚在美国普林斯顿高级研究院任访问研究员，和冯·诺依曼（J. Von Neunann）、哥尔德斯坦（H. H. Goldstime）等人交往甚密。华罗庚在数学上的造诣和成就深受冯·诺依曼等的赞誉。当时，冯·诺依曼正在设计世界上第一台存储程序的通用电子数字计算机，冯·诺依曼让华罗庚参观他的实验室，并经常和华罗庚讨论有关的学术问题。华罗庚教授1950年回国，1952年他从清华大学电机系物色了闵乃大、夏培肃和王传英三位科研人员在他任所长的中国科学院数学所内建立了中国第一个电子计算机科研小组，开始设计和研制中国自己的电子计算机。

1. 第1代电子管计算机研制（1958—1964年）

我国从1957年在中国科学院计算所开始研制通用数字电子计算机，1958年8月1日，该机器可以表演短程序运行，标志着我国第一台电子数字计算机诞生。机器在738厂开始少量生产，命名为103型计算机（即DJS-1型）。1958年5月，我国开始了第一台大型通用电子数字计算机（104机）研制。在研制104机的同时，夏培肃院士领导的科研小组首次自行设计并于1960年4月研制成功一台小型通用电子数字计算机107机。1964年，我国第一台自行设计的大型通用数字电子管计算机119机研制成功，如图1-4所示。

图 1-4　119 机

2. 第2代晶体管计算机研制（1965—1972年）

1965年，中国科学院计算所研制成功了我国第一台大型晶体管计算机——109乙机；对109乙机加以改进，两年后又推出109丙机，在我国两弹试制中发挥了重要作用，被用户誉为"功勋机"，如图1-5所示。华北计算所先后研制成功108机、108乙机（DJS-6）、121机

(DJS-21)和 320 机(DJS-8),并在 738 厂等 5 家工厂生产。1965—1975 年,738 厂共生产 320 机等第 2 代产品三百八十余台。中国人民解放军军事工程学院(国防科学技术大学前身)于 1965 年 2 月成功推出了 441B 晶体管计算机并小批量生产了四十多台。

图 1-5 109 机

3. 第 3 代中小规模集成电路的计算机研制(1973 年至 20 世纪 80 年代初)

1973 年,北京大学与北京有线电厂等单位合作研制成功运算速度每秒 100 万次的大型通用计算机,1974 年清华大学等单位联合设计,研制成功 DJS-130 小型计算机(如图 1-6 所示),以后又推出 DJS-140 小型计算机,形成了 100 系列产品。与此同时,以华北计算所为主要基地,组织全国 57 个单位联合进行 DJS-200 系列计算机设计,同时也设计开发 DJS-180 系列超级小型计算机。20 世纪 70 年代后期,电子部 32 所和国防科学技术大学分别研制成功 655 机和 151 机,速度都在百万次级。进入 20 世纪 80 年代,我国高速计算机特别是向量计算机又有了新的发展。

图 1-6 130 机

4. 第4代超大规模集成电路的计算机研制（20世纪80年代中期至今）

和国外一样，我国第4代计算机研制也是从微机开始的。1980年年初我国不少单位也开始采用Z80，X86和6502芯片研制微机。1983年12月，电子部六所研制成功与IBM PC兼容的DJS-0520微机。几十年来我微机产业走过了一段不平凡道路，现在以联想微机为代表的国产微机已占领一大半国内市场。

1992年，国防科学技术大学研究成功银河-Ⅱ通用并行巨型计算机，峰值速度达每秒4亿次浮点运算（相当于每秒10亿次基本运算操作），总体上达到20世纪80年代中后期国际先进水平。

从20世纪90年代初开始，国际上采用主流的微处理机芯片研制高性能并行计算机已成为一种发展趋势。国家智能计算机研究开发中心于1993年研制成功曙光一号全对称共享存储多处理机。1995年，国家智能机中心又推出了国内第一台具有大规模并行处理机（MPP）结构的并行机曙光1000（含36个处理机），峰值速度每秒25亿次浮点运算，实际运算速度上了每秒10亿次浮点运算这一高性能台阶。

1997年，国防科学技术大学研制成功银河-Ⅲ百亿次并行巨型计算机系统，采用可扩展分布共享存储并行处理体系结构，由一百三十多个处理结点组成，峰值性能为每秒130亿次浮点运算，系统综合技术达到20世纪90年代中期国际先进水平。

国家智能机中心与曙光公司于1997—1999年先后在市场上推出具有机群结构的曙光1000A、曙光2000-Ⅰ、曙光2000-Ⅱ超级服务器，峰值计算速度已突破每秒1000亿次浮点运算，机器规模已超过160个处理机，2000年推出每秒浮点运算速度3000亿次的曙光3000超级服务器。2004年上半年推出每秒浮点运算速度1万亿次的曙光4000超级服务器，如图1-7所示。

图1-7　曙光4000L

1.2　信息技术发展

1.2.1　云计算

1. 什么是云计算

云计算（Cloud Computing）是以公开的标准和服务为基础，以互联网为中心，提供安全、快速、便捷的数据存储和网络计算服务。也就是说，用户所需的应用程序并不运行在用户的个人计算机上，而是运行在互联网上大规模的服务器集群中。用户所处理的数据并不存储在本地，而是保存在互联网上的数据中心里。由云计算提供方负责管理和维护这些数据中心，并且提供足够强的计算能力和足够大的存储空间供用户使用。用户可以在任何时间、任何地点，用任何可以连接至互联网的终端设备访问这些服务，并且根据使用情况向云计算提供方付费。这种服务类似"像使用水电一样使用IT基础设施"，如图1-8所示。

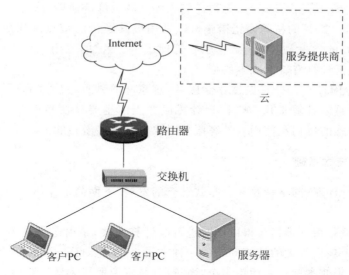

图 1-8 云计算模型

具体地说,狭义云计算是指厂商通过分布式计算和虚拟化技术搭建数据中心或超级计算机,以免费或按需租用方式向技术开发者或企业客户提供数据存储、分析及计算等服务,例如,亚马逊数据仓库出租生意、微软的 SSDS(SQL Server Data Services)等。

广义云计算是指厂商通过建立网络服务器集群,向各种不同类型客户提供在线软件服务、硬件租借、数据存储、计算分析等不同类型的服务。广义的云计算包括更多的厂商和服务类型,例如以八百客、沃利森为主开发的在线 CRM(Customer Relationship Management)软件,国内用友、金蝶等老牌管理软件厂商推出的在线财务软件,谷歌发布的 Google 应用程序套装等。

2. 云计算的特点

(1) 超大规模。"云"具有相当大的规模,Google 云计算已经拥有一百多万台服务器,Amazon、IBM、微软、Yahoo! 等的"云"均拥有几十万台服务器。而中国的阿里云、腾讯云等云计算平台已发展成为全球云计算服务商,庞大的计算集群赋予用户前所未有的计算和存储能力。

(2) 虚拟化。云计算支持用户在任意位置使用各种终端获取应用服务。所请求的资源来自"云",而不是固定的有形的实体。应用在"云"中某处运行,用户无须了解应用运行的具体位置。

(3) 高可靠性。"云"在软硬件层面使用了数据多副本容错、计算结点同构可互换等措施来保障服务的高可靠性,还在设施层面上采用了冗余设计等来进一步保障服务的可靠性。

(4) 通用性。云计算很少为特定的应用存在,但它有效支持业界大多数的主流应用,并且一个"云"可以支撑不同类型的应用同时运行。

(5) 高可扩展性。"云"资源可以动态伸缩,并且"云"本身具有超大的规模,可以满足应用的需要和用户规模增长的需要。

(6) 按需服务。"云"是一个庞大的资源池,用户可以按需购买,像水、电、气那样根据用户的使用量计费。尤其是商业运行，无须任何软硬件和设施等前期投入。

（7）极其廉价。"云"的特殊容错措施可以采用极其廉价的结点来构成云，"云"的自动化集中式管理使大量企业无须负担数据中心管理成本，"云"的通用性也大幅度地提升了资源的利用率，因此云计算有着低成本优势。

（8）潜在的危险性。云计算提供存储服务，这意味着数据被转移到用户主权掌控范围外的机器上，也就是云计算提供方。而云计算服务当前主要是在私人企业手中。因此，银行、政府等数据敏感的机构在使用云计算服务时要考虑这些潜在的危险。

3. 云计算的技术基础

云计算是并行计算、网格计算和分布式计算的发展，下面简单介绍一下这三种技术。

1）并行计算

并行计算一般是指许多指令得以同时进行的计算模式，是由运行在多个部件上的小任务合作来求解一个规模很大的计算问题的一种方法。其主要目的是快速解决大型且复杂的问题，并且可以利用非本地资源使用多个"廉价"计算资源取代大型计算机，克服单个计算机上存在的存储器与计算能力的限制。

2）网格计算

网格计算出现于20世纪90年代，伴随着互联网而迅速发展起来，是用于针对复杂科学计算的新型计算模式。网格是一个集成的计算机环境，能充分吸收各种计算机资源，将它们转化为一种随处可见、可靠的标准而经济的计算能力。网格计算就是将分布在互联网上的各种软硬件资源统一组织起来成为一台巨大的超级计算机，通过网格计算机软件，实现计算资源、存储资源、数据资源、信息资源与知识资源的共享。

3）分布式计算

分布式计算是在两个或多个软件之间共享信息，这些软件既可以在同一台计算机上运行，也可以在通过网络连接起来的多台计算机上运行，这些计算机互相配合以完成一个共同的目标。分布式计算能够使计算机共享资源，可以在多台计算机上平衡计算负载、合理地分配计算机资源，并且提供较好的系统容错能力，具有高灵活性、高性能以及高性价比的优点。

4. 云计算分类

云计算主要分为三类：公有云、私有云及混合云。

（1）公有云。公有云（Public Cloud）是第三方为一般公众或大型产业集体提供的云端基础设施，拥有它的组织出售云端服务，系统服务提供者借租借方式提供客户部署及使用云端服务的权力。公有云也是云计算的最初形态。

（2）私有云。私有云（Private Cloud）是将云基础设施与软硬件资源建立在防火墙内，以供机构或企业内各部门共享数据中心内的资源。私有云是完全为特定组织而运作的云端基础设施，管理者可能是组织本身，也可能是第三方；位置可能在组织内部，也可能在组织外部。

（3）混合云。混合云（Hybrid Cloud）由两个或更多云端系统组成云端基础设施，这些云端系统包含了私有云、公用云等。这些系统各自有独立性，但是借由标准化或封闭式专属技术相互结合，确保资料与应用程序的可携性。

5. 云计算服务模式

云计算的服务模式有以下三种。

（1）软件即是服务（SaaS）。SaaS 通过互联网提供软件的使用，用户不需要购买软件，也不需要对软件进行维护，而是向提供商租用基于 Web 的软件，服务提供商负责管理和维护软件。对应的用户主要是直接使用应用软件的终端用户。最受欢迎的商务级 SaaS 应用程序有谷歌的 G Suite 和微软的 Office 365；几乎所有的企业级应用，包括从 Oracle 到 SAP 的 ERP 套件，都采用 SaaS 模型。通常，SaaS 应用可提供广泛的配置选项以及开发环境，使客户能够自己对代码进行修改和添加。

（2）平台即是服务（PaaS）。PaaS 所提供的服务和工作流专门针对开发人员，他们可以使用共享工具、流程和 API 来加速开发、测试和部署应用程序。对于企业来说，PaaS 可以确保开发人员对已就绪的资源的访问，遵循一定的流程和只使用一个特定的系列服务，运营商则维护底层基础设施。

（3）基础设施即是服务（IaaS）。对应的用户主要是使用需要虚拟机或存储资源的应用开发商或 IT 系统管理部门；提供的服务是开发商或 IT 系统管理部门能直接使用的云基础设施，包括计算资源、存储资源等部署在云端的虚拟化硬件资源。

6. 常用的云计算应用

云计算现在的应用领域很多，如电子商务、教育、医疗、交通、政务、游戏等，几乎已经涵盖了各行业。下面列举几种常见的云计算应用。

（1）搜索引擎。搜索引擎是基于云计算的一种典型应用方式。当用户在使用搜索引擎时，只需要输入关键词，不需要考虑搜索引擎的数据中心在哪里。事实上，搜索引擎的数据中心规模是相当庞大的。

（2）在线影视。随着网络技术的加强，流媒体的应用越来越多。严格说来，在线影视不是完整的云计算，因为还有许多计算工作是在客户端上完成。但是，视频点播等工作还是在服务器端完成的。这类系统的数据中心存储量是巨大的。

（3）在线交易。用户在使用在线交易的电子商务平台的时候，不会考虑这样的系统运行的底层平台，而这些在线交易电子商务平台的数据中心规模也是非常大的。

（4）邮件服务。电子邮件是常用的通信工具。在使用电子邮件时，用户并不需要关心邮件系统的服务器情况。事实上，邮件系统的服务器统一集中在邮件服务提供商的数据中心中。

我们处在一个数据膨胀的年代，数据的日益增长离不开高性能计算环境的支持。个人计算机已经远远满足不了数据处理的要求，并且网络逐步从基本互联网功能转换到 Web 服务时代，IT 也由企业网络互联转换到提供信息架构全面支撑企业核心业务，云计算势必会得到迅速的发展，其应用也会越来越多，甚至会带来工作方式和商业模式的根本性改变。

1.2.2 物联网

1. 什么是物联网

物联网（Internet of Things，IOT）于 1999 年提出，指"物物相联的互联网"，是通过射频识别装置、红外感应器、全球定位系统、激光扫描器等信息传感设备，按约定的协议，把物品与互联网相联，进行信息交换和通信，以实现智能化识别、定位、跟踪、监控和管理的一种网络。

物联网仍然以互联网为基础，但它与互联网有着本质的区别。用户在互联网上收集、了解、处理物品的相关信息，用户是主动的，而物品是被动的。而在物联网中，物品被植入了各种微型感应芯片，并借助无线通信网络，物品与物品之间可以进行信息交换和通信。因此，物联网是可以实现人与人、物与物、人与物之间信息沟通的庞大网络，能够广泛地应用于购物、交通、物流以及医疗等领域，为我们带来新的消费体验。因此，物联网被称为第三次信息革命浪潮，世界各国都在大力研发物联网。

和传统的互联网相比，物联网有其鲜明的特征。

（1）全面感知。它是各种感知技术的广泛应用。物联网上部署了海量的多种类型传感器，每个传感器都是一个信息源，不同类别的传感器所捕获的信息内容和信息格式不同。传感器获得的数据具有实时性，按一定的频率周期性地采集环境信息，不断更新数据。

（2）可靠传递。它是一种建立在互联网上的泛在网络。物联网技术的重要基础和核心仍旧是互联网，通过各种有线和无线网络与互联网融合，将物体的信息实时准确地传递出去。物联网上的传感器定时采集的信息需要通过网络传输，由于其数量极其庞大，形成了海量信息，在传输过程中，为了保障数据的正确性和及时性，必须适应各种异构网络和协议。

（3）智能处理。物联网不仅提供了传感器的连接，其本身也具有智能处理的能力，能够对物体实施智能控制。物联网将传感器和智能处理相结合，利用云计算、模式识别等各种智能技术，扩充其应用领域。从传感器获得的海量信息中分析、加工和处理出有意义的数据，以适应不同用户的不同需求，发现新的应用领域和应用模式。

2. 物联网的关键技术

（1）RFID（Radio Frequency Identification，射频识别）：一种非接触式的自动识别技术，它通过射频技术自动识别目标对象并获取相关数据，如流水线上跟踪物体、自动识别车辆身份等。

（2）传感网：借助各种传感器，探测和集成包括温度、湿度、压力、速度等物质现象的网络。绝大部分计算机处理的都是数字信号，需要传感器把模拟信号转换成数字信号计算机才能处理。

（3）嵌入式系统技术：嵌入式系统技术是综合了计算机软硬件、传感器技术、集成电路技术、电子应用技术为一体的复杂技术。经过几十年的演变，以嵌入式系统为特征的智能终端产品随处可见，小到人们身边的 MP3，大到航天航空的卫星系统。如果把物联网用人体做一个简单比喻，传感器相当于人的眼睛、鼻子、皮肤等感觉器官，网络就是神经系统用来传递信息，嵌入式系统则是人的大脑，在接收到信息后进行分类处理。

3. 物联网的应用

物联网技术的发展几乎涉及信息技术的方方面面，图1-9列举了部分物联网应用的领域。

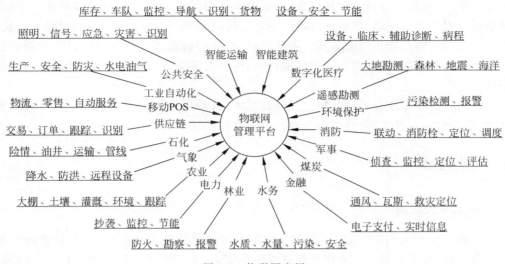

库存、车队、监控、导航、识别、货物　设备、安全、节能

照明、信号、应急、灾害、识别

设备、临床、辅助诊断、病程

生产、安全、防灾、水电油气

大地勘测、森林、地震、海洋

物流、零售、自动服务

污染检测、报警

交易、订单、跟踪、识别

联动、消防栓、定位、调度

险情、油井、运输、管线

侦查、监控、定位、评估

降水、防洪、远程设备

通风、瓦斯、救灾定位

大棚、土壤、灌溉、环境、跟踪

电子支付、实时信息

抄袭、监控、节能

防火、勘察、报警　水质、水量、污染、安全

智能运输　智能建筑

数字化医疗

公共安全

工业自动化

移动POS

供应链

石化

气象

农业

电力

林业　水务

遥感勘测

环境保护

消防

军事

煤炭

金融

物联网管理平台

图 1-9　物联网应用

在我国,车联网在智能公交定位管理、智能停车场管理、车辆类型及流量采集、路桥电子不停车收费及车辆速度计算分析等的应用已取得一定成效。上海移动的"车务通"在 2010 年世博会期间全面运用于上海公共交通系统,车辆调度员通过"车务通"系统,直观掌握所有电瓶车的载客、空载、路堵、呼救等多种状态信息,为调度获得准确依据。当电瓶车遇到路堵时,调度员通过驾驶员使用"车务通"反馈的信息,能在第一时间内为其他客人安排可以避免拥堵的快速游览路线。对遭遇故障的电瓶车,调度员将及时派遣预备车辆前往救援。保障了世博园区周边大流量交通的顺畅。在食品安全方面,给放养的牲畜中的每一只羊都贴上一个二维码,这个二维码会一直保持到超市出售的肉品上,消费者可通过手机阅读二维码,知道牲畜的来源以及成长历史,确保食品安全。我国已有 10 亿存栏动物贴上了这种二维码。在出行安全方面,上海浦东国际机场防入侵系统铺设了三万多个传感结点,覆盖了地面、栅栏和低空探测,多种传感手段组成一个协同系统后,可以及时地获取非法人员的翻越、偷渡、恐怖袭击等攻击性入侵的信息。在电力管理方面,江西省电网对分布在全省范围内的两万台配电变压器安装传感装置,对运行状态进行实时监测,实现用电检查、电能质量监测、负荷管理、线损管理、需求管理等高效一体化管理,一年来降低电损 1.2 亿千瓦时。在平安城市建设方面,利用部署在大街小巷的全球眼监控探头,实现图像敏感性智能分析并与 110、119、112 等交互,实现探头与探头之间、探头与人、探头与报警系统之间的联动,从而构建和谐安全的城市生活环境。

在国外,2002 年,英特尔公司率先在俄勒冈建立了世界上第一个无线葡萄园。传感器结点被分布在葡萄园的每个角落,每隔一分钟检测一次土壤温度、湿度或该区域有害物的数量,以确保葡萄可以健康生长。研究人员发现,葡萄园气候的细微变化可极大地影响葡萄酒的质量。通过长年的数据记录以及相关分析,便能精确地掌握葡萄酒的质地与葡萄生长过程中的日照、温度、湿度的确切关系。这是一个典型的精准农业、智能耕种的实例。同年,由英特尔的研究小组和加州大学伯克利分校以及巴港大西洋大学的科学家把无线传感器网络技术应用于监视大鸭岛海鸟的栖息情况。位于缅因州海岸的大鸭岛上的洞穴中生活着海燕,由于环境恶劣,海燕又十分机警,研究人员无法采用通常方法进行跟踪观察。为此他们使用了包括光、湿度、气压计、红外传感器、摄像头在内的近十种传感器类型的数百个结点，系统通过自组织无线网络，将数据传输到 300 英尺(1 英尺＝0.3048 米)外的基站计算机内，再由此经卫星传输至加州的服务器。在那之后，全球的研究人员都可以通过互联网查看该地区各个结点的数据，掌握第一手的环境资料，为生态环境研究者提供了一个极为有效便利的平台。

物联网将各种感知技术、网络技术、控制技术、自动化技术、人工智能等集成应用，实现人与物、物与物的智慧对话，将逐渐创建一个智慧的世界。

1.2.3　大数据

1. 什么是大数据

大数据(Big Data)指无法在一定时间范围内用常规软件工具进行捕捉、管理和处理的数据集合，是需要新处理模式才能具有更强的决策力、洞察发现力和流程优化能力的海量、高增长率和多样化的信息资产。

麦肯锡全球研究所给出的定义是：一种规模大到在获取、存储、管理、分析方面大大超出了传统数据库软件工具能力范围的数据集合，具有海量的数据规模、快速的数据流转、多样的数据类型和价值密度低 4 大特征。

大数据技术的战略意义不在于掌握庞大的数据信息，而在于对这些含有意义的数据进行专业化处理。换而言之，如果把大数据比作一种产业，那么这种产业实现盈利的关键，在于提高对数据的"加工能力"，通过"加工"实现数据的"增值"。

2. 大数据的特点

通常用 4 个 V(即 Volume、Variety、Value、Velocity)来概括大数据的特征。

一是数据体量巨大(Volume)。截至目前，人类生产的所有印刷材料的数据量是 200PB(1PB＝210TB)，而历史上全人类说过的所有的话的数据量大约是 5EB(1EB＝210PB)。当前，典型个人计算机硬盘的容量为 TB 量级，而一些大企业的数据量已经接近 EB 量级。

二是数据类型繁多(Variety)。这种类型的多样性也让数据分为结构化数据和非结构化数据。相对于以往便于存储的以文本为主的结构化数据，非结构化数据越来越多，包括网络日志、音频、视频、图片、地理位置信息等，这些多类型的数据对数据的处理能力提出了更高要求。

三是价值密度低(Value)。价值密度的高低与数据总量的大小成反比。以视频为例，一部 1 小时的视频，在连续不间断的监控中，有用数据可能仅有一两秒。如何通过强大的机器算法更迅速地完成数据的价值"提纯"成为目前大数据背景下亟待解决的难题。

四是处理速度快(Velocity)。这是大数据区分于传统数据挖掘的最显著特征。根据 IDC 的"数字宇宙"的报告，预计到 2020 年，全球数据使用量将达到 35.2ZB，在如此海量的数据面前，处理数据的效率就是企业的生命。

3. 大数据的应用领域

大数据已经在各行各业都有非常杰出的表现。

（1）大数据帮助政府实现市场经济调控、公共卫生安全防范、灾难预警、社会舆论监督；

（2）大数据帮助城市预防犯罪，实现智慧交通，提升紧急应急能力；

（3）大数据帮助医疗机构建立患者的疾病风险跟踪机制，帮助医药企业提升药品的临床使用效果，帮助艾滋病研究机构为患者提供定制的药物；

（4）大数据帮助航空公司节省运营成本，帮助电信企业实现售后服务质量提升，帮助保险企业识别欺诈骗保行为，帮助快递公司监测分析运输车辆的故障险情以提前预警维修，帮助电力公司有效识别预警即将发生故障的设备；

（5）大数据帮助电商公司向用户推荐商品和服务，帮助旅游网站为旅游者提供心仪的旅游路线，帮助二手市场的买卖双方找到最合适的交易目标，帮助用户找到最合适的商品购买时期、商家和最优惠价格；

（6）大数据帮助企业提升营销的针对性，降低物流和库存的成本，减少投资的风险，以及帮助企业提升广告投放精准度；

（7）大数据帮助娱乐行业预测歌手、歌曲、电影、电视剧的受欢迎程度，并为投资者分析评估拍一部电影需要投入多少钱才最合适，否则就有可能收不回成本；

（8）大数据帮助社交网站提供更准确的好友推荐，为用户提供更精准的企业招聘信息，向用户推荐可能喜欢的游戏以及适合购买的商品。

其实，这些还远远不够，未来大数据的身影应该无处不在。比如，Amazon 的最终期望是："最成功的书籍推荐应该只有一本书，就是用户要买的下一本书。"Google 也希望当用户在搜索时，最好的体验是搜索结果只包含用户所需要的内容。

而当物联网发展到一定规模时，借助条形码、二维码、RFID 等能够唯一标识产品，传感器、可穿戴设备、智能感知、视频采集、增强现实等技术可实现实时的信息采集和分析，这些数据能够支撑智慧城市、智慧交通、智慧能源、智慧医疗、智慧环保的理念需要，这些所谓的智慧将是大数据的采集数据来源和服务范围。

未来的大数据除了将更好地解决社会问题、商业营销问题、科学技术问题，还有一个可预见的趋势是以人为本的大数据方针。比如，建立个人的数据中心，将每个人的日常生活习惯、身体体征、社会网络、知识能力、爱好性情、疾病嗜好、情绪波动……换言之就是记录人从出生那一刻起的每一分每一秒，将除了思维外的一切都储存下来，这些数据可以被充分地利用。

（1）医疗机构将实时监测用户的身体健康状况；

（2）教育机构更有针对地制订用户喜欢的教育培训计划；

（3）服务行业为用户提供即时健康的符合用户生活习惯的食物和其他服务；

（4）社交网络能提供合适的交友对象，并为志同道合的人群组织各种聚会活动；

（5）政府能在用户的心理健康出现问题时有效干预，防范自杀、刑事案件的发生；

（6）金融机构能帮助用户进行有效的理财管理，为用户的资金提供更有效的使用建议和规划；

（7）道路交通、汽车租赁及运输行业可以为用户提供更合适的出行线路和路途服务安排；

　　……

4．和大数据相关的技术

1）云技术

大数据常和云计算联系到一起，因为实时的大型数据集分析需要分布式处理框架来向数十、数百或甚至数万的计算机分配工作。可以说，云计算充当了工业革命时期的发动机的角色，而大数据则是电的角色。

如今，在 Google、Amazon、Facebook 等一批互联网企业引领下，一种行之有效的模式出现了：云计算提供基础架构平台，大数据应用运行在这个平台上。

业内是这么形容两者的关系的：没有大数据的信息积淀，则云计算的计算能力再强大，也难以找到用武之地；没有云计算的处理能力，则大数据的信息积淀再丰富，也终究只是镜花水月。

2）分布式处理技术

分布式处理系统可以将不同地点的或具有不同功能的或拥有不同数据的多台计算机用通信网络连接起来，在控制系统的统一管理控制下，协调地完成信息处理任务——这就是分布式处理系统的定义。

以 Hadoop(Yahoo!)为例进行说明，Hadoop 是一个实现了 MapReduce 模式的能够对大量数据进行分布式处理的软件框架，是以一种可靠、高效、可伸缩的方式进行处理的。

而 MapReduce 是 Google 提出的一种云计算的核心计算模式，是一种分布式运算技术，也是简化的分布式编程模式，MapReduce 模式的主要思想是将自动分割要执行的问题（例如程序）拆解成 Map（映射）和 Reduce（化简）的方式，在数据被分割后通过 Map 函数的程序将数据映射成不同的区块，分配给计算机机群处理达到分布式运算的效果，再通过 Reduce 函数的程序将结果汇总，从而输出开发者需要的结果。

3）存储技术

大数据可以抽象地分为大数据存储和大数据分析，这两者的关系是：大数据存储的目的是支撑大数据分析。到目前为止，还是两种截然不同的计算机技术领域：大数据存储致力于研发可以扩展至 PB 甚至 EB 级别的数据存储平台；大数据分析关注在最短时间内处理大量不同类型的数据集。

根据摩尔定律：18 个月集成电路的复杂性就增加一倍。所以，存储器的成本每 18~24 个月就下降一半。成本的不断下降也造就了大数据的可存储性。

比如，Google 大约管理着超过 50 万台服务器和 100 万个硬盘，而且 Google 还在不断地扩大计算能力和存储能力，其中很多的扩展都是基于在廉价服务器和普通存储硬盘的基础上进行的，这大大降低了其服务成本，因此可以将更多的资金投入到技术的研发当中。

以 Amazon 举例，Amazon S3 是一种面向 Internet 的存储服务。该服务旨在让开发人员能更轻松地进行网络规模计算。Amazon S3 提供一个简明的 Web 服务界面，用户可通过它随时在 Web 上的任何位置存储和检索的任意大小的数据。S3 云的存储对象已达到万亿级别，几乎世界上的每个角落都有 Amazon 用户的身影。

4）感知技术

大数据的采集和感知技术的发展是紧密联系的。以传感器技术、指纹识别技术、RFID

技术、坐标定位技术等为基础的感知能力提升同样是物联网发展的基石。全世界的工业设备、汽车、电表上有着无数的数码传感器,随时测量和传递着有关位置、运动、震动、温度、湿度乃至空气中化学物质的变化,都会产生海量的数据信息。

而随着智能手机的普及,感知技术可谓迎来了发展的高峰期,除了地理位置信息被广泛应用外,一些新的感知手段也开始登上舞台,比如手机内嵌的指纹传感器,新型手机可通过呼气直接检测燃烧脂肪量,用于手机的嗅觉传感器面世可以监测从空气污染到危险的化学药品,微软正在研发可感知用户当前心情的智能手机技术,谷歌眼镜 InSight 新技术可通过衣着进行人物识别。

除此之外,还有很多与感知相关的技术革新让我们耳目一新:比如,牙齿传感器实时监控口腔活动及饮食状况,婴儿穿戴设备可用大数据去养育宝宝,Intel 正研发 3D 笔记本摄像头可追踪眼球读懂情绪,日本公司开发新型可监控用户心率的纺织材料,业界正在尝试将生物测定技术引入支付领域等。

5. 大数据的实践

1) 互联网的大数据

互联网上的数据每年增长 50%,每两年便将翻一番,而目前世界上 90% 以上的数据是最近几年才产生的。据 IDC 预测,到 2020 年全球将总共拥有 35ZB 的数据量。互联网是大数据发展的前哨阵地,人们似乎都习惯了将自己的生活通过网络进行数据化,方便分享以及记录并回忆。

百度拥有两种类型的大数据:用户搜索表征的需求数据;爬虫和阿拉丁获取的公共 Web 数据。搜索巨头百度围绕数据而生。它对网页数据的爬取、网页内容的组织和解析,通过语义分析对搜索需求的精准理解进而从海量数据中找准结果,以及精准的搜索引擎关键字广告,实质上就是一个数据的获取、组织、分析和挖掘的过程。搜索引擎在大数据时代面临的挑战有:更多的暗网数据;更多的 Web 化但是没有结构化的数据;更多的 Web 化、结构化但是封闭的数据。

阿里巴巴拥有交易数据和信用数据。这两种数据更容易变现,挖掘出商业价值。除此之外,阿里巴巴还通过投资等方式掌握了部分社交数据、移动数据,如微博和高德。

腾讯拥有用户关系数据和基于此产生的社交数据。这些数据可以分析人们的生活和行为,从里面挖掘出政治、社会、文化、商业、健康等领域的信息,甚至预测未来。

在信息技术更为发达的美国,除了行业知名的类似 Google、Facebook 外,已经涌现了很多大数据类型的公司,它们专门经营数据产品。

总结起来,互联网大数据的典型代表性如下。

(1) 用户行为数据(精准广告投放、内容推荐、行为习惯和喜好分析、产品优化等);

(2) 用户消费数据(精准营销、信用记录分析、活动促销、理财等);

(3) 用户地理位置数据(O2O 推广,商家推荐,交友推荐等);

(4) 互联网金融数据(P2P,小额贷款,支付,信用,供应链金融等);

(5) 用户社交等 UGC 数据(趋势分析、流行元素分析、受欢迎程度分析、舆论监控分析、社会问题分析等)。

2）政府的大数据

在我国，政府各个部门都握有构成社会基础的原始数据，比如，气象数据、金融数据、信用数据、电力数据、煤气数据、自来水数据、道路交通数据、客运数据、安全刑事案件数据、住房数据、海关数据、出入境数据、旅游数据、医疗数据、教育数据、环保数据等。这些数据在每个政府部门里面看起来是单一的、静态的。但是，如果政府可以将这些数据关联起来，并对这些数据进行有效的关联分析和统一管理，这些数据必定将获得新生，其价值是无法估量的。

具体来说，现在城市都在走向智能和智慧化，比如，智能电网、智慧交通、智慧医疗、智慧环保、智慧城市，这些都依托于大数据，可以说大数据是智慧的核心能源。大数据为智慧城市的各个领域提供决策支持。在城市规划方面，通过对城市地理、气象等自然信息和经济、社会、文化、人口等人文社会信息的挖掘，可以为城市规划提供决策，强化城市管理服务的科学性和前瞻性。在交通管理方面，通过对道路交通信息的实时挖掘，能有效缓解交通拥堵，并快速响应突发状况，为城市交通的良性运转提供科学的决策依据。在舆情监控方面，通过网络关键词搜索及语义智能分析，能提高舆情分析的及时性、全面性，全面掌握社情民意，提高公共服务能力，应对网络突发的公共事件，打击违法犯罪。在安防与防灾领域，通过大数据的挖掘，可以及时发现人为或自然灾害、恐怖事件，提高应急处理能力和安全防范能力。

3）企业的大数据

企业的领导们最关注的还是报表曲线的背后能有怎样的信息，他们该做怎样的决策，其实这一切都需要通过数据来传递和支撑。在理想的世界中，大数据是巨大的杠杆，可以改变公司的影响力，带来竞争差异，节省金钱，增加利润，愉悦买家，奖赏忠诚用户，将潜在客户转化为客户，增加吸引力，打败竞争对手，开拓用户群并创造市场。例如：

① 对大量消费者提供产品或服务的企业可以利用大数据进行精准营销；

② 做小而美模式的中小微企业可以利用大数据做服务转型；

③ 面临互联网压力之下必须转型的传统企业需要与时俱进充分利用大数据的价值。

从 IT 产业的发展来看，第一代 IT 巨头大多是 ToB 的，比如 IBM、Microsoft、Oracle、SAP、HP 这类传统 IT 企业；第二代 IT 巨头大多是 ToC 的，比如 Yahoo!、Google、Amazon、Facebook 这类互联网企业。大数据到来前，这两类公司彼此之间基本是井水不犯河水；但在当前这个大数据时代，这两类公司已经开始直接竞争。比如 Amazon 已经开始提供云模式的数据仓库服务，直接抢占 IBM、Oracle 的市场。这个现象出现的本质原因是：在互联网巨头的带动下，传统 IT 巨头的客户普遍开始从事电子商务业务，正是由于客户进入了互联网，所以传统 IT 巨头们不情愿地被拖入了互联网领域。如果他们不进入互联网，他们的业务必将萎缩。在进入互联网后，他们又必须将云技术、大数据等互联网最具有优势的技术通过封装打造成自己的产品再提供给企业。

4）个人的大数据

简单来说，个人的大数据就是与个人相关联的各种有价值数据信息被有效采集后，可由本人授权提供第三方进行处理和使用，并获得第三方提供的数据服务。

举个例子来说明会更清晰一些。

未来，每个用户可以在互联网上注册个人的数据中心，以存储个人的大数据信息。用户可确定哪些个人数据可被采集,并通过可穿戴设备或植入芯片等感知技术来采集捕获个人的大数据,比如,牙齿监控数据、心率数据、体温数据、视力数据、记忆能力、地理位置信息、社会关系数据、运动数据、饮食数据、购物数据等。用户可以将其中的牙齿监测数据授权给××牙科诊所使用,由他们监控和使用这些数据,进而为用户制订有效的牙齿防治和维护计划;也可以将个人的运动数据授权提供给某运动健身机构,由他们监测自己的身体运动机能,并有针对性地制订和调整个人的运动计划;还可以将个人的消费数据授权给金融理财机构,由他们帮助制订合理的理财计划并对收益进行预测。当然,其中有一部分个人数据是无须个人授权即可提供给国家相关部门进行实时监控的,比如罪案预防监控中心可以实时地监控本地区每个人的情绪和心理状态,以预防自杀和犯罪的发生。

以个人为中心的大数据有如下一些特性。

(1) 数据仅留存在个人中心,其他第三方机构只被授权使用(数据有一定的使用期限),且必须接受用后即焚的监管。

(2) 采集个人数据应该明确分类,除了国家立法明确要求接受监控的数据外,其他类型数据都由用户自己决定是否被采集。

(3) 数据的使用将只能由用户进行授权,数据中心可帮助监控个人数据的整个生命周期。

6. 大数据的发展趋势

趋势一:数据的资源化。大数据成为企业和社会关注的重要战略资源,并已成为大家争相抢夺的新焦点。因而,企业必须要提前制订大数据营销战略计划,抢占市场先机。

趋势二:与云计算的深度结合。大数据离不开云处理,云处理为大数据提供了弹性可拓展的基础设备,是产生大数据的平台之一。自 2013 年开始,大数据技术已开始和云计算技术紧密结合,预计未来两者关系将更为密切。除此之外,物联网、移动互联网等新兴计算形态,也将一齐助力大数据革命,让大数据营销发挥出更大的影响力。

趋势三:科学理论的突破。随着大数据的快速发展,就像计算机和互联网一样,大数据很有可能是新一轮的技术革命。随之兴起的数据挖掘、机器学习和人工智能等相关技术,可能会改变数据世界里的很多算法和基础理论,实现科学技术上的突破。

趋势四:数据科学和数据联盟的成立。未来,数据科学将成为一门专门的学科,被越来越多的人所认知。各大高校将设立专门的数据科学类专业,也会催生一批与之相关的新的就业岗位。与此同时,基于数据这个基础平台,也将建立起跨领域的数据共享平台,之后,数据共享将扩展到企业层面,并且成为未来产业的核心一环。

趋势五:数据泄漏泛滥。未来几年数据泄漏事件的增长率也许会达到 100%,除非数据在其源头就能够得到安全保障。可以说,在未来,每个财富 500 强企业都会面临数据攻击,无论他们是否已经做好安全防范。而所有企业,无论规模大小,都需要重新审视今天的安全定义。在财富 500 强企业中,超过 50% 将会设置首席信息安全官这一职位。企业需要从新的角度来确保自身以及客户数据,所有数据在创建之初便需要获得安全保障,而并非在数据保存的最后一个环节,仅加强后者的安全措施已被证明于事无补。

趋势六:数据管理成为核心竞争力。数据管理成为核心竞争力,直接影响财务表现。当"数据资产是企业核心资产"的概念深入人心之后,企业对于数据管理便有了更清晰的界定,将数据管理作为企业核心竞争力,持续发展,战略性规划与运用数据资产,成为企业数据管理的核心。数据资产管理效率与主营业务收入增长率、销售收入增长率显著正相关;此外,对于具有互联网思维的企业而言,数据资产竞争力所占比重为 36.8%,数据资产的管理效果将直接影响企业的财务表现。

趋势七:数据质量是 BI(商业智能)成功的关键。 采用自助式商业智能工具进行大数据处理的企业将会脱颖而出。其中要面临的一个挑战是,很多数据源会带来大量低质量数据。想要成功,企业需要理解原始数据与数据分析之间的差距,从而消除低质量数据并通过 BI 获得更佳的决策。

趋势八:数据生态系统复合化程度加强。 大数据的世界不只是一个单一的、巨大的计算机网络,而是一个由大量活动构件与多元参与者元素所构成的生态系统,终端设备提供商、基础设施提供商、网络服务提供商、网络接入服务提供商、数据服务使能者、数据服务提供商、触点服务、数据服务零售商等一系列的参与者共同构建的生态系统。而今,这样一套数据生态系统的基本雏形已然形成,接下来的发展将趋向于系统内部角色的细分,也就是市场的细分;系统机制的调整,也就是商业模式的创新;系统结构的调整,也就是竞争环境的调整等,从而使得数据生态系统复合化程度逐渐增强。

1.2.4　人工智能

"人工智能"一词最初是在 1956 年达特茅斯(DARTMOUTH)会议上提出的,从那以后,研究者们发展了众多理论和原理,人工智能的概念也随之扩展,在它还不长的历史中,人工智能的发展比预想的要慢,但一直在前进。进入 21 世纪以后,随着深度学习、大数据、云计算等相关技术的成熟,近年来取得众多突破性的发展。

1. 人工智能的基本概念

人工智能(Artificial Intelligence,AI)是研究、开发用于模拟、延伸和扩展人的智能的理论、方法、技术及应用系统的一门新的技术科学。

人工智能是计算机科学的一个分支,它企图了解智能的实质,并生产出一种新的能以人类智能相似的方式做出反应的智能机器,该领域的研究包括机器人、语言识别、图像识别、自然语言处理和专家系统等。它被称为 20 世纪 70 年代以来世界三大尖端技术之一(空间技术、能源技术、人工智能),也被认为是 21 世纪三大尖端技术(基因工程、纳米科学、人工智能)之一。人工智能研究的一个主要目标是使机器能够胜任一些通常需要人类智能才能完成的复杂工作,比如语音识别、图像识别,甚至象棋、围棋等。早在 1997 年,IBM 公司研制的深蓝(Deep Blue)计算机战胜了国际象棋大师卡斯帕洛夫(KASPAROV);2017 年,谷歌的人工智能机器人 AlphaGo 轻松击败人类九段围棋高手,而且谷歌开源了其人工智能平台。像 Facebook、IBM、百度等科技公司纷纷大力发展自动驾驶、图像识别、语音识别等人工智能领域。

2. 人工智能的实现方法

人工智能在计算机上实现时有两种不同的方式。一种是采用传统的编程技术,使系统呈现智能的效果,而不考虑所用方法是否与人或动物机体所用的方法相同。这种方法叫工程学方法(Engineering Approach),它已在一些领域内做出了成果,如文字识别、计算机下棋等。另一种是模拟法(Modeling Approach),它不仅要看效果,还要求实现方法也和人类或生物机体所用的方法相同或相似。遗传算法(Generic Algorithm,GA)和人工神经网络(Artificial Neural Network,ANN)均属后一类型。遗传算法模拟人类或生物的遗传-进化机制,人工神经网络则是模拟人类或动物大脑中神经细胞的活动方式。为了得到相同的智能效果,两种方式通常都可使用。采用前一种方法,需要人工详细规定程序逻辑,如果游戏简单,还是很方便的。如果游戏复杂,角色数量和活动空间增加,相应的逻辑就会很复杂(按指数式增长),人工编程就非常烦琐,容易出错。而一旦出错,就必须修改原程序,最后为用户提供一个新的版本或提供一个新补丁,非常麻烦。采用后一种方法时,编程者要为每一角色设计一个智能系统(一个模块)来进行控制,这个智能系统(模块)开始什么也不懂,就像初生婴儿那样,但它能够学习,能渐渐地适应环境,应付各种复杂情况。这种系统开始也常犯错误,但它能吸取教训,下一次运行时就可能改正,至少不会永远错下去。利用这种方法来实现人工智能,要求编程者具有生物学的思考方法,入门难度大一点。但一旦入了门,就可得到广泛应用。由于这种方法编程时无须对角色的活动规律做详细规定,应用于复杂问题,通常会比前一种方法更省力。

以 AlphaGo 为例,旧版的 AlphaGo,结合了数百万人类围棋专家的棋谱,对强化学习、监督学习进行了自我训练。而新版的 AlphaGoZero 的能力则在这个基础上有了质的提升。最大的区别是,它不再需要人类数据,一开始就没有接触过人类棋谱,只是让它自由随意地在棋盘上下棋,然后进行自我博弈。AlphaGoZero 使用新的强化学习方法,让自己变成了老师。系统一开始甚至并不知道什么是围棋,只是从单一神经网络开始,通过神经网络强大的搜索算法,进行了自我对弈。随着自我博弈的增加,神经网络逐渐调整,提升预测下一步的能力,最终赢得比赛。更为厉害的是,随着训练的深入,AlphaGoZero 还独立发现了游戏规则,并走出了新策略,为围棋这项古老游戏带来了新的见解。

3. 人工智能的应用

目前人工智能的发展仍处于初级阶段,我们称之为"弱人工智能",其中感知智能以深度卷积神经网络为代表的感知智能依赖于大数据,在视觉物体识别、语音识别和自然语言理解等方面取得了媲美人类水平的成功;具有近似人类能力的认知智能的研究,仍在逐步探索中;而创造性智能则是在更高层次上的人工智能,要求人工智能具有类似于人类的顿悟、灵感等超强能力,这方面的研究甚至还没有起步。

人工智能应用主要为人工智能与传统产业相结合实现不同场景的应用,如机器人、无人驾驶汽车、智能家居、智能医疗等领域。目前人工智能的发展还是国内外科技巨头为主推动力,国外以 Google、Facebook、IBM、Microsoft、Amazon、Intel 等公司为主,国内以 BAT(百度公司、阿里巴巴公司、腾讯公司)及语音巨头科大讯飞为主。

为抢抓人工智能发展的重大战略机遇,构筑我国人工智能发展的先发优势,加快建设创新型国家和世界科技强国,2017 年 7 月 20 日,国务院印发了《新一代人工智能发展规划》(以下简称《规划》)。《规划》提出了面向 2030 年我国新一代人工智能发展的指导思想、战略目标、重点任务和保障措施,为我国人工智能的进一步加速发展奠定了重要基础。

人工智能主要应用领域如图 1-10 所示。

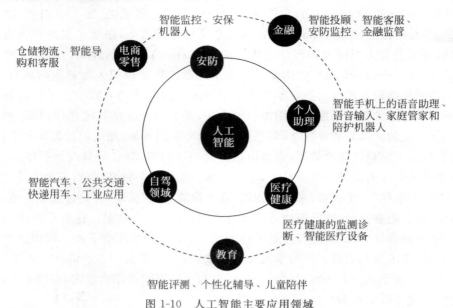

图 1-10　人工智能主要应用领域

1.3　计算机运算基础

1.3.1　数制及其转换

计算机内部是一个二进制的数字世界，所有信息包括数字、文字、符号、图形、图像、声音和动画都是以二进制编码来表示的。由于二进制只有 0 和 1 这两个数字符号，用 0 和 1 可以表示器件的两种不同的稳定状态，如电路的通断、电位的高低、电极的正负等，因而运算器电路在物理上很容易实现，运算简便，运行可靠，逻辑计算方便。二进制是计算机信息表示、存储、传输的基础。

数制是二进制编码的基础。为了描述数据的大小，人类采用的记数方法是用数字符号排列成数位，按由低位到高位的进位方式来表示数据，这种方法叫进位记数制，简称数制。日常生活中，人们最熟悉的是十进制，在记数时就是满十便向高位进一，即逢十进一。钟表的计时也是采用进位记数制的方法实现的，即够 60s 就进位为 1min，够 60min 就进位为 1h等。这些都是进位记数制的例子。

在计算机中表示数据多采用二进制，但使用二进制存在书写麻烦、易出错的问题，因而又引入了八进制和十六进制。为了区分不同的进制，规定在数字后面加字母 D 表示十进制、加字母 B 表示二进制、加字母 Q 表示八进制、加字母 H 表示十六进制，其中，十进制数后面的字母也可省略。无论是哪种进制，它们都包括以下两个要素。

1. 基数

所谓基数就是在某种数制中，允许选用的基本数字符号的个数。例如，R 进制的基数为R，能用到的数字符号个数为 R 个，即 0、1、2、$\cdots$、$R-1$，每个数位满 R 后就向高位进一，也就是"逢 R 进一"。表 1-1 中列出了几种进位记数制。

表 1-1　几种进位记数制

进　制	计 数 原 则	基 本 符 号
二进制	逢二进一	0,1
八进制	逢八进一	0,1,2,3,4,5,6,7
十进制	逢十进一	0,1,2,3,4,5,6,7,8,9
十六进制	逢十六进一	0,1,2,3,4,5,6,7,8,9,A,B,C,D,E,F

注：十六进制的数符 A～F 分别对应十进制的 10～15。

2. 位权

一个数字符号处在数的不同位时,它所代表的数值是不同的。每个数字符号所表示的数值等于该数字符号值乘以一个与该数码所在位置有关的常数,这个常数就叫位权,也称权。位权的大小是以基数为底,数字符号所在位置的序号为指数的整数次幂。由此,可以得到权的性质如下。

(1) 无论何种 R 进制($R \geqslant 2$)数,其整数部分最低位的权都是 1。

(2) 进制数相邻两位权的比值为 R,即左边一位的权是其相邻的右边一位的权的 R 倍。

利用上述两个性质可以很快地把一个 R 进制数各位的权写出来,进而很方便地就把这个数转化成十进制数。

3. 常用进位记数制

1) 十进制

十进制数的基数为 10,有 10 个数字符号 0,1,2,3,4,5,6,7,8,9。逢十进一,借一当十。对于任何一个十进制数,可以用小数点把数分成整数部分和小数部分。在数的表示中,每位数字的权都是 10 的整数次幂。

【例 1-1】 用位权和基数表示十进制数 321.58。

$$321.58 = 3 \times 10^2 + 2 \times 10^1 + 1 \times 10^0 + 5 \times 10^{-1} + 8 \times 10^{-2}$$

十进制数中小数点向右移一位,数就扩大 10 倍;反之,小数点向左移一位,数就缩小 10 倍。

2) 二进制

二进制数的基数为 2,因此在二进制中出现的数字字符只有两个,即 0 和 1。其特点是"逢二进一,借一当二"。数字中各位的权都是 2 的整数次幂,使用基数及位权可以将二进制数展开成多项式和的表达式,展开后所得结果就是该二进制所对应的十进制的值。

【例 1-2】 使用位权和基数展开二进制数 10100.01B。

$$10100.01B = 1 \times 2^4 + 0 \times 2^3 + 1 \times 2^2 + 0 \times 2^1 + 0 \times 2^0 + 0 \times 2^{-1} + 1 \times 2^{-2} = 20.25$$

在二进制数中小数点每向右移一位,数就扩大二倍,小数点每向左移一位,数就缩小二倍。例如,把二进制数 10100.01 的小数点向右移一位变为 101000.1,比原来的数扩大了二倍;把 10100.01 的小数点向左移一位变为 1010.001,比原来的数缩小了一半。

计算机内部所有的数值都是采用二进制来表示的,二进制的运算规则简单。

加法运算	减法运算	乘法运算	除法运算
0+0=0	0-0=0	0×0=0	0/0 无意义

$0+1=1$	$1-0=1$	$0\times1=0$	$0/1=0$
$1+0=1$	$1-1=0$	$1\times0=0$	$1/1=1$
$1+1=1$（向高位进 1）	$0-1=1$（从高位借 1）	$1\times1=1$	$1/0$ 无意义

由于二进制运算比十进制的运算简单得多,使得计算机中的运算电路简单可靠,同时也提高了机器的运算速度。

3）八进制

计算机内部使用二进制,例如十进制数 9999,用二进制表示为 10011100001111。这种表示形式不便于书写和记忆,因此,计算机使用者常用十六进制或八进制来弥补这个缺点。值得注意的是：十六进制和八进制绝对不是计算机内部表示数值的方法,仅仅是书写和叙述时采用的一种形式。

八进制采用 0～7 共 8 个数字符号来表示所有的数,其特点是"逢八进一"。各位的权都是 8 的整数次幂,使用基数及位权可以将八进制展开成多项式和的表达式,展开后所得结果就是该八进制所对应的十进制的值。

【例 1-3】 使用基数及位权展开八进制数 147.2Q。

$$147.2Q=1\times8^2+4\times8^1+7\times8^0+2\times8^{-1}=103.25$$

采用八进制能弥补二进制书写与叙述时冗长的缺陷,3 位二进制数的所有组合正好对应八进制各数字符号,其对应关系如表 1-2 所示。

表 1-2　八进制数与二进制数对应关系

二进制数	八进制数	二进制数	八进制数
000	0	100	4
001	1	101	5
010	2	110	6
011	3	111	7

4）十六进制

十六进制采用 0～9、A～F 共 16 个数字及字母符号来表示所有的数(其中字母符号 A,B,C,D,E,F 分别代表 10,11,12,13,14,15),其特点是"逢十六进一"。数字各位的权都是 16 的整数次幂,使用基数及位权可以将十六进制展开成多项式和的表达式,展开后所得结果就是该十六进制所对应的十进制的值。采用十六进制表示形式时,4 位二进制数的所有组合正好对应于十六进制各数字符合,如表 1-3 所示。

表 1-3　十六进制数与二进制数对应关系

二进制数	十六进制数	二进制数	十六进制数
0000	0	1000	8
0001	1	1001	9
0010	2	1010	A
0011	3	1011	B
0100	4	1100	C
0101	5	1101	D
0110	6	1110	E
0111	7	1111	F

4. 数制的相互转换

（1）十进制数转换成二进制、八进制、十六进制数。

将一个十进制数转换成二进制、八进制、十六进制数时，需要将整数部分和小数部分分别进行转换。

① 整数部分的转换：十进制整数部分的转换规则是"除基取余法"，即将十进制数除以基数 R，得到一个商数和一个余数；再将其商数除以 R，又得到一个商数和一个余数；以此类推，直到商数等于零为止。每次所得的余数就是结果数据中各位的数字。其中，第一次得到的余数作为转换后的最低位，最后一次得到的余数作为转换后的最高位。

【例 1-4】　将十进制整数 25 转换成二进制数。

解：

```
2 | 25
2 | 12 ········ 余数为1                    ↑低位
2 | 6  ········ 余数为0
2 | 3  ········ 余数为0
2 | 1  ········ 余数为1
    0  ········ 余数为1，商为0，结束。        高位
```

因此，十进制数 25 的二进制数是 11001B。

【例 1-5】　将十进制数 266 转换成八进制数。

解：

```
8 | 266
8 | 33 ········ 余数为2                    ↑低位
8 | 4  ········ 余数为1
    0  ········ 余数为4，商为0，结束。        高位
```

十进制数 266 转换成八进制数是 412Q。

【例 1-6】　将十进制数 380 转换成十六进制数。

解：

```
16 | 380
16 | 23 ········ 余数为12，即C              ↑低位
16 | 1  ········ 余数为7
     0  ········ 余数为1，商为0，结束。       高位
```

十进制数 380 转换成十六进制数是 17CH。

注意：一定不能将上面的结果写为 1712，十进制的 12 在十六进制中是用 C 来代表的。

② 小数部分的转换：十进制小数部分的转换规则是"乘基取整法"。具体方法是用基数 R 乘十进制纯小数，将其乘积的整数部分去掉，余下的纯小数部分再与 R 相乘；如此继续下去，直到余下的纯小数为 0 或满足所要求的精度为止。最后，每次乘积的整数部分作为结果数据中各位的数字，第一次得到的数字作为转换后的最高位，最后一次得到的数字作为转换后的最低位。

【例 1-7】　将十进制小数 0.6875 转换成二进制小数。

解： 0.6875×2＝1.3750　········ 整数部分为1　　　　　　　｜高位

　　　 0.3750×2＝0.7500　········ 整数部分为0（去整数再乘2）

　　　 0.7500×2＝1.5000　········ 整数部分为1（去整数再乘2）

　　　 0.5000×2＝1.0000　········ 整数部分为1（去整数再乘2）

　　　 0.0000　　　　　　 ········ 余下的纯小数为0，转换结束。↓低位

十进制小数 0.6875 转换为二进制小数结果为 0.1011B。

【例 1-8】 将十进制小数 0.6875 转换成八进制小数。

解： 0.6875×8＝5.5000 ········· 整数部分为 5（去整数再乘 8） ┃高位

0.5000×8＝4.0000 ········· 整数部分为 4

0.0000 ········· 余下的纯小数为 0，转换结束。 ↓低位

十进制小数 0.6875 的八进制小数为 0.54Q。

【例 1-9】 将十进制小数 0.625 转换成十六进制小数。

解： 0.625×16＝10.000 ········· 整数为 10，即 A

0.000 ········· 余下的纯小数为 0，转换结束。

十进制小数 0.625 的十六进制小数为 0.AH。

有时，一个十进制小数不一定能完全准确地转换为二进制、八进制或十六进制小数。例如，十进制小数 0.2 就不能完全准确地转换为二进制小数。在这种情况下，可以根据精度要求转换到小数点后某一位为止。

（2）二进制、八进制、十六进制数转换成十进制数。

二进制、八进制、十六进制数转换为十进制数时，只要按权展开即可。

【例 1-10】 将二进制数 1110.11B 转换成十进制数。

解： $(1110.11)_2 = 1×2^3 + 1×2^2 + 1×2^1 + 0×2^0 + 1×2^{-1} + 1×2^{-2} = 8+4+2+0.5+0.25 = (14.75)_{10}$

二进制数 1110.11B 转换成十进制数为 14.75D。

【例 1-11】 将八进制数 35.54Q 转换成十进制数。

解： $(35.54)_8 = 3×8^1 + 5×8^0 + 5×8^{-1} + 4×8^{-2} = 24+5+0.625+0.0625 = (29.6875)_{10}$

八进制数 35.54Q 的十进制数为 29.6875D。

【例 1-12】 将十六进制数 A3CH 转换成十进制数。

解： $(A3C)_{16} = 10×16^2 + 3×16^1 + 12×16^0 = 2560+48+12 = (2620)_{10}$

十六进制数 A3CH 的十进制数为 2620D。

（3）二进制数转换成八进制、十六进制数。

① 二进制数转换成八进制数：将一个二进制数转换为八进制数的方法可以概括为"3 位并一位"，即从该二进制数的小数点开始，分别向左和向右每 3 位分成一组，将每一组 3 位二进制数转换成一位八进制数，对应关系如表 1-2 所示。应特别注意的是，当小数部分向右每 3 位为一组时，如果最后一组不够三位，应在后面添 0 补足成 3 位；同样，整数部分向左每 3 位一组时，如果最前一组不够三位，应在前面添 0 补足。

【例 1-13】 将二进制数 10011111.1011B 转换成八进制数。

解： 010 011 111 . 101 100

↓ ↓ ↓ ↓ ↓

2 3 7 . 5 4

二进制数 10011111.1011B 转换成八进制数是 237.54Q。

② 二进制数转换成十六进制数：将一个二进制数转换为十六进制数的方法可以概括为"4 位并一位"，即从该二进制数的小数点开始，分别向左和向右每 4 位分成一组，将每一组 4 位二进制数转换成一位十六进制数，对应关系如表 1-3 所示。当小数部分向右每 4 位

为一组时,如果最后一组不够 4 位,应在后面添 0 补足 4 位;同样,整数部分向左每 4 位一组时,如果最前一组不够 4 位,应在前面添 0 补足。

【例 1-14】 将二进制数 111010.11B 转换成十六进制数。

解: <u>0011</u> <u>1010</u> . <u>1100</u>

     ↓   ↓   ↓

    3   A   .   C

二进制数 111010.11B 转换成十六进制数是 3A.CH。

(4) 八进制、十六进制数转换成二进制数。

① 八进制数转换成二进制数:将八进制数转换成二进制数的方法是用"1 位拆 3 位",即把每一位八进制数都用相应的 3 位二进制数来代替,然后依次将它们写出来。

【例 1-15】 将八进制数 253.64Q 转换成二进制数。

解: 2   5   3 . 6   4

   ↓   ↓   ↓   ↓   ↓

  010 101 011 . 110 100

八进制数 253.64Q 转换成二进制数是 010101011.110100B。该二进制数的整数部分中最左边的 0 和小数部分中最右边的 0 均可省略。因此,其二进制数是 10101011.1101B。

② 十六进制数转换成二进制数:将十六进制数转换成二进制数的方法是"一位拆 4位",即把每一位十六进制数都用相应的 4 位二进制数来代替,然后依次写出。

【例 1-16】 将十六进制数 1CB.D8H 转换成二进制数。

解: 1   C   B .   D   8

   ↓   ↓   ↓   ↓   ↓

  0001 1100 1011 . 1101 1000

转换后得到的二进制数是 000111001011.11011000B。整数部分最左边的 0 和小数部分最右边的 0 均可省略,因此,十六进制数 1CB.D8H 转换成二进制数是 111001011.11011B。

1.3.2 存储单位及地址

计算机内部存储的信息是用二进制表示的,数据中的每个二进制数字就是一个二进制位,称作比特(b),它是度量数据的最小单位。在计算机中最常用的基本单位是字节(B),通常一个字节包含 8 个二进制位,即 1B=8b。除了基本的存储单位外,还可以使用 KB、MB、GB、TB、PB、EB 等存储单位来表示更大的存储容量,它们之间的换算关系如下。

1KB(千字节)=1024B(字节)

1MB(兆字节)=1024KB(千字节)

1GB(吉字节)=1024MB(兆字节)

1TB(太字节)=1024GB(吉字节)

1PB(拍字节)=1024TB(太字节)

1EB(艾字节)=1024PB(拍字节)

信息在计算机内部的存放位置,即存储单元,每个单元有一个编号,程序可以通过这个编号来访问这个单元,这个编号就是这个单元的地址。对于一段连续存放的数据,每个存储单元中存放的数据位数相同,相邻单元的地址是连续的。

在计算机中,信息的存储地址也是用二进制来表示的,若地址为 m 位,则可编址的最大单元数是 $2m$。若要编址 12 个存储单元,则至少需要 4 位地址。所以,地址位数是由需要直接编址的单元的最大数目决定的,与每个单元存放的数据位数无关。

1.3.3 数值型数据表示

1. 机器数与真值

计算机中的数据是以二进制形式存储的,数值的正、负也必须用二进制来表示。本节就对数值数据在计算机中如何表示这一问题展开讨论。

人们通过键盘输入的数据经过计算机的自动转换,以二进制形式存入计算机。数值在计算机中的二进制表示形式称为机器数,而把带有符号的对应数据称为机器数的真值。机器数又分为定点数和浮点数。机器数具有下面几个特点。

（1）符号的数值化。日常使用的数值有正负之分,而在计算机内部任何符号都是用二进制表示的,所以数值的正、负也必须用二进制来表示。一般规定用二进制数 0 表示正数,用二进制数 1 表示负数,且用最高位(最左位)作为数值的符号位,每个数据占用一个或多个字节。

（2）小数点的位置有一定的约定方式。计算机中通常只表示整数或纯小数,所以,小数点位置一般隐含在某个位置。需要注意的是,小数点并不明确地表示出来(计算机内部如何约定并隐含小数点位数,后面将做介绍)。

（3）机器数所表示的数值范围有限。不同类型的计算机处理数据的能力是不同的,所处理二进制的位数受到机器设备的限制。人们把机器设备能表示的二进制位数称为字长,一台机器的字长是固定的,一般为 8 位、16 位、32 位或 64 位。字长越长,所能表示的数据范围越大。

【例 1-17】 求十进制数 +18 和 -18 的真值和机器数。

解：由于 $(18)_{10} = (10010)_2$,所以

$(+18)_{10}$ 的真值为 +10010;若用一个字节表示,最高位为符号位,它的机器数为 00010010。

$(-18)_{10}$ 的真值为 -10010;若用一个字节表示,最高位为符号位,它的机器数为 10010010。

【例 1-18】 求十进制数 +168 和 -168 的真值和机器数。

解：十进制数 168 的二进制数为 $(10101000)_2$,由于二进制数本身已经占满 8 位,所以要用两个字节(16 位)表示该二进制数。

$(+168)_{10}$ 的真值为 +10101000;它的机器数为 0 000000010101000。

$(-168)_{10}$ 的真值为 -10101000;它的机器数为 1 000000010101000。

当计算机字长中的所有二进制位全部都用来表示数值时,我们称之为无符号数。无符号数一般在全部都是正数运算而且不会出现负数结果的情况下使用。如果有 8 位二进制无符号整数 11111111B 时,它所表示的无符号整数真值应为 255。当然一个二进制数也可以表示无符号小数。如果有 8 位二进制无符号小数 10000000B 时,它所表示的无符号小数真值应为 0.5。由此可见,无符号整数的小数点默认在最低位之后,无符号小数的小数点默认

在最高位之前。

2. 原码、反码和补码

对于有符号数,机器数常用的编码方法有原码、反码、补码和移码等,本节介绍定点数的原码、反码和补码。任何正数的原码、反码和补码的表示形式完全相同,而负数的原码、反码和补码的表示形式则各不相同。

1) 原码表示方法

原码是机器数的一种简单表示法。其数值用二进制形式表示,符号位用 0 表示正号,用 1 表示负号。这种将真值 x 的符号数值化后表示出来的机器数就叫作原码,记作$[x]_原$。原码具有以下性质。

(1) 原码实际上是数值化的符号位加上真值的绝对值(正数的原码就是它本身)。

(2) 在原码表示法中,零有正零和负零之分,$[+0]_原=00000000$,$[-0]_原=10000000$。

(3) 原码表示法最大的优点在于其真值和编码表示之间对应关系很直观,容易转换。但不能用原码直接对两个同号数相减或两个异号数相加。

【例 1-19】　设机器码长度为 8,求+6 和-6 的原码。

解:因为$(6)_{10}=(110)_2$,又根据题目条件,机器码长度为 8,所以

$$[+6]_原=0\ 0000110$$
$$[-6]_原=1\ 0000110$$

【例 1-20】　设机器码长度为 8,求 $x=-0.3125D$ 的原码。

解:因为 $x=-0.3125D=-0.0101B$。

又根据题目条件,机器码长度为 8,因此小数部分占 7 位,前面符号位占 1 位。

所以,$[x]_原=1\ 0101000$。

小数点隐含在小数部分最高位之前,符号位之后。

2) 反码表示方法

为了将加减法运算统一为加法运算,机器数引入了反码和补码。反码使用较少,仅作为补码的过渡。如果是正数,该数的反码与原码相同;如果是负数,该数的反码是对它的原码逐位取反(符号位除外),即 0 变为 1、1 变为 0。数 x 的反码可记作$[x]_反$。

反码具有以下性质。

(1) 正数的反码就是其原码本身,而负数的反码可以通过对其原码除符号位以外逐位取反来求得。

(2) 在反码表示法中,零有正零和负零之分,$[+0]_反=00000000$,$[-0]_反=11111111$。

(3) 任何一个数的反码的反码是其原码本身。

【例 1-21】　设机器码长度为 8,求+6 和-6 的反码。

解:因为$[+6]_原=0\ 0000110$,

所以$[+6]_反=0\ 0000110$,与原码相同。

因为$[-6]_原=1\ 0000110$,

所以$[-6]_反=1\ 1111001$,除符号位以外逐位取反。

【例 1-22】　设机器码长度为 8,求 $x=-0.3125=-0.0101B$ 的反码。

解:因为$[x]_原=1\ 0101000$,

所以$[x]_反＝1\,1010111$。

3）补码表示方法

补码是计算机处理有符号数运算常用的方法。因为补码在进行加减运算时可以将符号位一起直接参与运算，无须特别对符号位判断后再进行运算，从而简化了运算规则，提高了运算速度。如果是正数，则该数的补码与原码相同；如果是负数，则该数的补码是对它的原码逐位取反（符号位除外），末位加1。数x的补码可记作$[x]_补$。

补码具有以下性质。

（1）正数的补码就是其原码本身，而负数的补码就是在保持原码符号位不变的基础上，其余各位逐位取反，然后末位加1。大多数情况下$[x]_补＝[x]_反＋1$。

（2）在补码表示法中，没有正零和负零之分，$[\pm 0]_补＝00000000$。8位二进制补码10000000用来表示-128。

（3）任何一个数的补码的补码就是原码本身。

【例1-23】 设机器码长度为8，求$+6$和-6的补码。

解：因为$[+6]_原＝0\,0000110$，所以$[+6]_补＝0\,0000110$，与原码相同。

因为$[-6]_原＝1\,0000110$，所以$[-6]_补＝1\,1111010$，除符号位以外逐位取反，末位加1。

【例1-24】 设机器码长度为8，求$x＝-0.3125\,D$的补码。

解：因为$x＝-0.3125D＝-0.0101B$，得到$[x]_原＝1\,0101000$，所以$[x]_补＝1\,1011000$。

对于字长为8位的计算机，表1-4列出了二进制整数的原码、反码、补码的最大、最小值的编码及数值范围。

表1-4　原码、反码、补码的最大、最小值的编码及数值范围

类　型	原　码	反　码	补　码
最大编码	0 111111	0 1111111	0 1111111
最小编码	1 1111111	1 0000000	1 0000000
数值范围	$-127\sim +127$	$-127\sim +127$	$-128\sim +127$

3. 定点数与浮点数

计算机中参加运算的数既有整数，也有小数。如果规定小数点的位置固定不变，这样的机器数称为定点数；如果小数点的位置可以变动，这样的机器数称为浮点数。

1）定点表示法

前面在讲解原码、反码、补码时，是以定点整数及定点小数为对象的，其特征是它们的小数点都隐含在某个固定不变的位置上。

一种是约定机器数的小数点位置隐含在机器数的最右端，称为定点整数，也称为纯整数，其格式如图1-11所示。定点整数的符号位在最高位，其余是数值的有效部分。小数点不占用二进制位数。

符号位	数值部分

.小数点位置

图1-11　定点整数的符号位、数值部分以及小数点位置示意图

另一种是约定机器数的小数点位置隐含在符号位之后、有效值部分最高位之前,我们称为定点小数,也称纯小数,其绝对值小于1。其格式如图1-12所示。

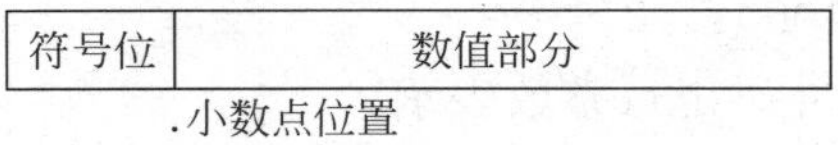

符号位	数值部分

.小数点位置

图1-12　定点小数的符号位、数值部分以及小数点位置示意图

从形式上看,定点整数和定点小数毫无差别,所以在使用时必须加以约定说明,因为在二进制编码完全相同时定点整数和定点小数的真值不同。

【例1-25】　求机器数11000100B分别是原码定点整数,原码定点小数时的真值。

解：$[x]_{原}=11000100B$

当表示定点整数时,符号位为1,小数点隐含在机器数的最右端,$x_{真}=-1000100B=-68$。

当表示定点小数时,小数点在符号位之后、有效值部分最高位之前,$x_{真}=-0.10001=-0.51325$。

对于既有整数又有小数的原始数据采用定点数来表示的时候,必须设定一个合适的缩放因子,使它缩小成定点小数或扩大成定点整数,然后再进行运算。当然运算结果也必须反折算成实际值。然而,选择合适的比例因子并不是一件很容易的事情,而且定点数的表示范围也较小。为了解决上述问题,可以采用浮点表示法。

2) 浮点表示法

为了在有限的机器字长位数的限制下表示很大的整数,同时又可以表示精度较高的小数,我们采用浮点表示法。浮点表示法与科学记数法相似,即把一个数 N 通过移动小数点位置表示成 R 的 e 次幂和绝对值小于1的数 M 相乘的格式,即：

$$N=\pm M \times R^e$$

其中,M——尾数,是数值有效数字部分,一般采用定点小数表示；

R——底数(二进制数为2,十六进制为16)；

e——指数,也称阶码,是有符号整数。

例如：$111.1101B=0.1111101B\times 2^3$

$-0.0101011B=-0.101011B\times 2^{-1}$

这样,就将浮点数分成阶码和尾数两部分,基本格式如图1-13所示。

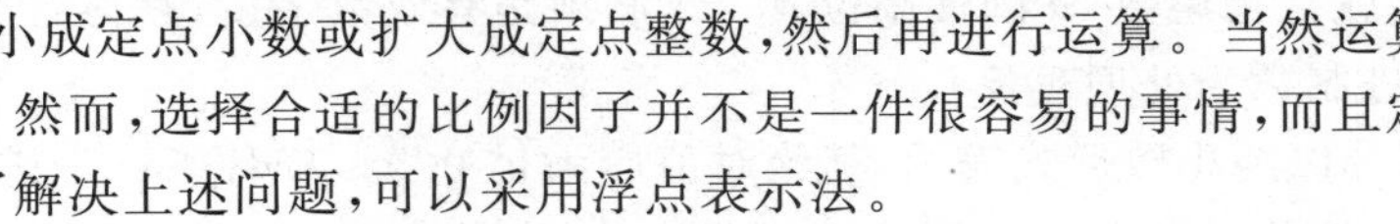

图1-13　浮点数的格式

由此可见,底数并没有在表示形式中体现出来,它是根据数值的进制来决定的,是事先约定好的；阶符表示阶码的正负,阶码反映了小数点的位置；尾符表示数 N 的符号,尾数是

定点小数；阶码的大小决定了所表示数值的大小，而尾数位数的多少决定了所表示数值的精度。如果想要移动小数点的位置只要改变阶码的大小即可。所以把这种数值表示方法称作浮点数表示法。其中，阶码一般用补码定点整数表示，尾数一般用补码或原码定点小数表示。

【例1-26】 某计算机用4个字节表示浮点数，阶码部分为8位补码定点整数，尾数部分为24位原码定点小数。写出二进制数−110.001的浮点数形式。

解：−110.001＝−0.110001×2^{+3}

阶码部分为＋3，用8位补码定点整数表示；

尾数部分为−0.110001，用24位原码定点小数表示。

浮点数形式为：

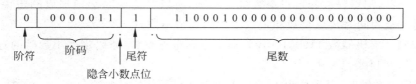

通过例1-26可以发现将一个二进制数表示成浮点数形式并不是唯一的。例如，−110.001也可以表示成−110.001＝−0.0110001×2^{+4}。为了使浮点数有一个标准表示形式，也同时利用尾数的有效位数提高精度，我们采用规格化的表示形式。

所谓规格化就是指尾数M的最高位M^{-1}必须是有效数字位，具体含义及规格化处理过程如下（以二进制数为处理对象）。

（1）尾数部分以纯小数形式表示，其绝对值应满足$0.5 \leqslant |M| < 1$（十进制值）。如果不满足该条件，则需要修改阶码并对尾数进行移位，以使尾数满足上述条件。

（2）当尾数为正时，无论其使用原码还是补码表示，M应满足条件$0.5 \leqslant M < 1$（十进制值），以二进制形式表示为$M = 0.1xx \cdots x$（x为0或1）。

（3）对于用原码表示的负尾数，M满足$-1 < M \leqslant -0.5$（十进制值），以二进制形式表示为$M = 1.1xx \cdots x$（x为0或1）。

（4）对于用补码表示的负尾数，M满足$-1 \leqslant M < -0.5$（十进制值），以二进制形式表示为$M = 1.0xx \cdots x$（x为0或1）。

通过对上述处理过程的分析，可以得出，如果规格化的尾数用原码表示，则其最高位一定为1，如果用补码表示，则尾数的最高位与其符号位相反。

【例1-27】 写出二进制数$x = 0.00100011B \times 2^{-1}$的规格化浮点表示形式。假定阶码用4位补码表示，尾数用8位原码表示。

解：因为尾数是原码，$M^{-1} = 0$不是规格化形式，小数点应该右移两位使最高有效位$M^{-1} = 1$，与此同时阶码相应减2，表示如下。

$$x = 0.00100011B \times 2^{-1} = 0.100011 \times 2^{-3}$$

阶码是−3，用4位补码表示，$[-3]_{补} = [-011]_{补} = 1101$。

浮点形式表示为：

1	1 0 1	0	1 0 0 0 1 1 0

浮点数表示数值的范围比定点数大。浮点数的总位数确定后,分配给阶码的位数越长,可表示的数值范围越大,但尾数分配到的位数少了,数值的精度也会降低,所以位数的分配应该针对所处理的数值对象而定。

数值运算过程中,如果及时对中间结果进行规格化处理,那就不易丢失有效数字,提高了运算精度。

当然,浮点数表示法所需计算机控制电路复杂,成本也高。规模小的计算机则大多采用定点数,再通过软件或扩展浮点硬件实现浮点数的运算。

4. 二进制数的算术运算

计算机中数值有定点和浮点两种表示方法,所以运算方法也分为定点数运算和浮点数运算两种。算术运算包括加减乘除四则运算。本节只对加减运算进行讨论。

1)定点加减法运算

前面也曾经提到过使用补码进行加减运算时,可以不区分数值位和符号位,而把它们进行等同处理。也就是说用补码进行加减运算时,符号位也一起参与加减运算。值得注意的是:运算时字长的最高位的进位必须舍弃。

(1)定点加法运算

运算公式如下:

$$[X+Y]_补 = [X]_补 + [Y]_补$$

【例 1-28】 已知 $X = -1100100B$,$Y = 110010B$(字长为 8),求 $X+Y$。

解: 因为

$$[X]_补 = 10011100B$$
$$[Y]_补 = 00110010B$$

根据公式

$$[X+Y]_补 = [X]_补 + [Y]_补 = 10011100B + 00110010B = 11001110B$$

由所求得的补码得出

$$X+Y = [[X+Y]_补]_补 = 10110010B$$

(2)定点减法运算

运算公式如下:

$$[X-Y]_补 = [X]_补 - [Y]_补 = [X]_补 + [-Y]_补$$

【例 1-29】 已知 $X = 1100100B$,$Y = 110010B$(字长为 8),求 $X-Y$。

解:

$[X]_补 = 01100100B$

$[-Y]_原 = 10110010B$

$[-Y]_补 = 11001110B$

$[X-Y]_补 = [X]_补 + [-Y]_补 = 01100100B + 11001110B = 00110010B$(舍弃最高位的进位)

由所求得的补码得出 $X-Y = 00110010B$。

(3)溢出判断

由于定点数加减运算时所用字长是固定的,所以计算结果就有可能会超出该字长所表示的数值范围。这种现象称为溢出。在计算过程中必须及时判断是否溢出,一旦发现溢出,计算机必须中断计算。溢出的判断可以采用双符号位判断法。

在计算过程中采用双符号位(即两位二进制)表示机器数符号:00 代表正数,11 代表负数,然后根据运算结果的符号位判定是否溢出,判断依据如表 1-5 所示。

表 1-5　双符号位判断依据表

运算结果的符号位	溢出状态	运算结果的符号位	溢出状态
00	无溢出	10	溢出
01	溢出	11	无溢出

【例 1-30】 已知 $X=1100100B, Y=110010B$,求 $X+Y$,并判断其计算结果是否溢出。

解:

$$[X]_补 = 00\ 1100100B$$

$$[Y]_补 = 00\ 0110010B$$

$$[X+Y]_补 = [X]_补 + [Y]_补 = 00\ 1100100B + 00\ 0110010B = 01\ 0010110B$$

根据计算结果的双符号位 01,可以看出该结果已经溢出。

不妨验证一下:X 所对应的十进制数值为 100,Y 所对应的十进制数值为 50。$X+Y$ 的结果用十进制来表示应该为 150。事实上,字长 8 位的二进制机器数中除去 1 位符号位之后用 7 位二进制来表示十进制数的最大值为 127。由此可以得出,运算结果 150 已经超出了最大表示范围。

2) 浮点加减法运算

假设有浮点数 $X=M \times 2^i, Y=N \times 2^j$,求 $X \pm Y$,其运算过程如下所述。

(1) 对阶:为了能进行运算,必须先使阶码相同。具体做法是令 $K=|i-j|$,把阶码小的那个数的尾数向右移 K 位,目的就是让它的阶码加 K。

在尾数右移时,值得注意的是:如果尾数用补码表示时,符号位必须一起参加移位,而且最终符号位保持不变。

例如:X 为 $(1.01)_补 \times 2^{011}$,将尾数右移三位后,X 将变为 $(1.11101)_补 \times 2^{110}$。

如果尾数用原码表示,则符号位不参加移位,尾数的最高位用 0 补充。

(2) 对尾数进行加减运算:运算方法与定点数运算规则相同。

(3) 对运算结果进行规格化处理:如果尾数运算结果不是规格化的结果,需要利用前面所讲的规格化方法进行规格化。

(4) 舍入处理:在进行对阶以及规格化处理时,由于位数的限制可能会移掉一部分数据,所以必须进行舍入处理。舍入处理方法如下。

① 0 舍 1 入法:在被移掉的最高位为 1 的情况下,尾数末位加 1。

② 恒 1 法:只要有数据被移掉就在尾数末位加 1。

(5) 溢出判断:如果阶码在进行对阶时溢出,那么结果溢出。如果尾数在进行加减运算时溢出,可以通过进行规格化处理,而不作为溢出处理。

1.3.4　字符型数据编码

除了常见的数值型数据信息外,计算机还要处理大量的非数值信息。非数值信息是指字符、文字、图形、图像等数据。对英文字母、数字和标点符号等字符的二进制编码称为字符编码。

ASCII 码是目前计算机中使用最普遍的一种字符编码。ASCII 码(American Standard

Code for Information Interchange,美国信息交换标准代码)是美国的字符代码标准,于1968年发表。它被国际标准化组织(ISO)确定为国际标准,成为一种国际上通用的字符编码。

1. 标准 ASCII 码

标准 ASCII 码由 7 位二进制位编码组成。虽然标准 ASCII 码是 7 位编码,但由于计算机基本处理单位为字节,所以一般仍以一个字节来存放一个 ASCII 字符。每一个字节中多余出来的一位(最高位)在计算机内部通常保存为 0(在数据传输时可用作奇偶校验位),如表 1-6 所示。

表 1-6 标准 ASCII 码表

十进制	ASCII 码	控制符	十进制	ASCII 码	控制符	十进制	ASCII 码	控制符
0	00H	NUL	35	23H	#	70	46H	F
1	01H	SOH	36	24H	$	71	47H	G
2	02H	STX	37	25H	%	72	48H	H
3	03H	ETX	38	26H	&	73	49H	I
4	04H	EOT	39	27H	'	74	4AH	J
5	05H	ENQ	40	28H	(	75	4BH	K
6	06H	ACK	41	29H	)	76	4CH	L
7	07H	BEL	42	2AH	*	77	4DH	M
8	08H	BS	43	2BH	+	78	4EH	N
9	09H	HT	44	2CH	,	79	4FH	O
10	0AH	LF	45	2DH	—	80	50H	P
11	0BH	VT	46	2EH	.	81	51H	Q
12	0CH	FF	47	2FH	/	82	52H	R
13	0DH	CR	48	30H	0	83	53H	S
14	0EH	SO	49	31H	1	84	54H	T
15	0FH	ST	50	32H	2	85	55H	U
16	10H	DC0	51	33H	3	86	56H	V
17	11H	DC1	52	34H	4	87	57H	W
18	12H	DC2	53	35H	5	88	58H	X
19	13H	DC3	54	36H	6	89	59H	Y
20	14H	DC4	55	37H	7	90	5AH	Z
21	15H	NAK	56	38H	8	91	5BH	[
22	16H	SYN	57	39H	9	92	5CH	\
23	17H	ETB	58	3AH	:	93	5DH	]
24	18H	CAN	59	3BH	;	94	5EH	^
25	19H	EM	60	3CH	<	95	5FH	_
26	1AH	SUB	61	3DH	=	96	60H	`
27	1BH	ESC	62	3EH	>	97	61H	a
28	1CH	FS	63	3FH	?	98	62H	b
29	1DH	GS	64	40H	@	99	63H	c
30	1EH	RS	65	41H	A	100	64H	d
31	1FH	US	66	42H	B	101	65H	e
32	20H	SP	67	43H	C	102	66H	f
33	21H	!	68	44H	D	103	67H	g
34	22H	"	69	45H	E	104	68H	h

续表

十进制	ASCII 码	控制符	十进制	ASCII 码	控制符	十进制	ASCII 码	控制符
105	69H	i	113	71H	q	121	79H	y
106	6AH	j	114	72H	r	122	7AH	z
107	6BH	k	115	73H	s	123	7BH	{
108	6CH	l	116	74H	t	124	7CH	|
109	6DH	m	117	75H	u	125	7DH	}
110	6EH	n	118	76H	v	126	7EH	~
111	6FH	o	119	77H	w	127	7FH	DEL
112	70H	p	120	78H	x			

每个 ASCII 码占用一个字节，由 8 个二进制位组成，每个二进制位为 0 或 1。ASCII 码中的二进制数的最高位（最左边一位）为数字 0，余下的 7 位二进制数可以表示 $2^7 = 128$ 种状态，每一种状态都唯一对应一个字符，其范围为 0~127。基本 ASCII 码代表 128 个不同的字符，其中有 94 个可显示字符（10 个数字字符、26 个英文小写字母、26 个英文大写字母、32 个各种标点符号和专用符号）和 34 个控制字符。基本 ASCII 码在各种计算机上都是适用的。

例如，大写字母 A 的 7 位 ASCII 码值为 1000001，即十进制数 65；小写字母 a 的 ASCII 码值为 1100001，即十进制数 97。

【例 1-31】 将 China 5 个字符按照 ASCII 码存放在存储单元中。

解： 在计算机中，一个字符占用一个字节，用来存放该字符的 ASCII 码。

C 的 ASCII 码值＝67D＝43H＝1000011B，该字节存储为 01000011。

h 的 ASCII 码值＝104D＝68H＝1101000B，该字节存储为 01101000。

i 的 ASCII 码值＝105D＝69H＝1101001B，该字节存储为 01101001。

n 的 ASCII 码值＝110D＝6EH＝1101110B，该字节存储为 01101110。

a 的 ASCII 码值＝97D＝61H＝1100001B，该字节存储为 01100001。

在 ASCII 编码中，10 个数字字符是按从小到大的顺序连续编码的，而且它们的 ASCII 码也是从小到大排列的。因此，只要知道了一个数字字符的 ASCII 码，就可以推算出其他数字字符的 ASCII 码。例如，已知数字字符 '2' 的 ASCII 码为十进制数 50，则数字字符 '5' 的 ASCII 码为十进制数 50+3=53。在 ASCII 编码中，26 个英文大写字母和 26 个英文小写字母是按 A~Z 与 a~z 的先后顺序分别连续编码的。因此，只要知道了一个英文大写字母的 ASCII 码，就可以根据字母顺序推算出其他大写字母的 ASCII 码。例如，已知英文大写字母 'A' 的 ASCII 码为十进制数 65，故英文大写字母 'E' 的 ASCII 码为十进制数 65+4=69。因此，字母和数字的 ASCII 码的记忆是非常简单的。只要记住了一个字母或数字的 ASCII 码（例如记住 'A' 为 65，'0' 的 ASCII 码为 48），知道相应的大小写字母之间差 32，就可以推算出其余字母、数字的 ASCII 码。

2. 扩充 ASCII 码

由于标准 ASCII 字符集字符数目有限，在实际应用中往往无法满足要求。为此，国际标准化组织又制定了 ISO 2022 标准，它规定了在保持与标准 ASCII 码兼容的前提下将 ASCII 字符集扩充为 8 位代码的统一方法。每种扩充 ASCII 字符集分别可以扩充 128 个字符,这些扩充字符的编码均为高位为 1 的 8 位代码(即十进制数 128～255),称为扩展 ASCII 码。通常各国都把扩充的 ASCII 码作为自己国家语言文字的代码。表 1-7 展示的是最流行的一套扩展 ASCII 字符集和编码。

表 1-7　扩充 ASCII 码表

编码	字符	编码	字符	编码	字符	编码	字符	编码	字符	编码	字符	编码	字符	编码	字符
128	Ç	144	É	160	á	176	░	192	└	208	╨	224	α	240	≡
129	ü	145	æ	161	í	177	▒	193	┴	209	╤	225	ß	241	±
130	é	146	Æ	162	ó	178	▓	194	┬	210	╥	226	Γ	242	≥
131	â	147	ô	163	ú	179	│	195	├	211	╙	227	π	243	≤
132	ä	148	ö	164	ñ	180	┤	196	─	212	╘	228	Σ	244	⌠
133	à	149	ò	165	Ñ	181	╡	197	┼	213	╒	229	σ	245	⌡
134	å	150	û	166	ª	182	╢	198	╞	214	╓	230	µ	246	÷
135	ç	151	ù	167	º	183	╖	199	╟	215	╫	231	τ	247	≈
136	ê	152	ÿ	168	¿	184	╕	200	╚	216	╪	232	Φ	248	°
137	ë	153	Ö	169	⌐	185	╣	201	╔	217	┘	233	Θ	249	∙
138	è	154	Ü	170	¬	186	║	202	╩	218	┌	234	Ω	250	·
139	ï	155	¢	171	½	187	╗	203	╦	219	█	235	δ	251	√
140	î	156	£	172	¼	188	╝	204	╠	220	▄	236	∞	252	ⁿ
141	ì	157	¥	173	¡	189	╜	205	═	221	▌	237	φ	253	²
142	Ä	158	Pt	174	«	190	╛	206	╬	222	▐	238	ε	254	■
143	Å	159	ƒ	175	»	191	┐	207	╧	223	▀	239	∩	255	

1.3.5　多媒体信息编码

计算机中处理的多媒体信息包括图形、图像、声音、动画、视频等,本节将简单介绍对这些多媒体信息的编码方法。

1. 图像的编码

一幅图像可以看作是由一个个像点构成的,这些像点称为像素。每个像素必须用若干二进制位进行编码,才能表示出现实世界中的五彩缤纷的图像。

灰度图像的每个像素用一个二进制数表示该点的灰度,该二进制数的位数取决于灰度级别的多少。若灰度分为 256 个级别,则可以用一个字节来表示一个像素点。彩色图像的每个像素用 3 个二进制数表示该点的 3 个分量(R、G、B)的灰度,这种图常称为位图。

将图像离散成像素点,即实现了图像的数字化,数字图像的数据量往往较大。假定画面上有 150 000 个像素点,每个点用 24b(3B)来表示,则这幅画面要占用 450 000 个字节。如果想在显示器上播放视频信息,一秒钟需传送 25 帧画面,相当于 11 250 000 个字节的信息量。因此,用计算机进行图像处理,对机器的性能要求是很高的。

2. 图形的编码

对于计算机中的图形信息，一般分别采用几何要素（点、线、面、体）以及其他性质等来描述，如地图、工程图纸等。这种图常称为矢量图。矢量图占用空间较小，旋转、放大、缩小、倾斜等变换操作容易，且不变形、不失真。

3. 声音的编码

声音是一种连续变化的模拟量，可以通过"模/数"转换器对声音信号按固定的时间间隔进行采样，把它变成数字量。一旦转变成数字形式，便可以把声音存储在计算机中并进行处理了。

1.4 图灵机与冯·诺依曼机

1.4.1 图灵机

图灵机是英国数学家阿兰·图灵于1936年提出的一种思想模型，其基本思想是用机器来模拟人们用纸笔进行数学运算的过程，这个过程可以看作两种简单的动作：在纸上写上或擦除某个符号；把注意力从纸的一个位置移动到另一个位置。而在每个阶段，人要决定下一步的动作，依赖于此人当前所关注的纸上某个位置的符号和此人当前思维的状态。

为了模拟人的这种运算过程，图灵构造出这样一台假想的机器，该机器由三部分组成：一个控制器，一条可以无限延伸的带子和一个在带子上左右移动的读写头。基本模型如图1-14所示。

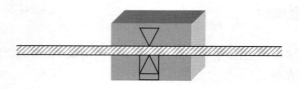

图1-14 图灵机的基本模型

（1）一条无限长的纸带。纸带被划分为一个接一个的小格子，每个格子上包含一个来自有限字母表的符号，纸带上的格子从左到右依次被编号为 0，1，2，…，纸带的右端可以无限伸展。

（2）一个读写头。该读写头可以在纸带上左右移动，它能读出当前所指的格子上的符号，并能改变当前格子上的符号。

（3）一套控制规则。它根据当前机器所处的状态以及当前读写头所指的格子上的符号来确定读写头下一步的动作，并改变状态寄存器的值，令机器进入一个新的状态。

虽然这个机器有一个潜在的无限长的纸带，但是它的每一部分都是有限的，因此这种机器只是一个理想的设备。图灵认为这样的一台机器就能模拟人类所能进行的任何计算过程，他所设计的"万能图灵机"的模型，实际上就是现代通用计算机的最原始的模型。

约翰·阿塔纳索夫和他的研究生克利福特·贝瑞在1939年研制出世界上的第一台电

子计算机 Atanasoff Berry Computer,简称 ABC,它就是图灵机的第一个硬件实现。其中采用了二进制,电路的开与合分别代表数字 0 与 1,运用电子管和电路执行逻辑运算等不可编程,仅设计用于求解线性方程组。而之后的冯·诺依曼研制成功了功能更好、用途更为广泛的电子计算机,并且为计算机设计了编码程序。

1.4.2 冯·诺依曼机

当 ENIAC 还在莫尔电气工程学院组装时,即 1944 年 7 月,美籍匈牙利科学家冯·诺依曼博士参观了这台机器,发现它不能存储程序,编程靠机外连接线路来完成,每当进行一项新的计算时,都要重新连接线路。有时几分钟的计算,要花几小时或一两天的时间重新连接线路,这是一个致命的弱点,如图 1-15 所示。它的另一个弱点是存储量太小,最多只能存 20 个字长为 10 位的十进制数。于是,他开始构思一个更完整的计算机体系方案。

图 1-15　早期的编程

1945 年,冯·诺依曼和他的研制小组在共同讨论的基础上,发表了一个全新的"存储程序通用电子计算机方案"(Electronic Discrete Variable Automatic Computer,EDVAC)。诺依曼以"关于 EDVAC 的报告草案"为题,起草了长达 101 页的总结报告。冯·诺依曼在他的 EDVAC 计算机方案中提出了以下两个重要的概念。

(1) 采用二进制数进行运算和控制。

(2) 预先编好程序存放在存储器中。

根据冯·诺依曼体系结构构成的计算机,必须具有如下功能。

(1) 把需要的程序和数据送至计算机中。

(2) 必须具有长期记忆程序、数据、中间结果及最终运算结果的能力。

(3) 能够完成各种算术、逻辑运算和数据传送等数据加工处理的能力。

(4) 能够根据需要控制程序走向,并能根据指令控制机器的各部件协调操作。

(5) 能够按照要求将处理结果输出给用户。

为了完成上述功能,计算机必须具备 5 大基本组成部件,包括:

(1) 输入数据和程序的输入设备;

(2) 记忆程序和数据的存储器;

(3) 完成数据加工处理的运算器;

(4) 控制程序执行的控制器;

（5）输出处理结果的输出设备。

这一全新概念的提出奠定了存储程序式计算机的理论基础,确立了现代计算机的基本结构(称为冯·诺依曼体系结构),是人类计算机发展史上的一个重要里程碑。根据冯·诺依曼提出的改进方案,科学家们不久便研制出了人类第一台具有存储程序功能的计算机——EDVAC(埃迪瓦克)。EDVAC 计算机由运算器、控制器、存储器、输入和输出这 5 个部分组成,它使用二进制进行运算操作。基本结构框图如图 1-16 所示。

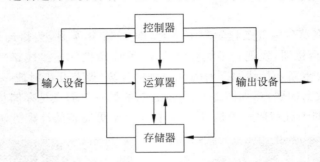

图 1-16　冯·诺依曼计算机的基本结构

一旦程序启动,则控制器将从存储器逐条顺序取出指令分析并执行。指令执行的结果或者是将输入设备中的数据取出并存放在存储器中,或者是把存储器中的数据传送到输出设备中,或者是把存储器中的数据传送到运算器中进行运算,运算结果又放入存储器。这个工作原理常简称为“程序存储原理”。正是由于这一开创性原理的应用使计算机充满了发展和活力。只要注入新的程序,计算机就有了新的能力和新的功用。现代计算机之所以能自动地连续进行数据处理,主要是因为具有存储程序的功能。存储程序是计算机工作的重要原理,是计算机能进行自动处理的基础。

冯·诺依曼在 20 世纪 40 年代提出的计算机设计原理,对计算机的发展产生了深远的影响,时至今日仍是计算机设计制造的理论基础。因此,现代的电子计算机仍然被称为冯·诺依曼计算机。

1.5　计算机的工作原理

目前应用的计算机系统组成和工作原理基本上都采用了冯·诺依曼式的计算机体系结构,即“采用二进制”和“存储程序”这两个重要的基本思想。“采用二进制”即计算机中的数据和指令均以二进制的形式存储和处理;“存储程序”即将程序预先存入存储器中,使计算机在工作时能够自动地从存储器中读取指令并执行。

1.5.1　指令和指令系统

1. 指令

指令就是让计算机完成一个操作所发出的指令或命令,是能被计算机识别并执行的二进制代码,它规定了计算机能完成的某一种操作。例如,加、减、乘、除、存数、取数等都是一个基本操作,分别可以用一条指令来实现。

2. 指令系统

一台计算机可以有许多指令,作用也各自不同,一台计算机所能执行的所有指令的集合称为这台计算机的指令系统。

计算机的指令系统不仅与计算机的硬件结构密切有关,而且合理的指令系统对提高计算机的性能也有着深刻的影响,因此如何设计和选取指令,一直是计算机系统设计中的核心问题。按照当前的计算机指令系统可将计算机分为两大类:复杂指令集计算机(Complex Instruction Set Computer,CISC)和精简指令集计算机(Reduced Instruction Set Computer,RISC)。传统的计算机指令系统为了适应程序的兼容性、编程的简洁性和硬件系统功能的完善性,通常把一些常用的子程序软件所实现的功能改为用指令实现。使得同一系列的计算机指令系统越来越复杂。同时,也使得指令系统的硬件实现越来越复杂。称这样的指令系统为 CISC。事实上,指令系统的指令并非越多越好,因为它会带来实现困难和成本提高等一系列问题。同时,各种指令的使用频度相差悬殊,最常用的一些比较简单的指令往往只占指令总数的 20% 左右。这就说明大部分的复杂指令是不经常使用的。为此,选取使用频度最高的少数指令并通过一些优化处理等技术实现的计算机指令系统称为 RISC。

尽管计算机的指令系统有所不同,但是基本上所有的计算机都包含如下几种类型的指令:数据传送类、算术运算类、逻辑类、数据变换类、输入/输出类、系统控制类、控制权转移类。

1.5.2　计算机程序设计

计算机作为一种电子设备,它所能实现的功能都是程序员通过编写程序代码来实现的,一项任务的整个工作步骤都是通过计算机程序来完成的。可以说计算机程序是人和计算机之间的媒介,它传递着人和计算机之间的交流信息。从直观上来看,计算机程序就是使用一种计算机能够懂得的语言编写的一组指令序列。创作计算机程序的过程就叫作计算机程序设计。计算机程序设计是以指令设计为基础的,包括指令格式的设计和指令执行流程的设计。

1. 指令的格式

每一条指令都必须包含相应的信息以便 CPU 能够执行。通常指令由以下 4 部分组成,即操作码、源操作数、目的操作数以及下一条指令的地址。操作码指明该指令所要执行的操作(例如加法运算或者跳转等),源操作数是该操作的输入数据,目的操作数则是操作的输出数据。而下一条指令地址则通知 CPU 到该地址去取下一条将执行的指令,大多数情况下,下一条指令的地址是以隐含形式给出的,也就是默认为当前指令的下一条。

因此,一条指令实际上包括两种信息,即操作码和地址码。

操作码字段	地址码字段

操作码用来表示该指令所需要完成的操作,其长度取决于指令系统中的指令条数。地址码用来描述该指令的操作对象,它或者直接给出操作数,或者指出操作数的存储器地址或寄存器地址。

2. 指令的执行过程

计算机执行指令一般分为两个阶段:第一阶段,将要执行的指令从内存取到 CPU 内;第二阶段,CPU 对读入的该指令进行分析译码,判断该条指令要完成的操作,然后向各部件发出完成该操作的控制信号,完成该指令的功能。当一条指令执行完成后就进入下一条指令的取指操作。一般将第一阶段取指令的操作称为取指周期,将第二阶段称为执行周期。通常一条指令的执行可以分为以下 7 个阶段。

(1) 计算下一条要执行的指令的地址;

(2) 从计算出的地址中读取指令;

(3) 对指令译码以确定其所要实现的功能;

(4) 计算操作数的地址;

(5) 从计算出的地址中读取操作数;

(6) 执行操作;

(7) 保存结果。

值得注意的是:不是所有指令的执行都需要经过以上 7 个步骤。例如,跳转等指令由于无须任何操作数,显然不需经过上述的所有步骤。如图 1-17 所示为程序中每条指令的格式及其执行过程。

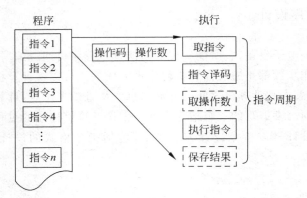

图 1-17 程序中每条指令的格式及其执行过程

1.5.3 计算机程序执行

计算机的工作过程实际上就是快速地执行指令的过程。当计算机在工作时,有两种信息在流动:数据信息和指令控制信息。数据信息是指原始数据、中间结果、结果数据、源程序等,这些信息从存储器读入运算器进行运算,所得的计算结果再存入存储器或传送到输出设备。指令控制信息是由控制器对指令进行分析、解释后向各部件发出的控制命令,指挥各部件协调地工作。

　　计算机程序是指令的有序序列，执行程序的过程实际上是依次逐条执行指令的过程。指令执行是由计算机硬件来实现的，可以通过程序的执行来认识计算机的基本工作原理：程序执行时，必须先将要执行的程序装入计算机内存；CPU 负责从内存中逐条取出指令，分析识别指令，最后执行指令，从而完成了一条指令的执行周期。CPU 就是这样周而复始地工作，直到程序的完成。

　　【例 1-32】 假设一台机器具备图 1-18 中的所有特征。计算机中所有指令和数据长度均为 16 位；指令格式中有 4 位是操作码，其余 12 位是操作数所在的地址，因而最多可以有 $2^4 = 16$ 种不同的操作码，可以表示 16 种不同的操作指令；CPU 中有一个称为累加器（AC）的数据寄存器，用于暂存数据；程序计数器（PC）指示将要执行的指令的地址；指令取到 CPU 存放在指令寄存器 IR 中。

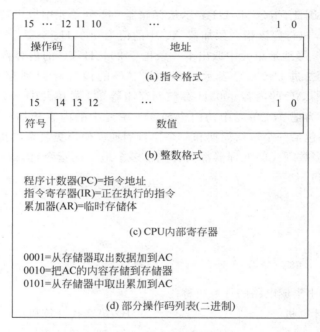

图 1-18　一台理想机器的特征

图 1-19 显示了相关内存和处理器寄存器的内容。

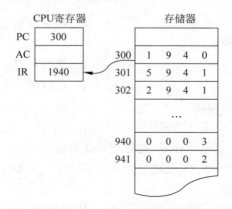

图 1-19　相关内存和处理器寄存器的内容

给出的程序段(三条程序)分别存放在内存300、301、302号单元中,数据存放在940、941号单元中。地址均为十六进制数。这三条指令可用三个取指周期和三个执行周期来描述。

(1) PC中包含第一条指令的地址300,该指令(1940H)被CPU取入指令寄存器IR中,然后PC的内容自动增1,变为301。

(2) CPU分析指令。指令1940H的最高4位操作码为二进制0001,根据图1-18(d),操作码0001表示从存储器取出数据加载到累加器AC中,940为要取的数据的地址,因此,指令1940H表示从存储器940号单元中取出数据0003H加载到累加器AC中。

(3) CPU从301号地址单元中取出下一条指令5941H,PC的内容自动增1。

(4) 操作码5(二进制0101)表示从某存储器中取出数据累加到AC,具体地址由指令后面的地址部分指示,因此,指令5941H表示从存储器941号单元中取出数据0002H,把它累加到累加器AC中。执行完该指令累加器AC中的值为0005H。

(5) CPU从302号地址单元中取出下一条指令2941H,PC的内容自动增1。

(6) 操作码2(二进制0010)表示把累加器AC的内容存回到存储器。因此,指令2941H表示将累加器AC的内容0005H存储到存储器941号单元中。

在这个例子中,为把940单元中的内容和941单元中的内容相加,一共有三个指令周期,每个指令周期都包括一个取指周期和一个执行周期。使用更复杂的指令集合,则可以需要更少的周期。大多数现代的处理器都具有包含多个地址的指令,因此指令的周期中可能涉及多次存储器访问。

习题

一、选择题

1. 物理器件采用集成电路的计算机称为_____。
   A. 第1代计算机　　　　　　　　　　B. 第2代计算机
   C. 第3代计算机　　　　　　　　　　D. 第4代计算机

2. 在计算机运行时,把程序和数据一同存放在内存中,这是1946年由_____领导的小组正式提出并论证的。
   A. 图灵　　　　B. 布尔　　　　C. 冯·诺依曼　　　　D. 爱因斯坦

3. 计算机最早的应用领域是_____。
   A. 科学计算　　　　　　　　　　　　B. 数据处理
   C. 过程控制　　　　　　　　　　　　D. CAD/CAM/CIMS

4. 计算机辅助制造的简称是_____。
   A. CAD　　　　B. CAM　　　　C. CAE　　　　D. CBE

5. 在计算机内部,一切信息的存取、处理和传送都是以_____进行的。
   A. ASCII码　　　　B. 二进制　　　　C. 十六进制　　　　D. EBCDIC码

6. 下列描述中,正确的是_____。
   A. 1MB=1000B　　　　　　　　　　B. 1MB=1000KB

     C. 1MB＝1024B   D. 1MB＝1024KB

7. 世界上第一台电子计算机诞生于_____。

    A. 1943 年   B. 1946 年   C. 1945 年   D. 1949 年

8. 下列关于世界上第一台电子计算机 ENIAC 的叙述中,错误的是_____。

    A. 它主要用于弹道计算   B. 它主要采用电子管和继电器

    C. 它是 1946 年在美国诞生的

    D. 它是首次采用存储程序和程序控制使计算机自动工作

9. 目前普遍使用的微机,所采用的逻辑元件是_____。

    A. 电子管   B. 大规模和超大规模集成电路

    C. 晶体   D. 小规模集成电路

10. 冯·诺依曼计算机工作原理的设计思想是_____。

    A. 程序设计   B. 程序存储   C. 程序编制   D. 算法设计

11. 计算机中 1KB 指的是_____ B。

    A. 10   B. 100   C. 1000   D. 1024

12. 存储器容量 1GB 是表示_____。

    A. 1024   B. 1024B   C. 1024KB   D. 1024MB

13. 在存储器容量的表示中,MB 的准确含义是_____。

    A. 1m   B. 1024KB   C. 1024B   D. 1024 万字节

14. 微型计算机内存容量的基本单位是_____。

    A. 字符   B. 字节   C. 二进制位   D. 扇区

15. 数字字符 1 的 ASCII 码的十进制表示为 49,那么数字字符 8 的 ASCII 码的十进制表示为_____。

    A. 56   B. 58   C. 60   D. 54

16. 内存中每个基本单位都被赋予一个唯一的序号,叫作_____。

    A. 字节   B. 地址   C. 编号   D. 容量

17. 一条计算机指令中规定其执行功能的部分称为_____。

    A. 源地址码   B. 操作码   C. 目标地址码   D. 数据码

18. 指出 CPU 下一次要执行的指令地址的部分称为_____。

    A. 程序计数器   B. 指令寄存器

    C. 目标地址码   D. 数据码

19. 下列 4 个数中,哪个不是合法的八进制数?_____

    A. 177758   B. 177757   C. 177756   D. 177755

20. 下列叙述中,正确的是_____。

    A. 汉字的计算机内码就是国标码

    B. 存储器具有记忆能力,其中的信息任何时候都不会丢失

    C. 所有十进制小数都能准确地转换为有限位二进制小数

    D. 正数二进制原码的补码是原码本身

21. 汉字国标码将汉字分成_____。

    A. 常见字和罕见字两个等级   B. 简体字和繁体字两个等级

C. 一级、二级、三级三个等级　　　　　D. 一级汉字和二级汉字两个等级

22. 在计算机中存储一个汉字需要的存储空间为_____。

A. 一个字节　　　　B. 两个字节　　　　C. 半个字节　　　　D. 4个字节

二、填空题

1. 计算机辅助设计的英文简称是_____。

2. 第2代电子计算机采用的物理器件是_____。

3. 未来计算机将朝着微型化、巨型化、_____、智能化方向发展。

4. 0.5MB=_____KB。

5. 二进制数110110010转换为十六进制数、八进制数、十进制数分别是_____H、_____O、_____D。

6. 十六进制数3E转换为十进制数是_____。

7. 二进制数0.1转换为十进制数是_____。

8. 二进制数110111110010.011111转换为十六进制后，其值为_____。

9. 十进制数291转换成二进制、八进制、十六进制分别是_____、_____、_____。

10. 字符B的ASCII码值为42H,则可推出字符K的ASCII码值为_____。

11. 两个字节代码可表示_____个状态。

12. 用24×24点阵的汉字字模存储汉字，每个汉字需_____字节。

13. 在16×16点阵字库中,存储一个汉字的字模信息所需的字节数是_____。

14. 存储2000个32×32点阵的汉字信息需_____的存储空间。

三、简答题

1. 计算机的发展经历了哪几个阶段？各阶段的主要特征是什么？

2. 中国计算机的发展经历了哪几个阶段？

3. 试述当代计算机的主要应用。

4. 存储器的容量单位有哪些？

5. 指令和程序有什么区别？试述计算机执行指令的过程。

第 2 章　计算机硬件系统

2.1　计算机硬件概述

硬件是计算机物理设备的总称,也称为硬设备,是计算机进行工作的物质基础。计算机的硬件系统已经经历了半个多世纪的发展,尽管各种类型的计算机的性能、结构、应用等方面存在着差异,但是它们的基本组成结构却是相同的。

2.1.1　计算机硬件系统的组成

一个计算机系统的硬件一般是由运算器、控制器、存储器、输入设备和输出设备 5 大部分组成的,如图 2-1 所示。

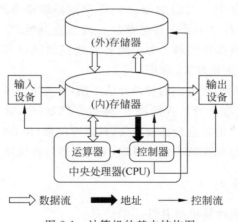

图 2-1　计算机的基本结构图

计算机各部件之间的联系是通过数据流、控制流两股信息流动而实现的。数据由输入设备输入或者外存储器读入,再存于内存储器中,在运算处理过程中,数据从内存储器读入运算器进行运算,运算的结果存入存储器或经输出设备输出。指令也以数据形式存于存储器中,运算时指令由存储器送入控制器,由控制器产生控制流控制数据流的流向并控制各部件的工作,对数据流进行加工处理。

1. 运算器

运算器又称算术逻辑部件(Arithmetic Logic Unit,ALU),它对信息或数据进行处理,执行算术运算和逻辑运算。算术运算是按照算术规则进行的运算,如加、减、乘、除等(有些 ALU 还无乘、除功能)。逻辑运算是指非算术的运算,如与、或、非、异或、比较、移位等。运算器是计算机的核心部件。

运算器一般包括算术逻辑运算单元，一组通用寄存器和专用寄存器及一些控制门。算术逻辑运算单元（ALU）通过算术运算或逻辑运算选择来进行算术逻辑运算。通用寄存器可提供参与运算的操作数，并存放运算结果。运算器的工作示意图如图 2-2 所示。

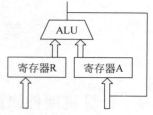

图 2-2　运算器工作示意图

2. 控制器

控制器主要由指令寄存器、译码器、程序计数器和操作控制器等部件组成。它是计算机的神经中枢和指挥中心，负责从存储器中读取程序指令并进行分析，然后按时间先后顺序向计算机的各部件发出相应的控制信号，以协调、控制输入输出操作和对内存的访问。

运算器与控制器组成中央处理器。中央处理器简称为 CPU（Central Processing Unit），负责解释计算机指令，执行各种控制操作与运算，是计算机的核心部件。

3. 存储器

存储器是存储各种信息（如程序和数据等）的部件或装置。存储器分为内存储器（或称主存储器，简称内存）和辅助存储器（或称外存储器，简称外存）。在计算机运行过程中，要执行的程序和数据存放在内存中。CPU 直接从内部存储器取指令或存取数据。整个内存被分为若干个存储单元，每个存储单元一般可存放 8 位二进制数（字节地址）。每个存储单元既可以存放数据也可以存放程序代码。为了能有效地存取该单元内存储的内容，每个单元必须有唯一的一个编号（称为地址）来标识。

计算机中常用的存储部件，按它们的物理介质不同，分为半导体存储器、磁表面存储器、光电存储器以及光盘存储器。在半导体存储器中，随机存储器（RAM）是易失性存储器，这种存储器一旦去掉其电源，则所有的信息全部被丢失，只读存储器（ROM）属于非易失性存储器，当去掉其电源后，所保存的信息仍保持不变。目前，绝大多数计算机使用的是半导体存储器。

4. 输入设备/输出设备

输入输出设备用来交换计算机与其外部的信息。

输入设备用来接收用户输入的原始数据和程序，并将它们变为计算机能识别的形式（二进制数）存放到内存中。常用的输入设备有键盘、鼠标、光笔、扫描仪、数字化仪等。

输出设备负责将计算机的内部信息传递出来（称为输出），或在屏幕上显示，或在打印机上打印，或在外部存储器上存放。常用的输出设备有显示器和打印机等。

输入输出设备统称为 I/O（Input/Output）设备。键盘、鼠标和显示器是每一台计算机必备的 I/O 设备，其他设备可以根据需要有选择地配置。除 I/O 设备外，外部设备还包括存储器设备、通信设备和外部设备处理机等。

2.1.2　微型计算机的硬件结构

微型计算机简称微机，一台微机包括主机和显示器、键盘、鼠标等外围设备，其中主机包含中央处理器、主板、内存储器、硬盘、光驱、显卡等。

1. 中央处理器

CPU 是英文 Central Processing Unit 的缩写,称为中央处理器。CPU 是计算机硬件系统中的核心部件,其品质的高低通常决定了一台计算机的档次。在评价一台微机的性能时,首先应了解它所使用的 CPU 是哪一种。目前生产 CPU 的主要厂商有 Intel 公司和 AMD 公司,Intel 公司生产的 Pentium Ⅲ和 Pentium 4 芯片和 AMD 公司生产的 CPU 芯片如图 2-3 所示。

图 2-3 Intel 公司和 AMD 公司生产的 CPU 芯片

为了满足对 CPU 更高的性能要求,在原有单核 CPU 的基础上又制造出了双核的 CPU。因为 CPU 所有的计算、接收/存储命令、处理数据都由内核执行,双核 CPU 能明显改进处理器的运算处理能力。各种 CPU 内核都具有固定的逻辑结构,一级缓存、二级缓存、执行单元、指令级单元和总线接口等逻辑单元都会有科学的布局。例如,Intel 的双核处理器分成 PentiumD、酷睿、酷睿 2 和至强系列。

现在的微机系统中已采用了四核的处理器,即在一个处理器中整合了 4 个一样功能的内核。四核与双核的区别在于对多任务处理上,四核芯的 CPU 开 4 个程序要比双核芯 CPU 开 4 个程序要快。可以看出,多核芯的 CPU 在进行大数据量运算上具有明显优势。

2. 主板

系统主板即母板,是集成了多种处理模块部件的多层印刷线路板。它包括微处理器模块(CPU)、内存模块、基本 I/O 接口、中断控制器、DMA 控制器及连接其他部件的总线,是微机内最大的一块集成电路板,也是最主要的部件。图 2-4 是一款支持 478 端口插座的 Pentium 4 主板。

图 2-4 支持 Pentium 4 的主板

如图 2-4 所示的主板上有很多的插槽,这些都是系统单元和外部设备的连接单元,在计算机中将它们称为"端口"。有些端口专门用于连接特定的设备,如键盘和鼠标端口,有些端口具有通用性,可以连接各种各样的外设。

常用的端口有以下几种。

(1)串行口:简称"串口"。主要用于连接鼠标、键盘、调制解调器等设备。串口在单一的导线上以二进制的形式一位一位地传输数据。该方式适用于长距离的信息传输。

(2)并行口:简称"并口"。主要用于连接需要在较短距离内高速收发信息的外部设备,如连接打印机。它们在一个多导线的电缆上以字节为单位同时进行数据传输。

(3)AGP:加速图像端口。它是为提高视频带宽而设计的总线结构。它将显示卡与主板的芯片组直接相连,进行点对点传输。但是它并不是正规总线,因它只能和 AGP 显卡相连,所以并不具有通用性和扩展性。

(4)通用串行总线口:简称 USB 端口,是串口和并口的最新替换技术。一个 USB 能连接多个设备到系统单元,并且速度更快。利用这种端口可以提供数码相机、USB 打印机、USB 扫描仪、键盘等设备的即插即用连接。

(5)"火线"口:又称为 IEEE 1394 总线接口,是一种最新的连接技术。它们用于高速打印机、数码相机和数码摄像机到系统单元的连接。速度比 USB 端口更快。1394 总线标准可以实现即插即用式操作,速率可以达到 $100\sim200\text{Mb/s}$。而且 1394 还不需要另外配备计算机来控制设备之间的连接,使用它可以使用户的 DVD 播放机能在计算机和电视机之间随意切换,也可以编辑从数码摄像机剪切下的图像信息。目前,Windows 2000 和 Windows XP 都已经集成了 IEEE 1394 接口的驱动程序。

3. 存储器

1)内存储器

内存储器简称内存(又称主存),通常安装在主板上。内存与运算器和控制器直接相连,能与 CPU 直接交换信息。主存和 CPU 交换数据遇到的一个最大问题就是主存的存取速度跟不上 CPU 的运算速度,这就需要在它们之间加入一种起过渡作用的硬件设备。

2)高速缓冲存储器 Cache

Cache 位于主存和 CPU 之间,可以看成是主存中面向 CPU 的一组高速暂存寄存器,它保存有一份主存的内容备份,该内容就是最近曾被 CPU 使用过的。平时,系统程序、应用程序以及用户数据是存放在硬盘中的。CPU 要执行的程序由操作系统装入主存,而将主存中经常被 CPU 访问到的那部分执行程序的内容复制到 Cache 存储器中(该工作由计算机系统自动完成),以后 CPU 执行这部分程序时,可以用较快的速度从 Cache 中读取。Cache 分为两种,CPU 内部 Cache(L1 Cache)和 CPU 外部 Cache(L2 Cache)。前者是 Cache 存储器集成在 CPU 内部,一般容量较小,称为一级 Cache;后者是在系统板上的 Cache(注:Pentium Pro 和 Pentium Ⅱ 的 L2 Cache 是和 CPU 封装在一起的),也称为二级 Cache,容量较大。

3)外存储器

外存储器简称外存,又称辅助存储器。外存的容量通常很大。外存储器只能与内存储器交换信息,不能直接与 CPU 交换信息,故外存储器比内存储器的存取速度慢。微型计算机中常用的外存储器有 U 盘、硬盘、光盘以及磁带等。

4. 输入设备

输入设备是用于将外面的信息送入计算机中的装置。常用的输入设备有：键盘、鼠标、触摸屏、麦克风、光笔、扫描仪（光学字符识别；Optical Character Recognition，OCR）。

触摸屏是一种先进的输入设备，使用方便。用户只要通过手指触摸屏幕就可以选择相应菜单项，从而操作计算机。触摸屏是一种覆盖了一层塑料的特殊显示屏，在塑料层后是不可见的红外线光束。触摸屏主要在公共信息查询系统中广泛使用，如百货商店、信息中心、学校、酒店、饭店。

扫描仪是一种桌面输入设备，用于扫描或输入平面文档，比如纸张或者书页等，如图 2-5 所示。和小型影印机一样，大多数平板扫描仪都能扫描彩色图形。现在一般的桌上型平板扫描仪都能扫描 8.5×12.7 或者 8.5×14 英寸的幅面，较高档的则能扫描 11×17 或者 12×18 英寸幅面。随着技术的进步和价格的下降，扫描仪也变得越来越专业，可以扫描出许多中等质量的图形。扫描仪经常和 OCR 联系在一起，没有 OCR 的时候，扫描进来的所有东西（包括文字在内）都以图形格式存储，不能对其中包含的单个文字进行

图 2-5 扫描仪

编辑。但在采用了 OCR 以后，系统可以实时分辨出单个文字，并以纯文本格式保存下来，以后便可像普通文档那样进行编辑。目前市场上的扫描仪有 EPP、SCSI 和 USB 三种接口。USB 接口的扫描仪使用非常广泛。

另外还有音频输入设备声卡、MIDI 卡，可以在音乐设备、合成器以及计算机之间交换音乐数据；数码相机、网络摄像头与视频输入卡，可以为计算机输入图像或视频信息；利用传感器实现的无线射频识别，可通过无线电信号识别特定目标并读写相关数据，而无须识别系统与特定目标之间建立机械或光学接触。

5. 输出设备

输出设备是用于将计算机中的数据信息传送到外部介质上的装置。常用的输出设备有显示器、打印机、绘图仪等设备。

2.1.3 微型计算机的总线结构

1. 系统总线概述

所谓总线（Bus），指的是连接微机系统中各部件的一簇公共信号线，每根信号线都可以传送分别表示二进制 0 和 1 的信号，这些信号线构成了微机各部件之间相互传送信息的公用通道。它所传输的信号可以被所有接入该总线的设备接收。但是同一时刻，只能有一个设备发送数据到总线上。

为了优化设计和提高计算机系统的性能，常使用多总线互连结构。典型的计算机多总线结构由内部总线和外部总线组成。内部总线用于连接 CPU 内部各个模块；而外部总线则用于连接 CPU、存储器和输入输出系统，也称为系统总线。

微型计算机系统多采用总线结构，如图 2-6 所示。CPU（包括内存）与外设、外设与外设之间的数据交换都是通过总线来进行的。总线通常由地址总线、数据总线和控制总线三部分组成。地址总线用于传送地址信号。地址总线的数目决定微机系统存储空间的大小；数据总线用于传送数据信号。数据信号的数目反映了 CPU 一次可接收数据的能力；控制总线用于传送控制器的各种控制信号。

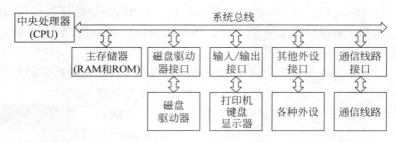

图 2-6　微型机总线结构

2．常用的微机总线简介

（1）工业标准体系结构（Industry Standard Architecture，ISA）。

这种标准是早期的 PC 总线互连结构。ISA 采用单总线结构，数据总线宽度为 16 位，地址总线宽度为 24 位，数据传输率为 5MB/s。

（2）扩展的工业标准体系结构（Extended ISA，EISA）。

这种标准提供 32 位数据总线和 32 位地址总线，兼容 ISA，数据传输率可达 33MB/s。

（3）VESA 局部总线。

由美国视频电子标准协会提出的一种基于多总线的互连结构。使用高速的局部总线在 CPU 和高速外设之间提供了一条高速通道。与 ISA、EISA 总线构成了层次结构，满足各种外设的需求。

（4）外围元件互连结构（Peripheral Component Interconnect，PCI）。

PCI 由 Intel 公司开发，并首先应用于其 Pentium 机。PCI 总线控制器在 CPU 和外设之间插入了一个复杂的管理层，以协调数据传输。PCI 提供了缓冲器，处理突发数据传输的能力高于 VESA 总线。现代的微型计算机都基本采用 PCI 总线结构，为了保证与传统总线标准兼容，有些微型计算机主板上还保留有 EISA 总线插槽。

除上述总线外，AGP 总线也是一种最新的总线类型，它比 PCI 总线的速度快两倍以上。目前多数计算机系统使用 PCI 作为通用总线，使用 AGP 总线进行加速图像显示。例如在 3D 动画中，基本使用 AGP 替代 PCI 来传递视频数据。

2.2　中央处理器

2.2.1　CPU 的内部结构

CPU 的作用是通过从主存储器中逐条进行取指令、分析指令和执行指令来执行计算机程序的。计算机的各组成部件之间通过总线连接在一起，通过它来传递地址、数据和控制信号。总线连接了 CPU 和存储器及输入输出设备,也连接了 CPU 内部的各组成部分。CPU 内部还有一定数量的小容量、高速度的寄存器,用来存放中间结果和一些控制信息,这些寄存器都可以被 CPU 高速读写。CPU 内部的数据通路就是由寄存器、算术逻辑部件 ALU 和连接它们的内部总线所组成。

寄存器可分为通用寄存器和专用寄存器两大类。通用寄存器可存放原始数据和运算结果,其中,累加寄存器 ACC 用来暂时存放 ALU 运算前的操作数和运算后的结果。通用寄存器的数量相对较多,在 CPU 内部往往采用寄存器组的形式。

专用寄存器是专门用来完成某一特殊功能的寄存器。CPU 中至少有 5 个专用寄存器,它们是程序计数器 PC、指令寄存器 IR、存储器地址寄存器 MAR、存储器数据寄存器 MDR、状态标志寄存器 PSWR。CPU 中最重要的专用寄存器是程序计数器 PC,它的作用是指向下一条将被取出执行的指令。另一个重要的专用寄存器是指令寄存器 IR,存放着当前正被执行的指令。存储器地址寄存器 MAR 和数据寄存器 MDR 分别存放着 CPU 当前访问的主存单元的地址,以及 CPU 从主存读取的指令或者向主存写入的数据。状态标志寄存器 PSWR 则表示了当前程序执行和机器运行的状态。

CPU 要想完成各种任务,就必须通过运算器和控制器两部分协调工作。控制器负责从主存储器中取指令和确定指令类型,运算器通过完成算术、逻辑运算来执行指令。CPU 的内部结构如图 2-7 所示。

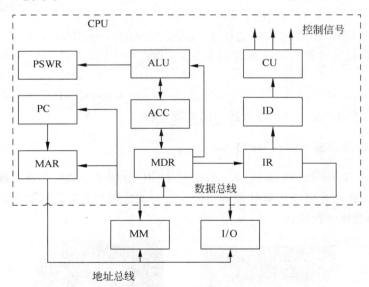

图 2-7　CPU 的内部结构

其中,CU 表示控制单元,ID 表示指令译码器,MM 为主存储器,I/O 为输入输出设备。

2.2.2　CPU 的性能指标

CPU 性能的高低直接决定了一个计算机系统的档次,而 CPU 的性能是通过 CPU 的主要技术指标来体现的。这些性能的指标包括字长、频率。

1. 字长

字长是指 CPU 在单位时间内同时处理的二进制数据的位数。CPU 按照其处理信息的字长可以分为：8 位、16 位、32 位以及 64 位 CPU。字长越长，说明 CPU 的性能越强。

2. 内部工作频率

内部工作频率又称为内频或主频，它是衡量 CPU 运算、处理数据速度的重要指标，单位是 MHz（兆赫）或 GHz（吉赫）。例如 Pentium 166，它的主频就为 166MHz；而对于 P4 1.8GHz，它的主频就是 1.8GHz。一般来说，在其他性能指标相同时，CPU 的主频越高，CPU 的速度也就越快。

3. 外部工作频率

外部工作频率也叫作系统总线时钟频率，它是由主板为 CPU 提供的基准时钟频率，也反映了 CPU 与主存交换数据的频率。常见的标准外频有 400MHz、533MHz 等。CPU 的主频与外频之间存在着一个比值关系，称为倍频系数。它们之间的关系是：内频＝外频×倍频。

2.2.3 CPU 的发展历程

世界上生产 CPU 芯片的公司主要有 Intel、AMD、Cyrix、IBM 等几家。其中，美国的 Intel（英特尔）公司是最著名的微处理器公司，它生产的 CPU 芯片的性能由低到高的排列顺序如下：

80386→80486→80586(Pentium)→Pentium Ⅱ→Pentium Ⅲ→Pentium 4

下面主要介绍 Intel 公司的微处理器的发展历程。

1. 第 1 代微处理器（1971—1973 年）

1971 年 1 月，Intel 公司的霍夫（Marcian E. Hoff）研制成功世界上第一枚 4 位微处理器芯片 Intel 4004，标志着第一代微处理器问世。霍夫就是用它制造了世界上第一台微型计算机，微处理器和微机时代从此开始，如图 2-8 所示。

图 2-8　Intel 4004(4 位)、Intel 8008(8 位)

因发明微处理器，霍夫被英国《经济学家》杂志列为"第二次世界大战以来最有影响力的 7 位科学家"之一。1972 年，Intel 公司成功推出了 8 位微处理器 8008，是 4004 的改进型。运算能力比 4004 强劲两倍。它主要采用工艺简单，速度较低的 P 沟道 MOS（Metal Oxide Semiconductor，金属氧化物半导体）电路。这就是人们通常所说的第 1 代微处理器，由它装备起来的微型计算机称为第 1 代微型机。

2. 第 2 代微处理器（1974—1977 年）

1973 年 8 月，霍夫等人研制出 8 位微处理器 Intel 8080，以速度较快的 N 沟道 MOS 电路取代了 P 沟道，第 2 代微处理器就此诞生，如图 2-9 所示。

图 2-9　Intel 8080、Intel 8085

当时，Zilog、Motorola 和 Intel 在微处理器领域三足鼎立，具有代表性的产品有 Intel 公司的 Intel 8085，Motorola 公司的 M6800，Zilog 公司的 Z80 等。第 2 代微处理器的功能比第 1 代显著增强，以它为核心的微型计算机及其外围设备都得到相应发展并进入辉煌期。由它装备起来的微型计算机称为第 2 代微型计算机，采用汇编语言、BASIC、FORTRAN 编程，使用单用户操作系统。Zilog 公司于 1976 年对 8080 进行扩展，开发出 Z80 微处理器，广泛用于微型计算机和工业自动控制设备。直到今天，Z80 仍然是 8 位处理器的巅峰之作，还在各种场合大卖特卖。

3. 第 3 代微处理器（1978—1984 年）

1978 年，16 位微处理器 Intel 8086 诞生了，标志着微处理器进入第 3 代。从 8086 开始，才有了目前应用最广泛的 PC 行业基础。虽然从 1971 年英特尔制造 4004 至今，已经有四十多年历史，但是从没有像 8086 这样影响深远的神来之作，如图 2-10 所示。

图 2-10　x86 的鼻祖 Intel 8086、IBM PC 的御用之选 Intel 8088

不过当时由于 8086 微处理器过于昂贵，大部分人都没有足够的钱购买此芯片的计算机，于是 Intel 在一年之后推出了它的一个简版，主频为 4.77MHz 的 8 位微处理器 8088。第一台 IBM PC 采用了 Intel 8088 微处理器，操作系统是 Microsoft 提供的 MS-DOS。IBM 将其命名为"个人计算机（Personal Computer，PC）"，不久"个人计算机"的缩写"PC"成为所有个人计算机的代名词。这也标志着 x86 架构和 IBM PC 兼容计算机的产生，如图 2-11 所示。

Intel 8086 比第 2 代的 Intel 8085 在性能上又提高了将近十倍。类似的 16 位微处理器还有 Z8000、M68000 等。由第 3 代微处理器装备起来的微型计算机称为第 3 代微型计

图 2-11　第一台 IBM PC 采用了 Intel 8088，操作系统是 Microsoft 提供的 MS-DOS

算机。

1982 年，英特尔公司在 8086 的基础上，研制出了 80286 微处理器，该微处理器的最大主频为 20MHz，内、外部数据传输均为 16 位，使用 24 位内存储器的寻址，内存寻址能力为 16MB。IBM 公司将 80286 微处理器用在先进技术微机即 AT 机中，引起了极大的轰动。80286 在以下 4 个方面比它的前辈有显著的改进：支持更大的内存；能够模拟内存空间；能同时运行多个任务；提高了处理速度。

4. 第 4 代微处理器（1985—1992 年）

1985 年，采用超大规模集成电路的 32 位微处理器开始问世，标志着第 4 代微处理器的诞生。如 Intel 公司的 Intel 80386，Zilog 公司的 Z80000，惠普公司的 HP-32，NS 公司的 NS-16032 等，新型的微型机系统完全可以与 20 世纪 70 年代大中型计算机相匹敌。用第 4 代微处理器装备起来的微行计算机称为第 4 代微型计算机。1993 年，Intel 公司推出 32 位微处理器芯片 Pentium，它的外部数据总线为 64 位，工作频率为 66～200MHz，以后的 Pentium Pro、Pentium Ⅱ CPU 都是更先进的 32 位高位微处理器。从 80286 开始正式采用一种被称为 PGA 的正方形包装，如图 2-12 所示。

图 2-12　从 80286 开始正式采用一种被称为 PGA 的正方形包装

由于 32 位微处理器的强大运算能力，PC 的应用扩展到很多的领域，如商业办公和计算、工程设计和计算、数据中心、个人娱乐。80386 使 32 位 CPU 成为 PC 工业的标准。

1989 年，英特尔公司又推出准 32 位微处理器芯片 80386SX。这是 Intel 为了扩大市场份额而推出的一种较便宜的普及型 CPU，它的内部数据总线为 32 位，外部数据总线为 16 位，它可以接受为 80286 开发的 16 位输入/输出接口芯片，降低整机成本。

1989 年，80486 芯片由英特尔推出。这款经过 4 年开发和三亿美元资金投入的芯片的伟大之处在于它首次突破了 100 万个晶体管的界限，集成了 120 万个晶体管，使用 $1\mu m$ 的制造工艺。80486 的时钟频率从 25MHz 逐步提高到 33MHz、40MHz、50MHz。

5．第 5 代微处理器（1993—2005 年）

第 5 阶段是奔腾（Pentium）系列微处理器时代。典型产品是 Intel 公司的奔腾系列芯片及与之兼容的 AMD 的 K6 系列微处理器芯片。内部采用了超标量指令流水线结构，并具有相互独立的指令和数据高速缓存。随着 MMX（Multi Media eXtended）微处理器的出现，使微机的发展在网络化、多媒体化和智能化等方面跨上了更高的台阶。

1997 年推出的 Pentium Ⅱ 处理器结合了 Intel MMX 技术，能以极高的效率处理影片、音效，以及绘图资料，首次采用 Single Edge Contact（S. E. C）匣型封装，内建了高速快取记忆体。Intel Pentium Ⅱ 处理器晶体管数目为 750 万颗。

Pentium Ⅲ 处理器加入 70 个新指令，加入网际网络串流 SIMD 延伸集称为 MMX，能大幅提升先进影像、3D、串流音乐、影片、语音辨识等应用的性能，它能大幅提升网际网络的使用经验，让使用者能浏览逼真的线上博物馆与商店，以及下载高品质影片，Intel 首次导入 $0.25\mu m$ 技术，Intel Pentium Ⅲ 晶体管数目约为 950 万颗。

2000 年推出的 Pentium 4 处理器内建了 4200 万个晶体管，以及采用 $0.18\mu m$ 的电路，翌年 8 月，Pentium 4 处理器达到 2GHz 的里程碑。

2005 年，Intel 推出的双核芯处理器有 Pentium D 和 Pentium Extreme Edition。单核芯的 Pentium 4、Pentium 4 EE、Celeron D 以及双核芯的 Pentium D 和 Pentium EE 等 CPU 采用 LGA775 封装。与以前的 Socket 478 接口 CPU 不同，LGA 775 接口 CPU 的底部没有传统的针脚，而代之以 775 个触点，即并非针脚式而是触点式，通过与对应的 LGA 775 插槽内的 775 根触针接触来传输信号。LGA 775 接口不仅能够有效提升处理器的信号强度、提升处理器频率，同时也可以提高处理器生产的良品率、降低生产成本。

6．第 6 代微处理器（2005 年至今）

第 6 阶段是酷睿（Core）系列微处理器时代。"酷睿"是一款领先节能的新型微架构，设计的出发点是提供卓然出众的性能和能效，提高每瓦特性能，也就是所谓的能效比。早期的酷睿是基于笔记本处理器的。酷睿 2 是英特尔在 2006 年推出的新一代基于 Core 微架构的产品体系统称，是一个跨平台的构架体系，包括服务器版、桌面版、移动版三大领域。

继 LGA775 接口之后，Intel 首先推出了 LGA1366 平台，定位高端旗舰系列。作为高端旗舰的代表，早期 LGA1366 接口的处理器主要包括 45nm Bloomfield 核心酷睿 i7 四核处理器。随着 Intel 在 2010 年买入 32nm 工艺制程，高端旗舰的代表被酷睿 i7-980X 处理器取代，全新的 32nm 工艺解决六核芯技术，拥有最强大的性能表现。对于准备组建高端平台的用户而言，LGA1366 依然占据着高端市场，酷睿 i7-980X 以及酷睿 i7-950 依旧是不错的选择。

Intel Core i7 是一款 45nm 原生四核处理器，处理器拥有 8MB 三级缓存，支持三通道 DDR3 内存。处理器采用 LGA 1366 针脚设计，支持第二代超线程技术，也就是处理器能以八线程运行。

Core i5 是一款基于 Nehalem 架构的四核处理器，采用整合内存控制器，三级缓存模式，L3 达到 8MB，支持 Turbo Boost 等技术的新处理器计算机配置。它和 Core i7（Bloomfield）的主要区别在于总线不采用 QPI，采用的是成熟的 DMI（Direct Media Interface），并且只支持双通道的 DDR3 内存。结构上它用的是 LGA1156 接口，Core i7 用的是 LGA1366。i5 有睿频技术，可以在一定情况下超频。

Core i3 可看作是 Core i5 的进一步精简版，其最大的特点是整合 GPU（图形处理器），也就是说 Core i3 将由 CPU＋GPU 两个核芯封装而成。由于整合的 GPU 性能有限，用户想获得更好的 3D 性能，可以外加显卡。i3 和 i5 区别的最大之处是 i3 没有睿频技术。

2010 年 6 月，Intel 再次发布革命性的处理器——第二代 Core i3/i5/i7。第二代 Core i3/i5/i7 隶属于第二代智能酷睿家族，全部基于全新的 Sandy Bridge 微架构。SNB（Sandy Bridge）是英特尔的新一代处理器微架构，这一架构的最大意义莫过于重新定义了"整合平台"的概念，与处理器"无缝融合"的"核芯显卡"终结了"集成显卡"的时代。

随着电子技术的发展，微处理器的集成度越来越高，运行速度成倍增长。摩尔预言，晶体管的密度每过 18 个月就会翻一番，这就是著名的摩尔定律。微处理器的发展使计算机高度微型化、快速化、大容量化和低成本化。

2.3 存储系统

2.3.1 存储器概述

存储器是计算机的记忆部件，用于存放程序、原始数据、中间结果以及最后结果等信息。计算机的存储器分为主存储器（内部存储器，简称内存）、高速缓存和辅助存储器（外部存储器，简称外存，如硬盘、光盘等）几大部分。

随着信息社会的发展，要求计算机必须配备容量较大的存储系统。但是计算机存储系统存在读取速度慢，寻道时间长的问题，这就造成了存储器的数据传输速度远远低于处理器处理数据的速度，使得存储器的性能称为计算机系统性能的瓶颈。因此，在计算机中配置存储器时，首要考虑的问题是：如何将慢速的存储器和快速的处理器匹配起来。

为了同时满足用户对容量和速度的要求，计算机系统往往会采用分层结构的存储器配置方法，如图 2-13 所示。

大容量磁盘存储器处于存储系统的最底层，主要作用是给

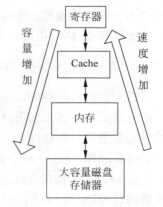

图 2-13 计算机系统的存储器配置

计算机系统提供一个较大的存储容量,因此,对它的要求是存储容量要尽可能大。

在计算机中配置内存是为了匹配 CPU 和磁盘的速度。因为 CPU 的处理速度远高于磁盘的读写速度,如果没有速度的匹配,就会出现 CPU 长时间等待磁盘的操作,降低了 CPU 的利用率和系统的性能。内存的读写速度比 CPU 的速度慢,但是比磁盘快,刚好起到了速度匹配的作用。同时,内存解决的主要问题不是容量问题,所以对其容量的要求不是特别高。

寄存器和 Cache 都是 CPU 中的存储器。寄存器的读写速度最快,主要用于直接提供 CPU 计算所需要的数据;Cache 又叫作高速缓存,主要用于匹配相对低速的内存和高速的寄存器。可以看出,寄存器和 Cache 二者对速度的要求都较高,而对容量的要求则较小。

2.3.2 半导体存储器

现代微型计算机系统中广泛应用的半导体存储器,根据使用特性可分成随机存取存储器和只读存储器。

(1) 静态随机存取存储器(SRAM)。SRAM 是通过有源电路,即一个双稳态电路来保持存储器中的信息,不必周期性地刷新就可以保持数据。只要存储体的电源不断,存放在它里面的信息就不会丢失。静态存储器的主要优点是它与微处理器的接口很简单,所需要的附加硬件很少,使用方便,速度快。静态存储器的缺点是,它的功耗较大,集成度低,成本高。静态存储器从器件的原理上分,可分为双极型和 MOS 型。

(2) 动态随机存取存储器(DRAM)。它以无源元件存放数据,并且需要周期性的刷新来保持数据。动态存储器与静态存储器不同,如果没有外部支持逻辑电路,它就不能长期地保存数据。这是由于它的信息是以电荷形式保存在小电容器(无源器件)中,由于电容器的放电回路存在,超过一定的时间后,存放在电容器中的电荷就会消失,信息就会丢失。因此,为了保持数据的不丢失,就需要对动态存储器进行周期性的刷新。系统板上的随机存取存储器 RAM,也称为主存,一般采用动态随机存取存储器 DRAM。

(3) 只读存储器(ROM)。它在没有电源的情况下能保持数据,但存储器一旦做好就不易改动其内容。

此外,目前常用的只读存储器有可擦除可编程的只读存储器,称为 EPROM。用户可通过编程器将数据或程序写入 EPROM,如需重新写入,可通过紫外线照射 EPROM,将原来的信息擦除。电可擦除的只读存储器,称为 EEPROM。另外一种是快擦型存储器(闪存),称为 Flash Memory。快擦型存储器具有 EEPROM 的特点,可在计算机内进行擦除和编程,它的读取时间同 DRAM 相似,而写时间较慢。

一般在系统板上都装有只读存储器 ROM,在它里面固化了一个基本输入/输出系统,称为 BIOS。该系统的主要作用是完成对系统的加电自检、系统中各功能模块的初始化、系统的基本输入/输出的驱动程序的加载及引导操作系统。BIOS 提供了许多低层次的服务,如硬盘驱动程序、显示器驱动程序、键盘驱动程序、打印机驱动程序以及串行通信接口驱动程序等。

目前常用的内存条主要有 SDRAM 内存和 DDR 内存。SDRAM 内存是 168 线、3.3V 电压、带宽 64b、速度可达 6ns,是双存储体结构,也就是有两个储存阵列,一个被 CPU 读取数据的时候，另一个已经做好被读取数据的准备，两者相互自动切换，使得存取效率成倍提高。

DDR 内存的速度比 SDRAM 提高一倍，其核心建立在 SDRAM 的基础上，但在速度和容量上有了提高。对比 SDRAM，它使用了更多、更先进的同步电路。它允许在时钟脉冲的上升沿和下降沿读出数据，因此，它的速度是标准 SDRAM 的两倍。

如图 2-14 所示的是 DDR 内存条。

图 2-14　DDR 内存条

现在 CPU 工作频率不断提高，CPU 对内存的读写速度要求更快。因此，内存读写速度成了系统运行速度的关键。如果内存的读写速度很慢，CPU 访问内存时，不得不插入等待周期的话，这实际上是降低了 CPU 的工作速度，对 CPU 来说是很大的浪费。为此，在设计存储器系统时，一种可供选择的方案是使用更为高速高性能的动态存储器 DRAM 芯片。但目前的技术还无法生产出如此高速的 DRAM。如能生产出，成本也会很高，会使整个系统的性能价格比降低。一种现实的解决方案就是采用高速缓冲存储器（Cache）技术。这种技术是早期大型计算机中采用的技术，现在，随着微机 CPU 工作频率不断提高，运用到微机中来。

Cache 存储器是由双极型静态随机存储器构成的。它的访问速度是 DRAM 的 10 倍左右。它的容量相对主存要小得多，一般在 128KB，256KB 或 512KB。

2.3.3　磁表面存储器

磁表面存储器是指以磁性材料作为数据存储介质，通过磁头和记录介质的相对运动完成写入和读出操作的存储器。磁表面存储器包括磁带存储器和磁盘存储器。

1. 磁带存储器

磁带存储器是顺序存取设备，即磁带上的文件依次存放。假如某文件存放在磁带的尾部而磁头的位置在磁带的前部，则必须空转磁带到尾部才能读取文件。因此，磁带的存取时间比磁盘长。磁带存储器由磁带机和磁带两部分组成。磁带分为开盘式磁带和盒式磁带两种。在微型计算机中大多数采用的是盒式磁带。在微型计算机上的磁带机基本上作为一个后备存储装置，用于资料保存、文件复制、备份等，以便在硬盘发生故障时，恢复系统或数据用。

2. 磁盘存储器

计算机中一种最主要的磁盘存储器就是硬盘。

硬盘是个人计算机中一种主要的外部存储器，用于存放系统文件、用户的应用程序及数据。硬盘的最大特点就是存储容量大，比软盘的存取速度快，不易受到污染。当计算机工作时,用户可通过主机前面的一个指示灯来观察硬盘的工作情况。硬盘如图2-15所示。硬盘一般通过主板上的IDE接口与系统单元连接。

图2-15 硬盘

　　硬盘是由涂有磁性材料的铝合金圆盘组成的,每个硬盘都由若干个磁性圆盘组成。目前大多数微机上使用的硬盘是5.25英寸和3.5英寸。现在3.5英寸硬盘使用得多。这些硬盘驱动器通常采用温彻斯特技术,它的特点是把磁头、盘片及执行机构都密封在一个腔体内,与外界环境隔绝。采用这种技术的硬盘也称为温彻斯特盘。

　　硬盘的两个主要性能指标是硬盘的平均寻道时间和内部传输速率,一般来说,转速越高的硬盘寻道的时间越短且内部传输速率也越高,不过内部传输速率还受硬盘控制器的Cache影响,大容量的Cache可以改善硬盘的性能。目前,硬盘的转速有3600转/分、4500转/分、5400转/分、7200转/分。

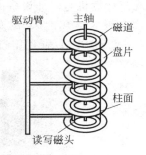

图2-16 硬盘结构图

　　硬盘每个存储表面被划分成若干个磁道(不同的硬盘磁道数不同),每道划分成若干个扇区(不同的硬盘扇区数不同)。每个存储表面的同一道,形成一个圆柱面,称为柱面。柱面是硬盘的一个常用指标,如图2-16所示。

　　硬盘的存储容量计算:存储容量=磁头数×柱面数×扇区数×每扇区字节数。

2.3.4 光盘存储设备

　　光盘存储设备主要由光盘和光盘驱动器组成。光盘是以光信息为载体来存储二进制数据,利用激光原理进行读写。可分为不可擦写光盘,如CD-ROM和DVD-ROM,以及可擦写光盘,如CD-RW和DVD-RAM。

　　CD-ROM(Compact Disc Read-Only Memory)即"高密度光盘只读存储器",简称只读光盘。使用这样的光盘时,只能读出上面的信息,而不能向里面写入信息。一张普通光盘的存储容量大约为650MB。CD-ROM不仅存储容量大,而且还具有使用寿命长,携带方便等特点。CD-ROM上可存储文字、声音、图像与动画等信息,目前被广泛用于电子出版、信息检索、教育与娱乐等方面。

　　计算机是通过光盘驱动器来读取光盘上的数据的,就像用VCD机来播放影碟一样。在使用光盘驱动器时,如果光盘驱动器正在工作(即工作指示灯在闪烁)时,最好不要弹出光盘,以免损坏光盘驱动器,如图2-17所示。

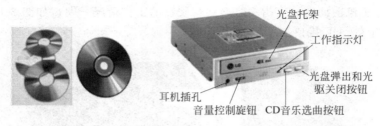

图 2-17   光盘和光盘驱动器

2.3.5　USB 闪存盘

USB 闪存盘是目前流行的一种通过 USB 接口和系统单元连接的硬盘，通常称为"U盘"。这种硬盘的主要特点就是外形小巧、携带方便、能移动使用。Windows XP 及以上的版本都包含常见品牌 U 盘的驱动程序，所以能够即插即用。

USB 是英文 Universal Serial Bus（通用串行总线）的缩写，是一个外部总线标准，用于规范计算机与外部设备的连接和通信。从 1994 年 11 月 11 日发表了 USB v0.7 版本以后，USB 版本经历了多年的发展，目前已经发展为 3.1 版本，成为当前计算机中的标准扩展接口。

USB 接口（通用串行总线接口）及 U 盘如图 2-18 所示。

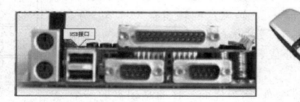

图 2-18   USB 接口及 U 盘

2.4　输入设备

2.4.1　输入设备概述

输入设备是指向主机输入程序、原始数据和操作命令等信息的设备。这些记录在载体上的信息可以是数字、符号，甚至是图形、图像及声音。输入设备将其变换成主机能识别的二进制代码，并负责传送到主机。

键盘、鼠标、触摸屏、麦克风、光笔、扫描仪和数码相机等设备是微机中常用的输入设备。随着多媒体技术的发展，现在又有一些新的输入设备（如语音输入设备、手写输入设备）已经问世。

键盘输入信息的手段是按键，每按下一个键后，信息就以电信号形式进入编码器。编码器根据键所在的位置，将其转换为相应的二进制代码，传送到主机。光笔在使用时，操作人员将其放在荧光屏的某个位置上，当显示器的控制电路扫描到此位置时，就将该位置的输入信息转变为电信号送到主机。扫描仪是利用光学扫描方法识别记录在普通纸上的文字信息。语音输入设备将人们的声音经过频谱分析转换成计算机所能接收的信息。

2.4.2 键盘

键盘是计算机中最常用的输入设备,如图 2-19 所示。在使用计算机时,用户主要通过键盘向计算机输入命令、程序以及数据等信息,或使用一些操作键和组合控制键来控制信息的输入、修改和编辑,或对系统的运行进行一定程度的干预和控制。键盘是用户同计算机进行交流的主要工具。键盘有多种形式,如有 84 键键盘、101 键键盘、带鼠标或轨迹球的多功能键盘以及一些专用键盘等,但使用最为广泛的是 101 键的标准键盘。

图 2-19 键盘

2.4.3 鼠标

鼠标是一种用来移动光标和做选择操作的输入设备,如图 2-20 所示。常见的鼠标有光电式、光机式和机械式三种。近年来又出现了如游戏棒、跟踪球等新式鼠标。光机式鼠标是最常用的一种鼠标,它只要有一块光滑的桌面即可工作。光电式鼠标的分辨率及灵敏度很高,使用起来更为得心应手。

图 2-20 鼠标

2.5 输出设备

2.5.1 输出设备概述

输出设备将计算机处理过的二进制代码信息,转换成用户能识别的形式,如数字、符号、文字、图形、图像或声音等再输出来。显示器、打印机、绘图仪等都是输出设备。

打印机能将计算机输出的信息,按照一定的格式,以不同的形式打印在纸上,可以是数字、符号、图形、曲线、汉字等,还可以是单色、彩色。打印机的输出信息记录在纸质载体上,能长久保留。显示器以荧光屏作为记录输出信息的载体,屏幕上显示的信息超过一帧时,会进行滚动处理,使输出信息不断刷新。因而,显示器输出的信息都是暂时的。绘图仪可以对输出信息经过转换,绘制出各种图形、表格,有单色的、彩色的。

2.5.2　显示设备

显示器又称监视器,是计算机最常用的输出设备之一,用于显示文字和图表等各种信息。按显示设备所使用的显示器件来分类,可以分为:阴极射线管(Cathode Ray Tube,CRT)显示器、液晶(Liquid Crystal Display,LCD)显示器、等离子显示器等。后面两种是平板式的显示器,体积小、功耗低。如图2-21所示为液晶显示器。

图2-21　液晶显示器

按显示的信息内容来分类,可以分为字符显示器、图形显示器和图像显示器三种。这里介绍一下有关显示器的术语。

(1) 分辨率。分辨率是指显示器所能表示的像素个数。像素越多分辨率就越高,图像就越清晰。显示器的分辨率取决于显像管荧光粉的颗粒大小、荧光屏的尺寸以及电子束的聚焦能力。目前常用的显示器的分辨率为:640×480、800×600以及1024×768等。

(2) 灰度级(颜色数)。灰度级是指显示像素点的亮暗层次级别,在彩色显示器中表现为颜色数。灰度级越多,图像层次越清楚逼真。灰度级取决于每个像素对应的刷新存储器单元的位数,例如,用4位二进制表示一个像素时,只能表示16级灰度或者颜色;用8位二进制表示一个像素时,只能表示256级灰度或者颜色;目前一般采用16位二进制或者24位二进制来表示一个像素,能够表示65 536或者16 777 216级灰度或者颜色。用24位二进制来表示的灰度级称为真彩色。

(3) 刷新频率。由于CRT是通过电子束轰击荧光粉而发光的,电子束扫描之后,发光点只能维持很短的一段时间(通常只有几十毫秒)。为了得到稳定的图像,必须在发光点消失之前对它进行刷新扫描,这个过程称为刷新。每秒刷新的次数称为刷新频率。刷新频率一般在50次/秒。刷新频率越高,图像越稳定,否则会出现图像抖动现象。

(4) 显示内存。为了不断提供刷新图像的信号,必须将屏幕显示内容存储在特殊的存储器中,这种存储器称为显示内存(简称显存)。显示内存中保存的是屏幕上所有像素的颜色数值,所以显示存储器的容量与分辨率及灰度级有关。例如,对于640×480,65 536种颜色的图像,则需要(640×480×16)/8＝614.4KB,这个容量只是最基本的,为了提高速度,通常还会使用更大容量的显示内存。

计算机的显示系统主要是由显示器和显示卡(又称显示适配器)构成的。显示卡用于控制字符与图形在显示器屏幕上的输出,而显示器只是将显示卡输出的信号表现出来。显示器的显示内容和显示质量(如分辨率)的高低主要是由显示卡的功能决定的。显示器现在越来越多地使用17英寸甚至更大的屏幕。

传统的显示卡标准有MDA、CGA、EGA、VGA等。MDA是一种单色的显示标准,CGA、EGA和VGA都是彩色显示标准。下面列出CGA、EGA和VGA三种彩色显示标准的主要技术特点。

CGA——彩色图形适配器(Color Graphics Adapter),属于第一代显示标准。CGA的字符分辨率为 640×350,图形分辨率为 320×200 和 640×200,适用于低分辨率的彩色图形和字符显示器。

EGA——增强型图形适配器(Enhanced Graphics Adapter),为第二代显示标准。其标准分辨率为 640×350,能显示 16 种颜色,适用于中分辨率的彩色图形显示器。

VGA——视频图形阵列(Video Graphics Array),是显示器的第三代显示标准。其图形分辨率在 640×480 以上,能显示 256 种颜色,适用于高分辨率的彩色显示器。VGA 显示标准分辨率高,颜色丰富,色彩逼真而自然。

现在的微型计算机显示系统主要采用 VGA 标准和扩展 VGA 标准(TVGA、SVGA)。一般的 SVGA 显示模式的分辨率都可达到 1024×768,有的甚至高达 1280×1024,其显示色彩数可达到 256 色甚至真彩色(1670 万种颜色)。

目前,纯平面显示器和液晶显示器越来越得到广泛的使用。液晶显示器方便携带,辐射量低,耗电量小,属于健康、环保型的新产品。

2.5.3　打印机

打印机(又称印字输出设备)是计算机系统的主要输出设备,它用于将计算机中的信息打印出来,便于用户阅读、修改和存档,如图 2-22 所示。按其工作原理,打印机可分为击打式打印机和非击打式打印机两类。击打式打印机包括点阵式打印机和行式打印机,而激光打印机、喷墨打印机、静电打印机以及热敏打印机等则属于非击打式打印机。

针式打印机(又称点阵打印机)是最为常见的击打式打印机。针式打印机的结构简单,主要由走纸装置、打印头和色带组成。这种打印机主要靠其打印头的针头撞击色带击打纸面来打印出字符或图形。打印头针数的多少直接影响打印的质量和速度。针式打印机有

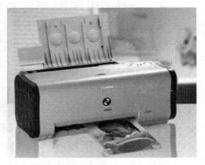

图 2-22　佳能激光彩色打印机

7 针、9 针、24 针等类型。例如,LQ-1600K 打印机是一种典型的 24 针的针式打印机。针式打印机具有维护费用低(消耗材料是色带和普通打印纸)、使用方便、耐用等优点;其缺点是噪声较大,容易断针,打印速度较慢,分辨率较低。

非击打式打印机则是通过静电感应、激光扫描或喷墨等方法来印出文字和图形。激光打印机、喷墨打印机等非击打式打印机具有打印精度高、速度快、噪声小、彩色效果好、处理能力强等突出特点。

习题

一、选择题

1. 计算机的中央处理器是指_____。

    A. CPU 和控制器　　　　　　　　　　B. 存储器和控制器

C. 运算器和控制器　　　　　　　　　　D. CPU 和存储器

2. 关于高速缓冲存储器 Cache 的描述,不正确的是_____。

　　A. Cache 是介于 CPU 和内存之间的一种可高速存取信息的芯片

　　B. Cache 越大,效率越高

　　C. Cache 用于解决 CPU 和 RAM 之间速度冲突问题

　　D. 存放在其中的数据使用时存在命中率的问题

3. 下面关于总线的描述,不正确的是_____。

　　A. IEEE 1394 是一种连接外部设备的机外总线,按并行方式通信

　　B. 内部总线用于选择 CPU 的各个组成部件,它位于芯片内部

　　C. 系统总线指连接微型计算机中各大部件的总线

　　D. 外部总线则是微机和外部设备之间的总线

4. 除外存外,微型计算机的存储系统一般指_____。

　　A. ROM　　　　　　B. 控制器　　　　　C. RAM　　　　　　D. 内存

5. 下面关于基本输入/输出系统 BIOS 的描述,不正确的是_____。

　　A. 是一组固化在计算机主板上的一个 ROM 芯片内的程序

　　B. 它保存着计算机系统中最重要的基本输入/输出程序、系统设置信息

　　C. 即插即用与 BIOS 芯片有关

　　D. 对于定型的主板,生产厂家不会改变 BIOS 程序

6. 下列可选项,都是硬件的是_____。

　　A. CPU、RAM 和 DOS　　　　　　　　B. 硬盘和光盘

　　C. 鼠标、WPS 和 ROM　　　　　　　　D. ROM、RAM 和 Pascal

7. 冯·诺依曼体系的计算机硬件系统所包含的 5 大部件是_____。

　　A. 输入设备、运算器、控制器、存储器、输出设备

　　B. 输入/输出设备、运算器、控制器、内/外存储设备、电源设备

　　C. CPU、RAM、ROM、I/O 设备

　　D. 主机、键盘、显示器、磁盘驱动器、打印机

8. 计算机中运算器的主要功能是_____。

　　A. 分析指令并执行　　　　　　　　　B. 控制计算机的运行

　　C. 负责存取存储器中的数据　　　　　D. 算术运算和逻辑运算

9. 要完成一次基本运算或判断,中央处理器就要执行_____。

　　A. 一次语言　　　　B. 一条指令　　　　C. 一个程序　　　　D. 一个软件

10. 通常的 CPU 是指_____。

　　A. 内存储器和控制器　　　　　　　　B. 控制器与运算器

　　C. 内存储器和运算器　　　　　　　　D. 内存储器,控制器和运算器

11. 在微计算机中访问速度最快的存储器是_____。

　　A. 磁盘　　　　　　B. 软盘　　　　　　C. RAM　　　　　　D. 磁带

12. 鼠标是一种_____。

　　A. 存储器　　　　　　　　　　　　　B. 运算控制单元

　　C. 输入设备　　　　　　　　　　　　D. 输出设备

13. 下面哪组设备包括：输入设备、输出设备和存储设备？ _____

    A. CRT、CPU、ROM

    B. 鼠标、绘图仪、光盘

    C. 磁盘、鼠标、键盘

    D. 磁带、打印机、激光印字机

14. _____合起来叫作外部设备。

    A. 打印机、键盘和显示器

    B. 输入/输出设备和外存储器

    C. 驱动器、打印机、键盘和显示器

    D. A 和 B

15. 计算机系统结构的 5 大基本组成部件一般通过_____加以连接。

    A. 适配器   B. 电缆   C. 中继器   D. 总线

16. 下列哪种设备经常使用"分辨率"这一指标？ _____

    A. 针式打印机   B. 显示器   C. 键盘   D. 鼠标

二、填空题

1. 计算机由 5 个部分组成，分别为 _____、_____、_____、_____ 和输出设备。

2. CPU 是计算机的核心部件，该部件主要由控制器和_____组成。

3. 随机存取存储器简称_____。CPU 对它们既可读出数据又可写入数据。但是，一旦关机断电，随机存取存储器中的_____。

4. 微型计算机的总线一般分为内部总线_____、_____和_____。内部总线用于连接_____的各个组成部件，它位于芯片内部。

5. 采用超大规模集成电路的_____位微处理器，属于第 4 代微处理器。

三、简答题

1. 计算机是由哪几个部分组成的？请分别说明各部件的作用。

2. 说明 CPU 中的主要寄存器及其功能。

3. 简述计算机存储系统配置情况，并解释这样配置的原因。

4. 简述 U 盘、硬盘和光盘的区别。

第 3 章 计算机软件

3.1 计算机软件概述

3.1.1 什么是计算机软件

一个完整的计算机系统包括硬件系统和软件系统两大部分。只有硬件的计算机称为"裸机",裸机必须安装了计算机软件后才可以完成各项任务。计算机是依靠硬件和软件的协同工作来完成某一给定任务的。广义地讲,软件是指计算机程序以及开发、使用和维护程序所需要的所有文档的集合。

3.1.2 计算机软件的分类

1. 系统软件和应用软件

计算机的软件极为丰富,要对软件进行恰当的分类是相当困难的。从功能角度区分,可以将计算机软件分为系统软件和应用软件两大部分,其组成如图 3-1 所示。系统软件建造在裸机(计算机硬件系统)之上,应用软件又以系统软件为工作平台,用户软件则以应用软件为支撑。

系统软件是指负责管理、监控和维护计算机硬件和软件资源的一种软件,是计算机系统的一部分,它是支持应用软件运行的。系统软件用于发挥和扩大计算机的功能及用途,提高计算机的工作效率,为用户开发应用系统提供一个平台,用户可以使用它,一般不随意修改它。系统软件主要包括操作系统、程序设计语言及其处理程序(如汇编程序、编译程序、解释程序等)、数据库管理系统、系统服务程序以及故障诊断程序、调试程序、编辑程序等工具软件。

应用软件是软件开发人员为解决各种实际问题而编制的计算机程序和相关资料。常见的应用软件有科学计算程序、图形与图像处理软件、自动控制程序、情报检索系统、工资管理程序、人事管理程序、财务管理程序以及计算机辅助设计与制造、辅助教学等软件。通过各种应用软件,用户可以在计算机上写文章、绘图形、处理照片和图像、上网浏览、科学计算……在应用软件上,用户可以再创造自己的用户软件。正是因为丰富多彩的应用软件的不断出现,才使得计算机迅速在全世界广泛应用。

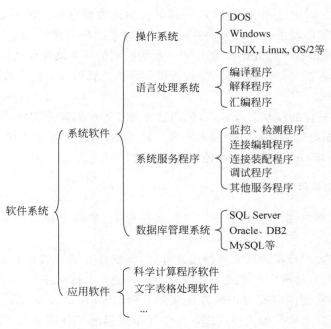

图 3-1 计算机软件系统的组成

2. 开源软件和非开源软件

从是否开放软件的源代码角度分类,软件可以分为开源软件和非开源软件。

开放源码软件是其源码可以被公众使用的软件,用户可以自由地使用、复制、散发以及修改源码。与其相对的是私有/专属软件,如来自微软和苹果的软件,这类软件的源代码是保密的,只有公司的开发人员才可以改动代码。

在计算机出现的最初年代,几乎所有的软件都是开源的。那时的计算机企业,主要是以销售硬件产品为主,软件几乎都是附送的。所以,最初的软件几乎都是以开源的方式提供的。当以微软为代表的企业开始实践纯软件产品的商业模式,就引起了许多计算机编程爱好者的不满,在这种背景下,真正意义上的开源软件就自然而然地产生了。

软件作者选择向公众开放源代码,其理由无外乎如下三种。

(1) 认为所有软件都应该以源代码方式发布。

(2) 通过开源软件展示自己的软件设计、算法和编码水平,并期望获得他人认可。大部分小型软件或者程序的作者,或者由大学主持和维护的开源软件,出于这种目的向公众开放源代码。

(3) 通过开源软件谋求获得广泛推广,并通过提供增值的产品或者服务来获得商业收益。这通常是商业企业选择开源软件的原因,如 FireFox、MySQL、Android、WebKit 等属于这种情形。

开源软件能够得到快速的发展和广泛应用,大致有如下几个原因。

(1) 开源软件虽说不提供任何担保,但既然原作者愿意公开源代码,说明原作者对代码的质量还是非常有信心的。

(2) 开源软件因为其免费特征,能够得到大量用户的使用和验证,通过形成和用户(往往也是编码高手）之间的互动和交流，能够以最快的速度修复可能的缺陷，改善软件设计。Linux 内核的发展就形成了一个以全世界内核高手为主的松散社区，通过快速迭代开发，加上其免费特征，迅速占据了原先由商业 UNIX 系统控制的服务器操作系统领域。

（3）因为任何人都可以得到其源代码，所以很多用户就可以自行修改其源代码，以满足自己的一些特别需求。

（4）因为开源软件的涉及面非常广，利用已有的各种成熟开源软件，任何具有一定实力的组织，均可在较短时间内形成一个基本成熟的软件平台，进而可和已有的商业软件平台进行竞争。谷歌的 Android 系统属于此种情况的典型。

3. 传统客户端软件和在线软件

从是否需要在客户端计算机安装软件的角度分类，软件可以分为客户端软件和在线软件。

传统的软件需要用户在购买软件使用许可后，将软件在客户端计算机上安装并输入软件序列号后才能使用，这种模式成就了以微软为代表的一大批软件公司。

而在线软件指软件供应商提供软件在线服务（Software-as-a-Service，SaaS），是随着互联网技术的发展和应用软件的成熟，在 21 世纪开始兴起的一种完全创新的软件应用模式。在这种模式下，厂商将应用软件统一部署在自己的服务器上，客户可以根据自己的实际需求，通过互联网向厂商订购所需的应用软件服务，按订购的服务多少和时间长短向厂商支付费用，并通过互联网获得厂商提供的服务。用户不用再购买软件，而改用向提供商租用基于 Web 的软件，来管理企业经营活动，且无须对软件进行维护，服务提供商会全权管理和维护软件，软件厂商在向客户提供互联网应用的同时，也提供软件的离线操作和本地数据存储，让用户随时随地都可以使用其订购的软件和服务。对于许多小型企业来说，SaaS 是采用先进技术的最好途径，它消除了企业购买、构建和维护基础设施和应用程序的需要。

4. 付费软件、免费软件和共享软件

从用户是否需要为软件的使用付费角度分类，软件可以分为付费软件、免费软件和共享软件。目前很多软件还是需要使用者付费购买才能使用。

所谓免费软件就是可以自由而且免费使用该软件，并复制给别人，而且不必支付任何费用给程序的作者，使用上也不会出现任何日期的限制或是软件使用上的限制。不过当复制给别人的时候，必须将完整的软件档案复制给他人，且不得收取任何的费用金额或转为其他商业用途。在未经程序作者的同意下，不能擅自修改该软件的程序代码，否则视同侵权。

共享软件是以"先使用后付费"的方式销售的享有版权的软件。根据共享软件作者的授权，用户可以从各种渠道免费得到它的备份，也可以自由传播它。用户总是可以先使用或试用共享软件，认为满意后再向作者付费；如果用户认为它不值得花钱买，可以停止使用。

3.1.3 计算机软件发展史

计算机软件技术发展很快。50 年前，计算机只能被高素质的专家使用，今天，计算机的使用非常普遍，甚至没有上学的小孩都可以灵活操作；40 年前，文件不能方便地在两台计

算机之间进行交换,甚至在同一台计算机的两个不同的应用程序之间进行交换也很困难,今天,网络在两个平台和应用程序之间提供了无损的文件传输;30 年前,多个应用程序不能方便地共享相同的数据,今天,数据库技术使得多个用户、多个应用程序可以互相覆盖地共享数据。了解计算机软件的进化过程,对理解计算机软件在计算机系统中的作用至关重要。

1. 第 1 代软件(1946—1953 年)

第 1 代软件是用机器语言编写的,机器语言是内置在计算机电路中的指令,由 0 和 1 组成。不同的计算机使用不同的机器语言,程序员必须记住每条机器语言指令的二进制数字组合,因此,只有少数专业人员能够为计算机编写程序,这就大大限制了计算机的推广和使用。

在这个时代的末期出现了汇编语言,它使用助记符(一种辅助记忆方法,采用字母的缩写来表示指令)表示每条机器语言指令。相对于机器语言,用汇编语言编写程序就容易多了。

2. 第 2 代软件(1954—1964 年)

当硬件变得更强大时,就需要更强大的软件工具使计算机得到更有效的使用。汇编语言向正确的方向前进了一大步,但是程序员还是必须记住很多汇编指令。第 2 代软件开始使用高级程序设计语言(简称高级语言,相应地,机器语言和汇编语言称为低级语言)编写,高级语言的指令形式类似于自然语言和数学语言(例如,计算 2+6 的高级语言指令就是2+6),不仅容易学习,方便编程,也提高了程序的可读性。

IBM 公司从 1954 年开始研制高级语言,同年发明了第一个用于科学与工程计算的FORTRAN 语言。1958 年,麻省理工学院的麦卡锡(John Macarthy)发明了第一个用于人工智能的 LISP 语言。1959 年,宾州大学的霍普(Grace Hopper)发明了第一个用于商业应用程序设计的 COBOL 语言。1964 年,达特茅斯学院的凯梅尼(John Kemeny)和卡茨(Thomas Kurtz)发明了 BASIC 语言。

高级语言的出现产生了在多台计算机上运行同一个程序的模式,每种高级语言都有配套的翻译程序(称为编译器),编译器可以把高级语言编写的语句翻译成等价的机器指令。系统程序员的角色变得更加明显,系统程序员编写诸如编译器这样的辅助工具,使用这些工具编写应用程序的人,称为应用程序员。随着包围硬件的软件变得越来越复杂,应用程序员离计算机硬件越来越远了。那些仅使用高级语言编程的人不需要懂得机器语言和汇编语言,这就降低了对应用程序员在硬件及机器指令方面的要求。因此,这个时期有更多的计算机应用领域的人员参与程序设计。

由于高级语言程序需要转换为机器语言程序来执行,因此,高级语言对软硬件资源的消耗就更多,运行效率也较低。由于汇编语言和机器语言可以利用计算机的所有硬件特性并直接控制硬件,同时,汇编语言和机器语言的运行效率较高,因此,在实时控制、实时检测等领域的许多应用程序仍然使用汇编语言和机器语言来编写。

在第 1 代和第 2 代软件时期,计算机软件实际上就是规模较小的程序,程序的编写者和使用者往往是同一个(或同一组)人。由于程序规模小,程序编写起来比较容易,也没有什么系统化的方法,对软件的开发过程更没有进行任何管理。这种个体化的软件开发环境使得软件设计往往只是在人们头脑中隐含进行的一个模糊过程，除了程序清单之外，没有其他文档资料。

3. 第 3 代软件（1965—1970 年）

在这个时期，由于用集成电路取代了晶体管，处理器的运算速度得到了大幅度的提高，处理器在等待运算器准备下一个作业时，无所事事。因此需要编写一种程序，使所有计算机资源处于计算机的控制中，这种程序就是操作系统。

用作输入/输出设备的计算机终端的出现，使用户能够直接访问计算机，而不断发展的系统软件则使计算机运转得更快。但是，从键盘和屏幕输入输出数据是一个很慢的过程，比在内存中执行指令慢得多，这就导致了如何利用机器越来越强大的能力和速度的问题。解决方法就是分时，即许多用户用各自的终端同时与一台计算机进行通信。控制这一进程的是分时操作系统，它负责组织和安排各个作业。

1967 年，塞缪尔（A. L. Samuel）发明了第一个下棋程序，开始了人工智能的研究。1968 年，荷兰计算机科学家狄杰斯特拉（Edsgar W. Dijkstra）发表了论文《GOTO 语句的害处》，指出调试和修改程序的困难与程序中包含 GOTO 语句的数量成正比，从此，各种结构化程序设计理念逐渐确立起来。

20 世纪 60 年代以来，计算机用于管理的数据规模更为庞大，应用越来越广泛，同时，多种应用、多种语言互相覆盖地共享数据集合的要求越来越强烈。为解决多用户、多应用共享数据的需求，使数据为尽可能多的应用程序服务，出现了数据库技术，以及统一管理数据的软件系统——数据库管理系统 DBMS。

随着计算机应用的日益广泛，软件数量急剧膨胀，在计算机软件的开发和维护过程中出现了一系列严重问题，例如，在程序运行时发现的问题必须设法改正；用户有了新的需求必须相应地修改程序；硬件或操作系统更新时，通常需要修改程序以适应新的环境。上述种种软件维护工作，以令人吃惊的比例消耗资源，更严重的是，许多程序的个体化特性使得它们最终成为不可维护的，"软件危机"就这样开始出现了。1968 年，北大西洋公约组织的计算机科学家在联邦德国召开国际会议，讨论软件危机问题，在这次会议上正式提出并使用了"软件工程"这个名词。

4. 第 4 代软件（1971—1989 年）

20 世纪 70 年代出现了结构化程序设计技术，Pascal 语言和 Modula-2 语言都是采用结构化程序设计规则制定的，BASIC 这种为第 3 代计算机设计的语言也被升级为具有结构化的版本，此外，还出现了灵活且功能强大的 C 语言。

更好用、更强大的操作系统被开发出来了。为 IBM PC 开发的 PC-DOS 和为兼容机开发的 MS-DOS 都成了微型计算机的标准操作系统，Macintosh 计算机的操作系统引入了鼠标的概念和单击式的图形界面，彻底改变了人机交互的方式。

20 世纪 80 年代，随着微电子和数字化声像技术的发展，在计算机应用程序中开始使用图像、声音等多媒体信息，出现了多媒体计算机。多媒体技术的发展使计算机的应用进入了一个新阶段。

这个时期出现了多用途的应用程序，这些应用程序面向没有任何计算机经验的用户。

典型的应用程序是电子制表软件、文字处理软件和数据库管理软件。Lotus1-2-3 是第一个商用电子制表软件,WordPerfect 是第一个商用文字处理软件,dBase Ⅲ 是第一个实用的数据库管理软件。

5. 第 5 代软件(1990 年至今)

第 5 代软件中有三个著名事件:在计算机软件业具有主导地位的 Microsoft 公司的崛起、面向对象的程序设计方法的出现以及万维网(World Wide Web)的普及。

在这个时期,Microsoft 公司的 Windows 操作系统在 PC 市场占有显著优势,尽管 WordPerfect 仍在继续改进,但 Microsoft 公司的 Word 成了最常用的文字处理软件。20 世纪 90 年代中期,Microsoft 公司将文字处理软件 Word、电子制表软件 Excel、数据库管理软件 Access 和其他应用程序绑定在一个程序包中,称为办公自动化软件。

面向对象的程序设计方法最早是在 20 世纪 70 年代开始使用的,当时主要是用在 Smalltalk 语言中。20 世纪 90 年代,面向对象的程序设计逐步代替了结构化程序设计,成为最流行的程序设计技术。面向对象程序设计尤其适用于规模较大、具有高度交互性、反映现实世界中动态内容的应用程序。Java、C++、C♯ 等都是面向对象程序设计语言。

1990 年,英国研究员提姆·柏纳李(Tim Berners-Lee)创建了一个全球 Internet 文档中心,并创建了一套技术规则和创建格式化文档的 HTML,以及能让用户访问全世界站点上信息的浏览器,此时的浏览器还很不成熟,只能显示文本。

软件体系结构从集中式的主机模式转变为分布式的客户/服务器模式(C/S)或浏览/服务器模式(B/S),专家系统和人工智能软件从实验室走出来进入了实际应用,完善的系统软件、丰富的系统开发工具和商品化的应用程序的大量出现,以及通信技术和计算机网络的飞速发展,使得计算机进入了一个大发展的阶段。

在计算机软件的发展史上,需要注意"计算机用户"这个概念的变化。起初,计算机用户和程序员是一体的,程序员编写程序来解决自己或他人的问题,程序的编写者和使用者是同一个(或同一组)人;在第 1 代软件末期,编写汇编器等辅助工具的程序员的出现带来了系统程序员和应用程序员的区分,但是,计算机用户仍然是程序员;20 世纪 70 年代早期,应用程序员使用复杂的软件开发工具编写应用程序,这些应用程序由没有计算机背景的从业人员使用,计算机用户不仅是程序员,还包括使用这些应用软件的非专业人员;随着微型计算机、计算机游戏、教育软件以及各种界面友好的软件包的出现,许多人成为计算机用户;万维网的出现,使网上冲浪成为一种娱乐方式,更多的人成为计算机的用户。今天,计算机用户可以是在学习阅读的学龄前儿童,可以是在下载音乐的青少年,可以是在准备毕业论文的大学生,可以是在制定预算的家庭主妇,可以是在安度晚年的退休人员……所有使用计算机的人都是计算机用户。

3.2 操作系统

操作系统是现代计算机必不可少的最重要的系统软件,是整个计算机系统的灵魂。操作系统控制和管理着计算机系统的硬件和软件资源,给用户使用计算机提供一个良好的界面,使用户不必了解硬件的细节就可以方便地使用计算机。

3.2.1　什么是操作系统

我们把一台没有任何软件设置和支持的计算机称为"裸机"，要让裸机接收用户发出的命令、执行相应的操作是非常困难的，这是因为二进制不是人类熟悉的语言。而操作系统在硬件之上建立了一个服务体系，为系统软件和用户应用软件提供了强大的支持，如图 3-2 所示。

操作系统（Operating System，OS）是一组管理计算机硬件与软件资源的程序，同时也是计算机系统的内核与基石，身负诸如管理与配置内存、决定系统资源供需的优先次序、控制输入与输出设备、操作网络与管理文件系统等基本事务。操作系统管理计算机系统的全部软硬件资源、控制程序运行、改善人机界面、为其他应用软件提供支持等，使计算机系统所拥有的资源最大限度地发挥作用，为用户提供方便的、有效的、友善的服务界面。

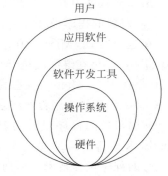

图 3-2　用户面对的计算机系统

3.2.2　操作系统的功能

一般来讲，一台只包含计算机硬件系统的计算机系统，用户是没法正常使用的。因为，一般的系统软件或应用软件都必须在操作系统的支持下才能正常安装、运行。安装软件时，通常首先安装的是操作系统（比如：Windows、DOS、UNIX 等），然后才能安装其他的系统软件（比如：VB、SQL Server 等）和应用软件（比如：WPS、Office 等）。运行软件时，也必须首先运行操作系统软件，等到操作系统软件运行正常后才能正常启动其他的系统软件或应用软件。

操作系统的主要功能是资源管理、程序控制和人机交互等。计算机系统的资源可分为设备资源和信息资源两大类。设备资源指的是组成计算机的硬件设备，如中央处理器、主存储器、磁盘存储器、打印机、磁带存储器、显示器、键盘输入设备和鼠标等；信息资源指的是存放于计算机内的各种数据，如文件、程序库、知识库、系统软件和应用软件等。

1. 资源管理

系统的设备资源和信息资源都是操作系统根据用户需求按一定的策略来进行分配和调度的。操作系统的存储管理就负责把内存单元分配给需要内存的程序以便让它执行，在程序执行结束后将它占用的内存单元收回以便再使用。对于提供虚拟存储的计算机系统，操作系统还要与硬件配合做好页面的调度工作，根据执行程序的要求分配页面，在执行中将页面调入和调出内存以及回收页面等。

处理器管理或称处理器调度，是操作系统资源管理功能的另一个重要内容。在一个允许多道程序"同时"执行的系统里，操作系统会根据一定的策略将处理器交替地分配给系统内等待运行的程序。一道等待运行的程序只有在获得了处理器后才能运行。一道程序在运行中若遇到某个事件，例如，启动外部设备而暂时不能继续运行下去，或一个外部事件的发生等,操作系统就要来处理相应的事件,然后将处理器重新分配。

操作系统的设备管理功能主要是分配和回收外部设备以及控制外部设备按用户程序的要求进行操作等。对于非存储型外部设备,如打印机、显示器等,它们可以直接作为一个设备分配给一个用户程序,在使用完毕后回收以便给另一个需求的用户使用。对于存储型的外部设备,如磁盘、磁带等,则是提供存储空间给用户,用来存放文件和数据。存储性外部设备的管理与信息管理是密切结合的。

信息管理是操作系统的一个重要的功能,主要是向用户提供一个文件系统。一般来说,一个文件系统向用户提供创建文件、撤销文件、读写文件、打开和关闭文件等功能。有了文件系统后,用户可按文件名存取数据而无须知道这些数据存放在哪里。这种做法不仅便于用户使用而且还有利于用户共享公共数据。此外,由于文件建立时允许创建者规定使用权限,这就可以保证数据的安全性。

2. 程序控制

一个用户程序的执行自始至终是在操作系统控制下进行的。一个用户将他要解决的问题用某一种程序设计语言编写了一个程序后就将该程序连同对它执行的要求输入到计算机内,操作系统就根据要求控制这个用户程序的执行直到结束。操作系统控制用户的执行主要有以下一些内容:调入相应的编译程序,将用某种程序设计语言编写的源程序编译成计算机可执行的目标程序,分配内存等资源将程序调入内存并启动,按用户指定的要求处理执行中出现的各种事件以及与操作员联系请示有关意外事件的处理等。

3. 人机交互

操作系统的人机交互功能是决定计算机系统"友善性"的一个重要因素。人机交互功能主要靠可输入输出的外部设备和相应的软件来完成。可供人机交互使用的设备主要有键盘、显示器、鼠标、各种模式识别设备等。与这些设备相应的软件就是操作系统提供人机交互功能的部分。人机交互部分的主要作用是控制有关设备的运行和理解并执行通过人机交互设备传来的有关的各种命令和要求。早期的人机交互设施是键盘和显示器。操作员通过键盘输入命令,操作系统接到命令后立即执行并将结果通过显示器显示。输入的命令可以有不同方式,但每一条命令的解释是清楚的、唯一的。随着计算机技术的发展,操作命令也越来越多,功能也越来越强。随着模式识别,如语音识别、汉字识别等输入设备的发展,操作员和计算机在类似于自然语言或受限制的自然语言这一级上进行交互成为可能。此外,通过图形进行人机交互也吸引着人们去进行研究。这些人机交互可称为智能化的人机交互。这方面的研究工作正在积极开展。

3.2.3　操作系统的分类

对操作系统进行分类的方法很多。按照计算机硬件的规模,可以分为大型计算机操作系统、中型计算机操作系统、小型计算机操作系统和微型计算机操作系统。按同时使用计算机的用户数目,可以分为单用户操作系统和多用户操作系统。按操作系统的功能特征,可以将操作系统分为批处理操作系统、实时操作系统、分时操作系统、网络操作系统、分布式操作系统和嵌入式操作系统。

1. 批处理操作系统

批处理操作系统(Batch Processing Operating System)的工作方式是:用户将作业交给系统操作员,系统操作员将许多用户的作业组成一批作业,之后输入到计算机中,在系统中形成一个自动转接的连续的作业流,然后启动操作系统,系统自动、依次执行每个作业。最后由操作员将作业结果交给用户。

简单的批处理系统:用户一次可以提交多个作业,但系统一次只处理一个作业,处理完一个作业后,再调入下一个作业进行处理。这些调度、切换系统自动完成,无须人工干预。

由于简单批处理系统一次只能处理一个作业,系统资源的利用率就不高,因此出现多道程序批处理系统,把同一个批次的作业调入内存,存放在内存的不同部分,当一个作业由于等待输入输出操作而让处理机出现空闲时,系统自动进行切换,处理另一个作业。因此它提高了资源利用率。

2. 分时操作系统

分时操作系统(Time Sharing Operating System,TSOS)的工作方式是:一台主机连接了若干个终端,每个终端有一个用户在使用。用户交互式地向系统提出命令请求,系统接收每个用户的命令,采用时间片轮转方式处理服务请求,并通过交互方式在终端上向用户显示结果。用户根据上步结果发出下道命令。分时操作系统将 CPU 的时间划分成若干个片段,称为时间片。操作系统以时间片为单位,轮流为每个终端用户服务。每个用户轮流使用一个时间片而使每个用户并不感到有别的用户存在。分时系统具有多路性、交互性、"独占"性和及时性的特征。多路性指同时有多个用户使用一台计算机,宏观上看是多个人同时使用一个 CPU,微观上是多个人在不同时刻轮流使用 CPU。交互性是指,用户根据系统响应结果进一步提出新请求(用户直接干预每一步)。"独占"性是指,用户感觉不到计算机为其他人服务,就像整个系统为他所独占。及时性指系统对用户提出的请求及时响应。它支持位于不同终端的多个用户同时使用一台计算机,彼此独立互不干扰,用户感到好像一台计算机全为他所用。

典型的分时操作系统有 UNIX 操作系统、Linux 操作系统等。

3. 实时操作系统

实时操作系统(Real Time Operating System,RTOS)是指使计算机能及时响应外部事件的请求在规定的严格时间内完成对该事件的处理,并控制所有实时设备和实时任务协调一致地工作的操作系统。实时操作系统要追求的目标是:对外部请求在严格时间范围内做出反应,有高可靠性和完整性。其主要特点是资源的分配和调度首先要考虑实时性然后才是效率。此外,实时操作系统应有较强的容错能力。

典型的实时操作系统有:LynxOS、VxWorks 等。

4. 网络操作系统

网络操作系统(Network Operating System,NOS)是通常运行在服务器上的操作系统,是基于计算机网络的,是在各种计算机操作系统上按网络体系结构协议标准开发的软件,包括网络管理、通信、安全、资源共享和各种网络应用。其目标是相互通信及资源共享。在其支持下,网络中的各台计算机能互相通信和共享资源。其主要特点是与网络的硬件相结合来完成网络的通信任务。网络操作系统被设计成在同一个网络中(通常是一个局部区域网络 LAN,一个专用网络或其他网络)的多台计算机中,可以共享文件和打印机访问。流行的网络操作系统有 Linux,UNIX,BSD,Windows Server,Mac OS X Server 等。

5. 分布式操作系统

分布式操作系统(Distributed Software Systems)是为分布计算机系统配置的操作系统。大量的计算机通过网络被连接在一起,可以获得极高的运算能力及广泛的数据共享。这种系统被称作分布式系统(Distributed System)。它在资源管理、通信控制和操作系统的结构等方面都与其他操作系统有较大的区别。由于分布计算机系统的资源分布于系统的不同计算机上,操作系统对用户的资源需求不能像一般的操作系统那样等待有资源时直接分配的简单做法,而是要在系统的各台计算机上搜索,找到所需资源后才可进行分配。对于有些资源,如具有多个副本的文件,还必须考虑一致性。所谓一致性是指若干个用户对同一个文件所同时读出的数据是一致的。为了保证一致性,操作系统必须控制文件的读、写操作,使得多个用户可同时读一个文件,而任一时刻最多只能有一个用户在修改文件。分布操作系统的通信功能类似于网络操作系统。由于分布计算机系统不像网络分布得很广,同时分布操作系统还要支持并行处理,因此它提供的通信机制和网络操作系统提供的有所不同,它要求通信速度高。分布操作系统的结构也不同于其他操作系统,它分布于系统的各台计算机上,能并行地处理用户的各种需求,有较强的容错能力。

分布式操作系统是网络操作系统的更高形式,它保持了网络操作系统的全部功能,而且还具有透明性、可靠性和高性能等。网络操作系统和分布式操作系统虽然都用于管理分布在不同地理位置的计算机,但最大的差别是:网络操作系统知道确切的网址,而分布式系统则不知道计算机的确切地址;分布式操作系统负责整个的资源分配,能很好地隐藏系统内部的实现细节,如对象的物理位置等。这些都是对用户透明的。

6. 嵌入式操作系统

嵌入式系统是在各种设备、装置或系统中,完成特定功能的软硬件系统。它们是一个大设备、装置或系统中的一部分,这个大设备、装置或系统可以不是“计算机”。通常工作在反应式或对处理时间有较严格要求环境中,由于它们被嵌入在各种设备、装置或系统中,因此称为嵌入式系统。

嵌入式操作系统(Embedded OS)就是运行在嵌入式智能芯片环境中,对整个智能芯片以及它所操作、控制的各种部件装置等资源进行统一协调、调度、指挥和控制的系统软件。

嵌入式操作系统通常配有源码级可配置的系统模块设计、丰富的同步原语、可选择的调度算法、可选择内存分配策略、定时器与计数器、多方式中断处理支持、多种异常处理选择、多种通信方式支持、标准 C 语言库、数学运算库和开放式应用程序接口。具有高可靠性、实时性、占有资源少、智能化能源管理、易于连接、低成本等优点,其系统功能可针对需求进行裁剪、调整和生成,以便满足最终产品的设计要求。

嵌入式系统的应用非常广泛,如手机的通信控制、工业监控、智能化生活空间（信息家电、智能大厦等）、通信系统、导航系统等。举一个简单的例子,例如汽车上的电子控制设备实际上是一个计算机网络,一辆现代化的轿车里面可能有数十个微处理器和相应的操作平台,它们需要通信,需要监控汽车的运行等。这就构成一个嵌入式系统,它包括任务处理、计算、网络互联、数据采集、数据管理、智能控制、人机交互等诸多方面的技术,而它需要一系列针对应用环境的操作平台来控制、协调各种系统需求与服务,控制资源配置,这些平台共同构成了这个嵌入式系统的操作系统。

3.2.4 常用的操作系统

理想情况下,最好是在各种各样的计算机硬件系统上都运行同一种操作系统。但到目前为止,流行的几种操作系统能够适应的计算机类型还是各不相同的。其主要原因是由于操作系统与计算机的硬件关系很密切,很多管理和控制的工作都依赖于硬件的具体特性,以至于每一个操作系统都只能在特定的计算机硬件系统上运行。这样,不同的计算机之间或不同的操作系统之间一般都没有"兼容性",即没有一种可互相代替的关系。另外,操作系统是非常庞大、复杂的软件,修改、更新比较困难,因而常常跟不上计算机硬件制造技术的发展速度。近年来,由于计算机网络的普及,特别是因特网的普及,需要不同计算机厂家的操作系统能够分工合作,协同地处理信息,并且在相互通信和协同计算方面能够共享信息资源,这种情况才逐步地得到了改善。

1. MS-DOS 操作系统

计算机操作系统的发展经历了两个阶段。第一个阶段为单用户、单任务的操作系统,继CP/M 操作系统之后,还出现了 C-DOS、M-DOS、TRS-DOS、S-DOS 和 MS-DOS 等磁盘操作系统。

其中值得一提的是 MS-DOS,它是在 IBM-PC 及其兼容机上运行的操作系统,它起源于SCP86-DOS,是 1980 年基于 8086 微处理器而设计的单用户操作系统。后来,微软公司获得了该操作系统的专利权,配备在 IBM-PC 上,并命名为 PC-DOS。1981 年,微软的 MS-DOS 1.0 版与 IBM 的 PC 面世,这是第一个实际应用的 16 位操作系统。微型计算机进入一个新的纪元。1987 年,微软发布 MS-DOS 3.3 版本,是非常成熟可靠的 DOS 版本,微软取得个人操作系统的霸主地位。

从 1981 年问世至今,DOS 经历了 7 次大的版本升级,从 1.0 版到现在的 7.0 版,不断地改进和完善。MS-DOS 有很明显的弱点:一是它作为单任务操作系统已不能满足需要;另外,由于它最初是为 16 位微处理器开发的,因而所能访问的内存地址空间太小,从而限制了微机的性能。而现有 64 位微处理器留给应用程序的寻址空间非常大,当内存的实际容量不能满足要求时,操作系统要能够用分段和分页的虚拟存储技术将存储容量扩大到整个外存储。在这一点上,MS-DOS 原有的技术就无能为力了。

2. Windows 操作系统

Windows 是由微软公司成功开发的操作系统。Windows 是一个多任务的操作系统,采用图形窗口界面,用户对计算机的各种复杂操作只需通过单击鼠标就可以实现。

Microsoft Windows 系列操作系统是在微软给 IBM 机器设计的 MS-DOS 的基础上设计的图形操作系统。Windows 可以在 32 位和 64 位的 Intel 和 AMD 的处理器上运行,但是早期的版本也可以在 DEC Alpha、MIPS 与 PowerPC 架构上运行。

3. UNIX 操作系统

UNIX 是在操作系统发展历史上具有重要地位的一种多用户多任务操作系统,它是 20 世纪 70 年代初期由美国贝尔实验室用 C 语言开发的,首先在许多美国大学中推广,而后在教育科研领域中得到了广泛应用。20 世纪 80 年代以后,UNIX 作为一个成熟的多任务分时操作系统以及非常丰富的工具软件平台,被许多计算机厂家如 SUN、SGI、DIGITAL、IBM、HP 等公司所采用。这些公司推出的中档以上的机器都配备了基于 UNIX 但换了一种名称的操作系统,如 SUN 公司的 SOLARIES、IBM 公司的 AIX 操作系统等。今天,在所有比微机性能更好的工作站型计算机上,使用的都是 UNIX 操作系统。

UNIX 是开发程序的专家们使用的操作系统和工具平台。因为它所涉及的概念比较多,所以学习和使用 UNIX 都比 DOS 或 Windows 要难一些。

4. Linux 操作系统

Linux 是任何人都可以免费使用和自由传播的类 UNIX 操作系统。它诞生于网络,成长且成熟于网络,并且是由世界各地成千上万程序员通过网络来共同设计和实现的。

Linux 由芬兰人 Linus Torvalds 创始,最初用于基于 Intel 386、Intel 486 或 Pentium 处理器的个人计算机上。Linux 的开发是经由互联网,由世界各地自愿加入的公司和计算机爱好者共同进行的。为了确保看似无序的集市式开发过程能够有序地进行,Linux 与其他自由软件一样,采取了强有力的版本控制措施。Linux 版本号分为两部分:内核版本和发行套件版本。

Linux 内核版本是由 Linus Torvalds 作为总体协调人的 Linux 开发小组(分布在各个国家的近百位高手)开发出的系统内核的版本号。Linux 的发行版是由一些组织或生产厂商将 Linux 系统内核、应用程序和文档包装起来,并提供一些安装界面和系统设置管理工具的软件包的集合。发行版整体集成版权归相应的发行商所有。Linux 发行版的发行商一般并不拥有其发行版中各软件模块的版权,它们关注的只是发行版的品牌价值,以包含其中的集成版的质量和相关的特色服务进行市场竞争。Linux 发行商的经营活动是 Linux 在世界范围内传播的主要途径之一。

大约在 1.3 版之后,Linux 开始向其他硬件平台上移植,时至今日,Linux 已经从低端应用发展到了高端应用。从 1999 年起,多种 Linux 的简体中文发行版相继问世。国内自主开发的有红旗 Linux、中软 Linux 等,美国公司开发的有 Red Hat(红帽)Linux、Turbo Linux 等。

5. Mac OS 操作系统

Mac OS 是一套运行于苹果 Macintosh 系列计算机上的操作系统。Mac OS 是首个在商用领域成功的图形用户界面。Macintosh 组包括比尔·阿特金森(Bill Atkinson)、杰夫·

拉斯金(Jef Raskin)和安迪·赫茨菲尔德(Andy Hertzfeld)。Mac OS X 于 2001 年首次在商业上推出。它包含两个主要的部分：Darwin，是以 BSD 原始代码和 Mach 微核心为基础，类似 UNIX 的开放原始码环境；以及一个由苹果电脑开发，命名为 Aqua 之专有版权的 GUI。

6. iOS 操作系统

iOS 操作系统是由苹果公司开发的手持设备操作系统。iOS 与苹果的 Mac OS X 操作系统一样，它也是以 Darwin 为基础的，因此同样属于类 UNIX 的商业操作系统。原本这个系统名为 iPhone OS，直到 2010 年 6 月 7 日 WWDC 大会上宣布改名为 iOS。

7. Android 操作系统

Android 是一种以 Linux 为基础的开放源代码操作系统，主要使用于便携设备。Android 操作系统最初由 Andy Rubin 开发，最初主要支持手机。2005 年由 Google 收购注资，并组建开放手机联盟开发改良，逐渐扩展到平板电脑及其他领域上。

8. WP 操作系统

Windows Phone(WP)是微软发布的一款手机操作系统，它将微软旗下的 Xbox Live 游戏、Xbox Music 音乐与独特的视频体验集成至手机中。微软公司于 2010 年 10 月正式发布了智能手机操作系统 Windows Phone，并将其使用接口称为"Modern"接口。

9. Chrome OS 操作系统

Chrome OS 是由谷歌开发的一款基于 Linux 的操作系统，发展出与互联网紧密结合的云操作系统，工作时运行 Web 应用程序。谷歌在 2009 年 7 月发布该操作系统，并在 2009 年 11 月以 Chromium OS 之名推出相应的开源项目，并将 Chromium OS 代码开源。

Chrome OS 同时支持 Intel x86 以及 ARM 处理器，软件结构极其简单，可以理解为在 Linux 的内核上运行一个使用新的窗口系统的 Chrome 浏览器。对于开发人员来说，Web 就是平台，所有现有的 Web 应用可以完美地在 Chrome OS 中运行，开发者也可以用不同的开发语言为其开发新的 Web 应用。

3.2.5 Windows 发展史

Windows 各版本的演变发展如表 3-1 所示，最新的个人版本是 Windows 10，服务器版本是 Windows 2016。

表 3-1 Windows 家族

早期版本	For DOS	Windows 1.0(1985)、Windows 2.0(1987)、Windows 2.1(1988)、Windows 3.0(1990)、Windows 3.1(1992)、Windows 3.2(1994)
	Windows 9x	Windows 95(1995)、Windows 98(1998)、Windows 98 SE(1999)、Windows ME(2000)

续表

NT 系列	早期版本	Windows NT 3.1(1993)、Windows NT 3.5(1994)、Windows NT 3.51(1995)、Windows NT 4.0(1996)、Windows 2000(2000)
	客户端	Windows XP(2001)、Windows Vista(2005)、Windows 7(2009)、Windows 8(2011)、Windows 10(2014)
	服务器	Windows Server 2003(2003)、Windows Server 2008(2008)、Windows Server 2010、Windows Server 2012(2012)、Windows Server 2016(2016) Windows Home Server(2008)、Windows HPC Server 2008(2010) Windows Small Business Server(2011)、Windows Essential Business Server
	特别版本	Windows PE、Windows Azure、Windows Fundamentals for Legacy PCs
嵌入式系统		Windows CE、Windows Mobile、Windows Phone(2010)

1. Windows 1.0

Windows 1.0 于 1985 年 11 月正式推出，也就是苹果发布 Mac OS 前的三个月。Windows 1.0 最低内存需求为 256KB、两个双面软盘驱动器以及一个图形适配器卡，推荐配置是 512KB 内存和硬盘驱动器，如图 3-3 所示。

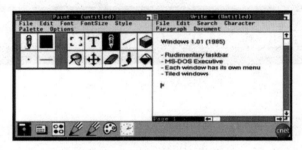

图 3-3　Windows 1.0 界面

2. Windows 2.0

微软 1987 年 12 月 9 日推出 Windows 2.0，与 Windows 1.0 相比有明显提升，不仅可以平铺窗口，还可以让窗口叠加。Windows 2.0 还引入了控制面板，且一直延续至今，如图 3-4 所示。

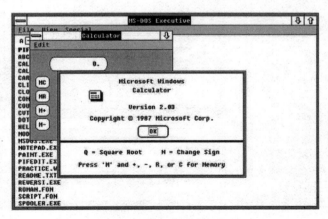

图 3-4　Windows 2.0 界面

3. Windows 3.0

Windows 3.0 引入了 16 色图标，拥有更智能的内存管理，支持最古老版本的 DOS 程序。此外，Windows 3.0 还引入了纸牌游戏，如图 3-5 所示。

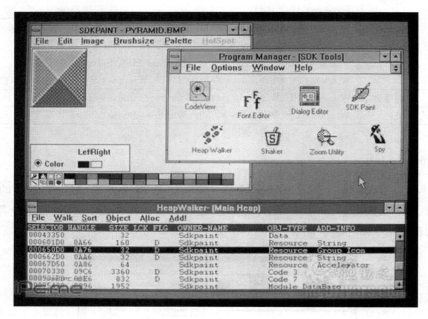

图 3-5　Windows 3.0 界面

4. Windows 3.1

Windows 3.1 于 1992 年 4 月推出，比 Windows 3.0 更稳定，添加了支持网络和其他企业应用功能。Windows 3.1 还引入 Ctrl＋Alt＋Del 三键功能，如图 3-6 所示。

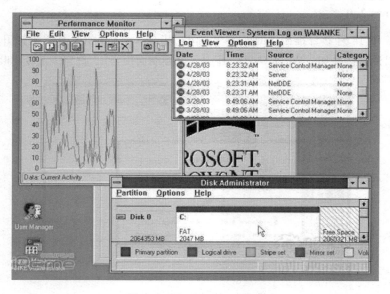

图 3-6　Windows 3.1 界面

5．Windows NT

Windows NT 于 1993 年 7 月 27 日上市，是一款 32 位操作系统，旨在补充基于 MS-DOS 的消费者版本 Windows，如图 3-7 所示。

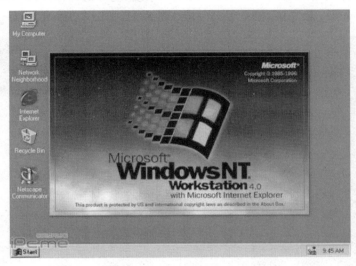

图 3-7　Windows NT 界面

6．Windows 95

Windows 95 于 1995 年 8 月 24 日上市，引入了"开始"按钮、任务栏、通知、Windows 资源管理器，微软第一款网络浏览器 IE 和拨号网络，如图 3-8 所示。

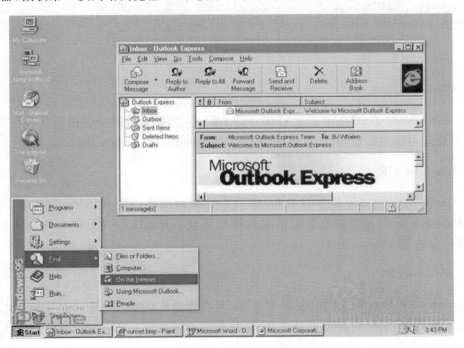

图 3-8　Windows 95 界面

7. Windows 98

Windows 98 于 1998 年 6 月 25 日上市，增加了对 USB 和 DVD 的支持。此外，Windows 98 还进行了诸多改进，如更高效的文件系统，更好的媒体处理功能等。后来，微软还发布了 Windows 98 第二版，修复了第一版中的漏洞，如图 3-9 所示。

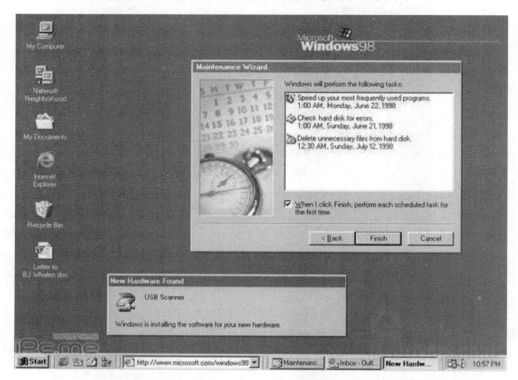

图 3-9　Windows 98 界面

8. Windows 2000

Windows 2000 于 2000 年 2 月 17 日上市，是一款面向商业环境的图形化操作系统，为单一处理器或对称多处理器的 32 位 Intel x86 计算机而设计。

9. Windows ME

Windows ME 于 2000 年 9 月发布，该款系统漏洞较多。较 Windows 98 第二版速度慢，不稳定，甚至被称为微软史上最糟糕的操作系统。Windows ME 仅在市场发售 13 个月，是最短命的 Windows 系统。

10. Windows XP

Windows XP 于 2001 年 10 月 25 日上市，是微软最受欢迎的一款操作系统。Windows XP 增加了媒体播放器、更好的电源管理、更快的启动速度等。Windows XP 曾是世界上使用人数最多的操作系统，统治市场长达 11 年。

11．Windows Vista

Windows Vista 于 2007 年 1 月正式交付使用后，该款系统可以说是微软的灾难。其硬件和软件系统存在严重兼容问题，用户账号控制功能让用户苦恼。还因 Aero 3D 界面与宣传不符遭到集体诉讼。虽是 Windows 升级产品，但用户还是坚持使用 Windows XP。

12．Windows 7

Windows 7 于 2009 年 10 月上市，与 Windows Vista 相比，简化了界面，增加更多设备支持，提升了性能，关闭大部分令人讨厌的安全提示等。当前，Windows 7 是使用最广泛的 Windows 系统。

13．Windows 8

Windows 8 于 2012 年 10 月上市，针对触摸屏设备进行了诸多优化，但删除了"开始"按钮而令用户抱怨不已。更糟糕的是，桌面上运行的应用在平板电脑部分无法兼容。虽然如此，Windows 8 还是比 Vista 受欢迎。

14．Windows 10

Windows 10 正式版于 2015 年年底上市。Windows 10 是一款覆盖包括手机、平板、笔记本、台式计算机以及 Xbox One 游戏机的全平台操作系统，各个平台拥有相同的操作界面和共用一个应用商店，应用统一更新和购买。"开始"菜单在 Windows 10 中回归。

3.3　程序设计语言

1．计算机程序设计

提到计算机软件自然要涉及程序的概念，所有的软件都是程序员通过编写程序代码实现的。计算机作为一种电子设备，它所能实现的功能都是人类赋予它的，要使计算机完成一项任务就必须要告诉计算机完成这项任务的工作步骤，人类就是通过计算机程序来完成这一工作的。可以说计算机程序是人和计算机之间的媒介，它传递着人和计算机之间的交流信息。从直观上来看，计算机程序就是使用一种计算机能够懂得的语言编写的一组指令序列。创作计算机程序的过程就叫作计算机程序设计。

2．程序设计语言的发展

计算机程序实现人和计算机之间的信息交流，而实现这一交流的基础工具就是计算机程序设计语言。计算机程序设计语言是人们为描述计算过程而设计的一种具有语法语义描述的记号。为了实现人与计算机之间的通信，人们设计出了各种词汇较少、语法简单、意义明确并适合于计算机的程序设计语言。对于计算机工作人员而言，程序设计语言是除计算机本身之外的所有工具中最重要的工具，是其他所有工具的基础。

从计算机诞生至今，随着计算机应用范围和规模的发展，程序设计语言不断升级换代，大体上经历了以下 5 代。

1）第1代——机器语言

机器语言是一种 CPU 指令系统，是 CPU 可以识别的一组由 0 和 1 序列组成的指令码。用机器语言编写程序，就是从所使用的 CPU 指令系统中挑选合适的指令，组成一个机器可以直接理解、执行的指令序列。例如，计算 2＋6 在某种计算机上的机器语言指令如下。

```
10110000 00000110
00000100 00000010
10100010 01010000
```

第一条指令表示将"6"送到寄存器 AL 中，第二条指令表示将"2"与寄存器 AL 中的内容相加，结果仍在寄存器 AL 中，第三条指令表示将 AL 中的内容送到地址为 5 的单元中。

通过示例可以看出，这种 0、1 码序列组成程序序列太长，不直观，而且难记、难认、难理解，不易查错，因而只有专业人员才能掌握，程序生产效率很低，质量也难以保证。而且不同的计算机使用不同的机器语言，程序员必须记住每条机器语言指令的二进制数字组合，因此，只有少数专业人员能够为计算机编写程序，这就大大限制了计算机的推广和使用。

2）第2代——汇编语言

为了减轻人们在编程中的劳动强度，克服机器语言的缺点，20世纪50年代初期人们开始使用一些"助记符号"来代替 0、1 码编程。例如，ADD 表示加，SUB 表示减，MOV 表示移动数据。相对于机器语言，用汇编语言编写程序就容易多了。例如，计算 2＋6 的汇编语言指令如下。

```
MOV AL,6
ADD AL,2
MOV ♯5,AL
```

这种用助记符号描述的指令系统称为第 2 代计算机程序设计语言，也称汇编语言。由于程序最终在计算机上执行时采用的都是机器语言，所以需要用一种称为汇编器的翻译程序，把用汇编语言编写的程序翻译成机器代码。编写汇编器的程序员简化了他人的程序设计，是最初的系统程序员。

用汇编语言编程，程序的生产效率及质量都有所提高。汇编语言与机器语言都是随 CPU 不同而异，都是一种面向机器语言。程序员用它们编程时，不仅要考虑解题思路，还要熟悉机器内部结构，编程强度仍很大，影响计算机的普及与推广。

3）第3代——高级程序设计语言

为了克服汇编语言和机器语言的缺点，在 20 世纪 50 年代中期，人们开始研制另一种计算机程序设计语言——面向过程的语言。人们可用日常熟悉的、接近自然语言和数学语言的方式对操作过程进行描述，这种语言称为第 3 代计算机程序设计语言，即高级程序设计语言或面向过程语言。用高级语言编程时，人们不必熟悉计算机内部具体构造和熟记机器指令，而把主要精力放在算法描述上面，所以又称算法语言。例如，求一个表达式的值，可在高级语言程序中直接写出如下语句：

$$X = (A + B)/(A - B)$$

而不需要写出大量的助记符号。

第 3 代程序设计语言主要应用于事务应用、数值计算、通用应用和专用应用等领域。最具代表性的有 ALGOL、FORTRAN、COBOL、BASIC、PASCAL、C 等。

4）第 4 代——非过程化程序设计语言

第 4 代程序设计语言的出现是由于商业需要。第 4 代程序设计语言这个词最早是在 20 世纪 80 年代初期出现在软件厂商的广告和产品介绍中。因此，这些厂商的第 4 代程序设计语言产品不论从形式上还是从功能上，差别都很大。但是，人们很快发现这一类语言由于具有"面向问题""非过程化程度高"等特点，可以成数量级地提高软件生产率，缩短软件开发周期，因此赢得了很多用户。

第 4 代程序设计语言以数据库管理系统所提供的功能为核心，进一步构造了开发高层次软件系统的开发环境，如报表生成、多窗口表格设计、菜单生成系统、图形图像处理系统和决策支持系统，为用户提供了一个良好的应用环境。它提供了功能强大的非过程问题手段，用户只需要告知系统做什么，而无须说明怎么做，因此可以大大提高软件生产率。例如，数据库中的结构化查询语言 SQL 就是属于第 4 代程序设计语言。当用户需要检索一批数据时，只需要通过 SQL 指定查询的范围、内容和查询的条件，系统就会自动形成具体的查找过程，并一步一步地去执行查找，最后获取查询结果。

5）第 5 代——智能性语言

第 5 代语言除具有第 4 代语言的基本特征外，还具备许多新的功能，特别是具有一定的智能。主要应用于商品化人工智能系统、专家系统和面向对象数据库管理系统等领域。最具代表性的有 LISP、PROLOG、GEMSTONE 等。

3. 程序设计语言举例

目前，计算机的应用已经深入到了各行各业，与此同时也出现了各种各样的为数众多的计算机程序设计语言。据统计，目前已有数千种程序设计语言。在这些程序设计语言中，只有很小部分得到比较广泛的应用。下面是一些在教学、科研和开发中常用的程序设计语言。

（1）BASIC 语言。BASIC(Beginner All-Purpose Symbolic Instruction Code)是由美国 Dartmouth 大学 John Kemeny 和 Thomas Kurt 开发的高级语言。它允许有较多的人机对话，简单易学，便于修改和调试，具有简单的语法形式和有限的数据结构与控制结构，现在仍被广泛使用。它的流行得益于它的简单性、实现的方便性与高效率。它不仅用于各种科学计算，而且广泛应用于各种数据处理，还可用作教学工具。目前有各种不同的版本，例如，GWBASIC、TURBO BASIC、TRUE BASIC 和 VISUAL BASIC 等。

（2）Pascal 语言。Pascal 语言是 20 世纪 70 年代初由瑞士联邦大学的 N. Wirth 教授创建的程序设计语言，为了纪念法国数学家 Pascal 而命名。Pascal 语言不仅用作教学语言，而且也用作系统程序设计语言和某些应用。所谓系统程序设计语言，就是用这种语言可以编写系统软件，如操作系统、编译程序等。Pascal 语言是一种安全可靠的语言，有强数据类型。语法满足自顶向下设计和结构程序设计。Pascal 语言吸收了 ALGOL 语言中许多有益成分，使得 Pascal 语言的数据抽象进入一个新的层次。

（3）C 语言。C 语言是在 20 世纪 70 年代初期由美国 Bell 实验室 Rithie 和 Thompson 在原 BCPL 基础上发展起来的，用于编写 UNIX 操作系统，取 BCPL 的第二个字母 C 而命名。C 语言在很多方面继承和发扬了许多高级程序设计语言的特色，具有结构性，是一种结构化语言，层次清晰，易于调试和维护。但它又不是完全结构化的，因为在 C 函数中允许使用 goto 语句，函数可以相互调用，无嵌套关系，在同一控制流或函数中允许有多个出口，语句简练，书写灵活，处理能力强，移植性好。

（4）C++语言。C++语言是一种在 C 语言基础上发展起来的面向对象语言，是由美国 Bell 实验室 B. Stroustrup 在 20 世纪 80 年代设计并实现的。C++语言具有数据抽象和面向对象的能力，是对 C 语言的扩充。C++语言从 Simula 中吸取了类，从 ALGOL 语言中吸取了运算符的一名多用、引用和在分程序中任何位置均可说明变量，综合了 Ada 语言的类属和 Clu 语言的模块特点，形成了抽象类，从 Ada、Clu 和 ML 等语言吸取了异常处理，从 BCPL 中吸取了用//表示注释。C++语言对数据抽象的支持主要在于类概念和机制。对面向对象的支持主要通过虚拟机制函数。C++语言是当前面向对象程序设计的一种主流语言。

（5）Java 语言。Java 语言的名字取自于印度尼西亚一个盛产咖啡的岛屿"爪哇"，是由 SUN MicroSystem 公司于 1995 年 5 月正式对外发布的。Java 语言是一种面向对象的、简洁易学的、可在 Internet 上分布执行的、可以防止部分故障、具有一定的安全健壮性的程序设计语言，受到各种应用领域的重视，发展很快。

（6）C♯语言。C♯语言是微软公司于 2001 年发布的、具有面向对象功能的、运行于. NET Framework 之上的程序设计语言。C♯语言的主要开发人员是丹麦软件工程师 Anders Hejlsberg。C♯继承了 C 和 C++强大功能的同时，去掉了一些它们的复杂特性，例如没有宏和模板，不允许多重继承等。C♯与 Java 有许多类似的地方，例如，与 Java 几乎同样的语法和编译成中间代码再运行的过程。但是，C♯又与 Java 语言有显著的不同，它借鉴了 Pascal、Delphi 等语言的特点，是. NET 程序开发的首选语言工具。2001 年，ECMA 接受 C♯语言为其标准，并发布了 ECMA-334C♯语言标准规范。2003 年，C♯语言也成为 ISO/IEC 23270 标准。

4．高级语言程序的执行

用高级语言编写的程序称为源程序，计算机不能直接执行源程序，必须被翻译成二进制代码组成的机器语言后，计算机才能执行。高级语言源程序有编译和解释这两种执行方式。

在解释方式下，源程序由解释程序边"解释"边执行，不生成目标程序，解释方式执行程序的速度较慢，如图 3-10 所示。

在编译方式下，源程序必须经过编译程序的编译处理来产生相应的目标程序，然后再通过连接和装配生成可执行程序。因此，把用高级语言编写的源程序变为目标程序，必须经过编译程序的编译。编译过程如图 3-11 所示。

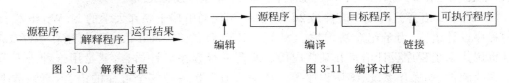

图 3-10　解释过程　　　　　　　　图 3-11　编译过程

3.4　Microsoft Office 办公软件

3.4.1　Office 概述

Microsoft Office 是一套由微软公司开发的办公软件，它为 Microsoft Windows 和 Mac OS X 而开发。与办公室应用程序一样，它包括联合的服务器和基于互联网的服务。该软件最初出现于 20 世纪 90 年代早期,最初是一个推广名称,指一些以前曾单独发售的软件的合集。当时主要的推广重点是购买合集比单独购买要省很多钱。最初的 Office 版本只有 Word、Excel 和 PowerPoint;另外一个专业版包含 Microsoft Access;随着时间的流逝,Office 应用程序逐渐整合,共享一些特性,例如拼写和语法检查、OLE 数据整合和微软 Microsoft VBA(Visual Basic for Applications)脚本语言。

Microsoft 使用早期的 Apple 雏形开发了 Word 1.0,它于 1984 年发布在最初的 Mac 中。Multiplan 和 Chart 也在 512K Mac 下开发,最后它们于 1985 年合在一起作为 Microsoft Excel 1.0 发布,成为当年第一个在 Mac 上使用的轰动一时的零售程序。

因此,早期的 Microsoft Office 程序根源于 Mac,反映在用户界面上,Office 图形化用户界面(特别是顶级菜单条)的最基本的轮廓有它在第一个 Macintosh 版本中的根源。

Microsoft Office 的相关套装版本,从 1993 年发布的 Microsoft Office 3.0 开始,经历了 Microsoft Office 4.0(发行于 1994 年)、Microsoft Office 4.3、Microsoft Office 7.0/95、Microsoft Office 97、Microsoft Office 2000、Microsoft Office XP(发行于 2001 年)、Microsoft Office 2003、Microsoft Office 2007、Microsoft Office 2010、Microsoft Office 2013 以及最新的 Microsoft Office 2016。

除了面向 Windows,Office 也面向其他操作系统发布,例如 Microsoft Office 2004 for Mac、Microsoft Office Mac 2008、Microsoft Office Mac 2011、Microsoft Office Mac 2016 等。2015 年 1 月,微软推出了正式版 Android 平板电脑 Office 免费应用,包括 Word、Excel 和 PowerPoint。这是微软为了实现让更多移动用户使用其软件所采取的最新举措。而发布于 2011 年的 Office 365,面向中小企业,是微软带给所有企业最佳生产力和高效协同的高端云服务,是微软公司基于云平台的应用套件。

3.4.2 常用组件

每一代的 Microsoft Office 都有一个以上的版本,每个版本都根据使用者的实际需要,选择不同的组件。Office 组件如表 3-2 所示。

表 3-2 Microsoft Office 组件列表

	Office 97	Office 2000	Office XP	Office 2003	Office 2007	Office 2010	Office 2013	Office 2016
Word	有							
PowerPoint	有							
Excel	有							
Outlook	有							
Access	有							
Binder	有		无					
InfoPath	无			有				
OneNote	无			有				
Publisher	有							
FrontPage	有				无			
Project	无			有				

	Office 97	Office 2000	Office XP	Office 2003	Office 2007	Office 2010	Office 2013	Office 2016
Visio	无			有				
Lync	无					有		
SharePoint Designer	无				替代 FrontPage			
SharePoint Workspace	无					替代上一项		

下面介绍其中部分组件。

1. Microsoft Office Word

Microsoft Office Word 是文字处理软件，是 Office 的主要程序，在文字处理软件市场上拥有统治份额。Word 提供了许多易于使用的文档创建工具，同时也提供了丰富的功能集供创建复杂的文档使用。

它最初是为了运行 DOS 的 IBM 计算机而在 1983 年编写的。随后的版本可运行于 Apple Macintosh（1984 年）、SCO UNIX 和 Microsoft Windows（1989 年），并成为 Microsoft Office 的一部分。

2. Microsoft Office Excel

Microsoft Office Excel 是电子数据表程序（进行数字和预算运算的软件程序），是最早的 Office 组件，是由 Microsoft 为 Windows 和 Apple Macintosh 操作系统而编写和运行的一款试算表软件。Excel 内置了多种函数，可以进行各种数据的处理、统计分析和辅助决策操作，广泛地应用于管理、统计财经、金融等众多领域。

3. Microsoft Office PowerPoint

Microsoft Office PowerPoint 是微软公司设计的演示文稿软件。用户不仅可以在投影仪或者计算机上进行演示，也可以将演示文稿打印出来，制作成胶片，以便应用到更广泛的领域中。利用 PowerPoint 不仅可以创建演示文稿，还可以在互联网上召开面对面会议、远程会议或在网上给观众展示演示文稿。

4. Microsoft Office OneNote

Microsoft Office OneNote 使用户能够捕获、组织和重用便携式计算机、台式计算机或 Tablet PC 上的便笺。它为用户提供了一个存储所有便笺的位置，并允许用户自由处理这些便笺。

5. Microsoft Office Access

Microsoft Office Access 是由微软发布的关联式数据库管理系统。它结合了 Microsoft Jet Database Engine 和图形用户界面两项特点，能够存取 Access/Jet、Microsoft SQL Server、Oracle，或者任何 ODBC 兼容数据库内的资料。熟练的软件设计师和资料分析师利用它来开发应用软件，而一些不熟练的程序员和非程序员的"进阶用户"则能使用它来开发简单的应用软件。

6. Microsoft Visio

Microsoft Visio 是 Windows 操作系统下运行的流程图和矢量绘图软件。2000 年,微软公司收购同名公司后,Visio 成为微软公司的产品。Visio 虽然是 Microsoft Office 软件的一个部分,但通常以单独形式出售,并不捆绑于 Microsoft Office 套装中。

7. Microsoft Photo Draw

Microsoft Photo Draw 是一个简单易用的程序,它独一无二地提供了照片或图形编辑和实例来帮助 Microsoft Office 和小商业用户在 PowerPoint、Word、Publisher 和 Web 中创建自定义外观的照片或图形。特别对于商业用户,Photo Draw 减少了完成照片或图形任务所需的步骤。Photo Draw 包括专业设计模板、预设的默认设置和自动更正功能。用户不需要图形训练或参考复杂的手册,就可以轻松地创建自定义的图形。用户可以使用 Photo Draw 来装配、使用和自定义下列任何图形元素:剪贴画、形体、照片或图形(包括扫描照片或图形和从数码相机下载的照片或图形)、文本及其他图形程序中的图像和用户绘制的图表。

8. Microsoft SharePoint Designer

Microsoft SharePoint Designer 是在微软取消 FrontPage 2003 后的其中一个解决方案,是一种全新的 Web 2.0 产品,用于基于 SharePoint 技术创建和自定义 Microsoft SharePoint 网站并生成启用工作流的应用程序。SharePoint Designer 提供了多种专业工具,利用这些工具,用户在 SharePoint 平台上无须编写代码即可生成交互解决方案、设计自定义 SharePoint 网站以及使用报告和托管权限维护网站性能。

3.5 网页制作软件

在因特网提供的各种服务中,万维网是目前最为流行的信息查询服务。由于万维网的普及性以及高度灵活性,使得任何个人和单位都可以在因特网上创设自己的网页和 Web 站点,以便发布定制的信息,展示自己的产品、服务以及特长爱好等,并可让拥有 Web 浏览器的用户非常方便地访问这些信息。因此,制作网页、创建网站已经成为一种非常重要的技术。

1. 网页语言

网页语言主要包括基本的网页描述语言 HTML(HyperText Markup Language,超文本标记语言),辅助样式语言 CSS(Cascading Style Sheets,层叠样式表),以及脚本语言 JavaScript。

超文本标记语言 HTML 是标准通用标记语言下的一个应用,也是一种规范,一种标准。它通过标记符号来标记要显示的网页中的各个部分。网页文件本身是一种文本文件,通过在文本文件中添加标记符,可以告诉浏览器如何显示其中的内容(如:文字如何处理,画面如何安排,图片如何显示等)。浏览器按顺序阅读网页文件,然后根据标记符解释和显示其标记的内容，对书写出错的标记将不指出其错误，且不停止其解释执行过程，编制者只能通过显示效果来分析出错原因和出错部位。但需要注意的是，对于不同的浏览器，对同一标记符可能会有不完全相同的解释，因而可能会有不同的显示效果。

级联样式表 CSS 是一种用来表现 HTML（标准通用标记语言的一个应用）或 XML（标准通用标记语言的一个子集）等文件样式的计算机语言。CSS 目前最新版本为 CSS 3，是能够真正做到网页表现与内容分离的一种样式设计语言。相对于传统 HTML 的表现而言，CSS 能够对网页中的对象的位置排版进行像素级的精确控制，支持几乎所有的字体字号样式，拥有对网页对象和模型样式编辑的能力，并能够进行初步交互设计，是目前基于文本展示最优秀的表现设计语言。CSS 能够根据不同使用者的理解能力，简化或者优化写法，针对各类人群，有较强的易读性。

JavaScript 是一种直译式脚本语言，是一种动态类型、弱类型、基于原型的语言，内置支持类型。它的解释器被称为 JavaScript 引擎，为浏览器的一部分，广泛用于客户端的脚本语言，最早是在 HTML（标准通用标记语言下的一个应用）网页上使用，用来给 HTML 网页增加动态功能。

2. 网页设计工具 Dreamweaver

传统的网页设计工具主要是使用 HTML 进行编写，可以使用任意的文本编辑工具，如 Windows 最常用的记事本等。后来人们发明了可视化的网页设计工具，可以做到所见即所得，大大提高了网页设计的效率。Dreamweaver 就是一款基本的可视化网页设计工具。Dreamweaver CS4 的工作界面如图 3-12 所示。

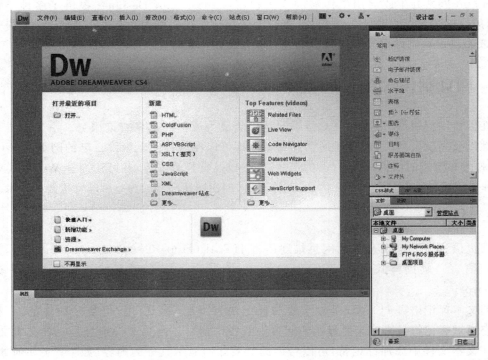

图 3-12　Dreamweaver CS4 工作界面

Dreamweaver 简称"DW",中文名称"梦想编织者",是美国 Macromedia 公司开发的集网页制作和管理网站于一身的所见即所得网页编辑器。DW 是第一套针对专业网页设计师特别发展的视觉化网页开发工具,利用它可以轻而易举地制作出跨越平台限制和跨越浏览器限制的充满动感的网页。

Dreamweaver 使用所见即所得的接口,也有 HTML(标准通用标记语言下的一个应用)编辑的功能。它有 Mac 和 Windows 系统的版本。随着 Macromedia 被 Adobe 收购后,Adobe 也开始计划开发 Linux 版本的 Dreamweaver 了。Dreamweaver 自 MX 版本开始,使用了 Opera 的排版引擎 Presto 作为网页预览。

Dreamweaver 可以用最快速的方式将 Fireworks、FreeHand 或 Photoshop 等档案移至网页上。使用检色吸管工具选择荧幕上的颜色可设定最接近的网页安全色。对于选单、快捷键与格式控制,都只要一个简单步骤便可完成。Dreamweaver 可以和其他设计工具,如 PlaybackFlash、Shockwave 和外挂模组等搭配,不需离开 Dreamweaver 便可完成,整体运用流程自然顺畅。除此之外,只要单击便可使 Dreamweaver 自动开启 Firework 或 Photoshop 来进行编辑与设定图档的最佳化。

Dreamweaver 中使用网站地图可以快速制作网站雏形,设计、更新和重组网页,改变网页位置或档案名称。Dreamweaver 会自动更新所有链接。使用支援文字、HTML 码、HTML 属性标签和一般语法的搜寻及置换功能使得复杂的网站更新变得迅速又简单。

Dreamweaver 是唯一提供 RoundtripHTML、视觉化编辑与原始码编辑同步的设计工具。它包含 HomeSite 和 BBEdit 等主流文字编辑器。帧和表格的制作速度快。使用进阶表格编辑功能用户可以进行简单的选择单格、行、栏或做不连续选取,甚至可以排序或格式化表格群组。Dreamweaver 支持精准定位,利用可轻易转换成表格的图层以拖拉置放的方式进行版面配置。所见即所得的 Dreamweaver 成功整合了动态式出版视觉编辑及电子商务功能,提供超强的支援能力给 Third-party 厂商,包含 ASP、Apache、BroadVision、ColdFusion、iCAT、Tango 与自行发展的应用软体。当使用 Dreamweaver 设计动态网页时,所见即所得的功能让用户不需要透过浏览器就能预览网页。梦幻样版和 XMLDreamweaver 将内容与设计分开,应用于快速网页更新和团队合作网页编辑。建立网页外观的样版,指定可编辑或不可编辑的部分,内容提供者可直接编辑以样式为主的内容却不会不小心改变既定样式。用户也可以使用模板正确地输入或输出 XML 内容。利用 Dreamweaver 设计的网页,可以全方位地呈现在任何平台的热门浏览器上。对于 CSS 的动态 HTML 支援和鼠标换图效果,声音和动画的 DHTML 效果资料库,可在大多数浏览器上执行。使用不同浏览器预览功能,Dreamweaver 可以告知用户在不同浏览器上执行的成效如何。当有新的浏览器上市时,只要从 Dreamweaver 的网站下载它的描述文档,便可得知详尽的成效报告。

当然 Dreamweaver 也存在一些问题,比如,难以精确达到与浏览器完全一致的显示效果。也就是说,用户在所见即所得网页编辑器中制作的网页放到浏览器中很难完全达到用户真正想要的效果,这一点在结构复杂一些的网页(如分帧结构、动态网页结构)中便可以体现出来。相比之下,非所见所得的网页编辑器就不存在这个问题,因为所有的 HTML 代码都在用户的监控下产生,但是由于非所见所得编辑器的先天条件就注定了它的工作效率低。如果实现两者的完美结合,则既可以产生干净、准确的 HTML 代码,又可以具备所见即所得的高效率、直观性。

习题

一、选择题

1. 计算机操作系统的功能是_____。
   - A. 把源程序代码转换成目标代码
   - B. 实现计算机与用户间的交流
   - C. 完成计算机硬件与软件之间的转换
   - D. 控制、管理计算机资源

2. 操作系统是_____的接口。
   - A. 用户程序和系统程序
   - B. 控制对象和计算机
   - C. 用户和计算机
   - D. 控制对象和系统程序

3. Windows 7 操作系统是一个_____操作系统。
   - A. 单用户、单任务
   - B. 多用户、多任务
   - C. 多用户、单任务
   - D. 单用户、多任务

4. Windows 7 的桌面是指_____。
   - A. 当前窗口
   - B. 任意窗口
   - C. 全部窗口
   - D. 整个屏幕

5. 软件和硬件之间的关系是_____。
   - A. 没有软件就没有硬件
   - B. 没有软件，硬件也能发挥作用
   - C. 硬件只能通过软件起作用
   - D. 没有硬件，软件也能起作用

6. 高级语言编译软件的作用是_____。
   - A. 把高级语言程序转化成源程序
   - B. 把不同的高级语言编写的程序转化成同一种语言编写的程序
   - C. 把作为源程序的高级语言程序转化成能被 CPU 直接接收和执行的机器语言程序
   - D. 自动生成源程序

7. 与计算机硬件关系最密切的软件是_____。
   - A. 编译程序
   - B. 数据库管理程序
   - C. 游戏程序
   - D. 操作系统

8. 要求在规定的时间内对外界的请求必须给予及时响应的操作系统是_____。
   - A. 多用户分时系统
   - B. 实时系统
   - C. 批处理系统
   - D. 网络操作系统

9. 一个完整的微型计算机系统应该包括_____。
   - A. 计算机及外部设备
   - B. 主机、键盘、显示器、打印机
   - C. 硬件系统和软件系统
   - D. 系统软件和系统硬件

10. 某单位的财务管理软件属于_____。
    - A. 工具软件
    - B. 系统软件
    - C. 应用软件
    - D. 编辑软件

二、简答题

1. 简述计算机软件的概念。
2. 简述计算机软件的分类。
3. 操作系统主要有哪些功能？
4. 列举常见的操作系统。
5. 常见智能手机的操作系统有哪几种？

第4章 计算机网络

计算机网络和现代通信技术相结合形成了计算机网络。在现代社会,计算机网络已经渗透到社会的各个领域。从功能结构上,计算机网络可以划分为两层结构：外层为由主机构成的资源子网,主要提供共享资源和相应的服务；内层为由通信设备和通信线路构成的通信子网,主要提供网络的数据传输和交换。数据通信技术是构成计算机网络的重要基石之一。

4.1 数据通信基础

4.1.1 数据通信的基本概念

通信的目的是实现信息的传递。用任何方法通过任何介质将信息从发送端到接收端都可称为通信。数据通信是指在两结点之间进行信息传输与交换的过程。

1. 数据、信息和信号

数据是由数字、字符和符号等组成,是信息的载体。可分为模拟数据和数字数据。模拟数据指的是在某个区间内连续变化的值,具有连续性,可采用电波形式表示,如电话、无线电和广播中的声音强度以及电压高低等。数字数据的取值具有离散性,只能在有限个离散点上取值,如计算机输出的二进制数据"0""1"两种取值。数字数据较模拟数据更容易存储、处理和传输,但所需系统过于庞大、设备过于复杂。

信息是数据的具体内容,是数据经过加工处理后得到的,按一定要求以规定格式组织起来具有一定含义的数据。信息必须依赖各种载体才有含义,表示形式多样,如数值、文字、图形、声音、图像和动画等。

信号是数据在传输过程中的电信号的表示形式,它使数据以适当的形式在介质上传输。按其编码机制可分为模拟信号和数字信号两种。模拟信号是连续变化的信号,而数字信号是 0、1 变化的信号。

电话线上传送的为模拟信号。模拟信号的电平是连续变化的,其波形如图 4-1(a)所示。计算机中所产生的电信号是用两种不同的电平去表示 0、1 比特序列的电压脉冲信号,这种电信号称为数字信号(Digital Signal)。数字信号的波形如图 4-1(b)所示。

数字信号的优点是抗干扰能力强,传输设备简单,缺点是需要高带宽传输介质；模拟信号的优点是信号带宽低,对介质要求低,缺点是抗干扰能力弱。

通信是要传输信息,而信息是以具体的数据形式来表现的。数据必须转换为一定形式的信号才能通过介质传送。因此,通信实质上是在一定的传输媒体下传送电信号,以达到交

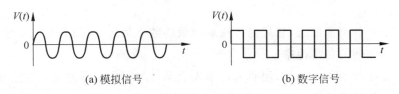

(a) 模拟信号　　　　　　　　　　(b) 数字信号

图 4-1　模拟信号与数字信号

换信息的目的。

2. 数据通信系统模型

数据通信系统的基本组成包括源系统、传输系统和目的系统三个部分。一个简化了的通信系统模型如图 4-2 所示。

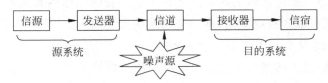

图 4-2　通信系统基本模型

1）源系统：信源和发送器

信源就是数据源，是发出待传送信息的设备。发送器是进行信号变换的设备，在实际的通信系统中有各种具体的名称，如信源发出的是数字信号而要以模拟信号传输，则用调制解调器；信源发出的是模拟信号而要以数字信号传输，则用编码器。

2）传输系统

传输系统可以是简单的信道，也可以是连接源系统和目的系统之间的复杂网络设备。信道是在发送设备和接收设备之间用于传输信号的介质。信道一般表示向某一个方向传送信息的介质，可以看作是一条电路的逻辑部件。信道可分为数字信道和模拟信道。以数字脉冲形式，例如二进制的"0""1"，作为信息的载体来传输数据的信道为数字信道。以连续模拟信号形式，例如正弦信号，承载有用信息来传输数据的信道称为模拟信道。由于信源产生的数据可能是模拟数据，也可能是数字数据，所以数据进入信道之前要转换适合信道传输的信号。例如，数字信号经过数/模转换后在模拟信道上传送，模拟信号经过模/数转换后在数字信道上传送。

3）目的系统：信宿和接收器

接收器接收传输系统传送过来的信号，并将其转换为能够被目的设备处理的信息。信宿是指信息的接收者。

4）噪声

信号在传输过程中受到的干扰称为噪声。通信系统上不可避免地存在着噪声干扰。图 4-2 中的噪声源是信道中的噪声以及通信系统其他各处噪声的表示。

3. 数据通信系统的主要性能评价指标

为了衡量数据通信系统性能的高低，常采用下面的评价指标。

1）传输速率

数字信道是一种离散信道，它只能传送离散值的数字信号，信道的带宽决定了信道中能不失真地传输脉序列的最高速率。

一个数字脉冲称为一个码元，用码元速率表示单位时间内信号波形的变换次数，即单位时间内通过信道传输的码元个数。若信号码元宽度为 $T(s)$，则码元速率 $B=1/T$。码元速率的单位叫波特（Baud），所以码元速率也叫波特率。早在 1924 年，贝尔实验室的研究员亨利•奈奎斯特就推导出了有限带宽无噪声信道的极限波特率，称为奈奎斯特定理。若信道带宽为 W，则奈奎斯特定理指出最大码元速率为 $B=2W$（Baud）。奈奎斯特定理指定的信道容量也叫奈奎斯特极限，这是由信道的物理特性决定的。超过奈奎斯特极限传送脉冲信号是不可能的，所以要进一步提高波特率必须改善信道带宽。

码元携带的信息量由码元取的离散值个数决定。若码元取两种离散值，则一个码元携带 1b 信息。若码元可取 4 种离散值，则一个码元携带 2b 信息。即一个码元携带的信息量 n（b）与码元的种类数 N 有如下关系：$n=\log 2N$。

单位时间内在信道上传送的信息量（比特数）称为数据速率。在一定的波特率下提高速率的途径是用一个码元表示更多的比特数。如果把两比特编码为一个码元，则数据速率可成倍提高。

对此，有公式：

$$R = B\log 2N = 2W\log 2N(b/s)$$

其中，R 表示数据速率，单位是每秒比特，简写为 bps 或 b/s。

数据速率和波特率是两个不同的概念。仅当码元取两个离散值时两者才相等。对于普通电话线路，带宽为 3000Hz，最高波特率为 6000Baud。而最高数据速率可随编码方式的不同而取不同的值。这些都是在无噪声的理想情况下的极限值。实际信道会受到各种噪声的干扰，因而远远达不到按尼奎斯特定理计算出的数据传送速率。香农（Shannon）的研究表明，有噪声的极限数据速率可由下面的公式计算：

$$C = W\log 2(1 + S/N)$$

这个公式叫作香农定理，其中，W 为信道带宽，S 为信号的平均功率，N 为噪声的平均功率，S/N 叫作信噪比。由于在实际使用中 S 与 N 的比值太大，故常取其分贝数（dB）。分贝与信噪比的关系为：

$$dB = 10\lg S/N$$

例如，当 S/N 为 1000，信噪比为 30dB。这个公式与信号取的离散值无关，也就是说无论用什么方式调制，只要给定了信噪比，则单位时间内最大的信息传输量就确定了。例如，信道带宽为 3000Hz，信噪比为 30dB，则最大数据速率为：

$$C=3000\log 2(1+1000)\approx 3000\times 9.97\approx 30\,000b/s$$

这是极限值，只有理论上的意义。实际上在 3000Hz 带宽的电话线上数据速率能达到 9600b/s 就很不错了。

2）带宽

在模拟信号系统中,"带宽"用来标识传输信号所占有的频率宽度,按照公式 $W=f_2-f_1$ 计算,这个宽度由传输信号的最高频率和最低频率决定,两者之差就是带宽值,因此又被称为信号带宽或者载频带宽,单位为赫(Hz,或 kHz、MHz、GHz 等)。如人的声音的带宽是 20Hz～20MHz,一个 PAL-D 电视频道的带宽为 8MHz(含保护带宽),CATV 电缆的带宽为 600Hz 或 1000Hz。

对于数字信号而言,带宽是指单位时间内链路能够通过的数据量,即网络在单位时间内可传输的最大数据量,是数字信道所能传送的"最高传输速率"的同义语,单位是"比特每秒"(b/s)。更常用的带宽单位是千比特每秒(Kb/s)、兆比特每秒(Mb/s)、吉比特每秒(Gb/s)、太比特每秒(Tb/s)。

模拟信道带宽和数字信道带宽之间可通过香农定理互相转换。

信道带宽是衡量一个信道传输数字信号的重要参数。当传输的信号速率超过信道的最大信号速率时,就会产生失真。

3）差错率

在有噪声的信道中,数据传输速率的增加意味着传输中出现差错的概率增加。常用误码率、误比特率来表示差错率。

$$误码率\ P_e=传输出错的码元数/传输的码元总数$$

$$误比特率\ P_b=传输出错的比特数/传输的总比特数$$

误码率是指二进制码元在数据传输系统中被传错的概率,误比特率是指在传输中出错比特的概率。它们是衡量数据传输系统正常工作状态下传输可靠性的重要参数。

在实际的数据传输系统中,电话线路在 300～2400b/s 传输速率时,平均误码率在 10^{-2}～10^{-6},在 4800～9600b/s 传输速率时平均误码率在 10^{-2}～10^{-4}。而计算机通信的平均误码率要求低于 10^{-9}。

4.1.2　传输介质

传输介质是数据通信系统中的发送器和接收器之间的物理通路,信号在介质中以电磁波的形式进行传输。传输介质分为有线传输介质和无线传输介质。前者包括同轴电缆、双绞线和光纤等;后者包括微波、红外线和激光等通信介质。

1. 同轴电缆

同轴电缆由一根空心的外圆柱导体和一根位于中心轴线的内导线组成,内导线和圆柱导体及外界之间用绝缘材料隔开,如图 4-3 所示。

根据直径的不同,可分为粗缆和细缆两种。粗缆的传输距离长,性能好但成本高,网络安装、维护困难,一般用于大型局域网

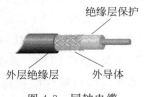

图 4-3　同轴电缆

的干线，连接时两端需终接器。细缆安装较容易，造价较低，但日常维护不方便，一旦一个用户出故障，便会影响其他用户的正常工作。

根据传输频带的不同，可分为 50Ω 基带同轴电缆和 75Ω 宽带同轴电缆两种类型。基带同轴电缆主要用于传输数字信号，带宽取决于电缆长度，电缆越短，可获得的数据传输率越高；电缆增长，其数据传输率将会下降。计算机网络一般选用基带同轴电缆进行数据传输。宽带同轴电缆是指采用了频分复用和模拟传输技术的同轴电缆，使用标准的闭路电视技术。可以使用频分多路复用技术，将频带划分为多条通信信道，形成多路传输。

同轴电缆的最大优点是抗干扰能力好，价格也便宜。缺点是物理可靠性不好，容易出现故障，并且某一点发生故障会导致整段局域网都无法进行通信。

2. 双绞线

双绞线简称 TP（Twisted Pair），是将一对以上的双绞线封装在一个绝缘外套中，为了降低信号的干扰程度，电缆中的每一对双绞线一般是由两根绝缘铜导线相互扭绕而成，也因此把它称为双绞线，如图 4-4 所示。

图 4-4　屏蔽双绞线和非屏蔽双绞线

双绞线分为非屏蔽双绞线（Unshielded Twisted Pair，UTP）和屏蔽双绞线（Shielded Twisted Pair，STP）。非屏蔽双绞线价格便宜，传输速度偏低，抗干扰能力较差。屏蔽双绞线抗干扰能力较好，具有更高的传输速度，但价格相对较贵。

双绞线常见的有 3 类线、5 类线和超 5 类线，以及最新的 6 类线，前者线径细而后者线径粗，型号如下。

3 类线（CAT3）：最高传输速率为 10Mb/s，主要应用于语音、10Mb 以太网（10BASE-T）和 4Mb/s 令牌环，最大网段长度为 100m，采用 RJ 形式的连接器，目前已淡出市场。

4 类线（CAT4）：未被广泛采用。

5 类线（CAT5）：该类电缆增加了绕线密度，外套一种高质量的绝缘材料，线缆最高频率带宽为 100MHz，最高传输率为 100Mb/s，用于语音传输和最高传输速率为 100Mb/s 的数据传输，最大网段长为 100m，采用 RJ 形式的连接器。这是最常用的以太网电缆。

超 5 类线（CAT5e）：超 5 类线衰减小，串扰少，性能得到很大提高。超 5 类线主要用于千兆位以太网（1000Mb/s）。

6 类线（CAT6）：该类电缆的传输频率为 1～250MHz，它提供二倍于超 5 类的带宽。6 类布线的传输性能远远高于超 5 类标准，最适用于传输速率高于 1Gb/s 的应用。

超 6 类或 6A（CAT6A）：此类产品传输带宽介于 6 类和 7 类之间，传输频率为

500MHz,传输速度为 10Gb/s,标准外径 6mm。目前和 7 类产品一样,国家还没有出台正式的检测标准,只是行业中有此类产品。

7 类线(CAT7):传输频率为 600MHz,传输速度为 10Gb/s,单线标准外径 8mm,多芯线标准外径 6mm,可能用于今后的 10 吉比特以太网。

双绞线一般用于星状网络拓扑结构的布线连接,两端安装有 RJ-45 头(水晶头,如图 4-5 所示),连接网卡与集线器,最大网线长度为 100m,如果要加大网络的范围,在两段双绞线之间可安装中继器。这种拓扑结构非常适用于结构化综合布线系统,可靠性较高。任一根线发生故障时,不会影响到其他计算机,故障的诊断和修复也比较容易。

RJ-45插头

图 4-5 RJ-45 插头

3. 光纤

光纤又称为光缆或光导纤维,是由一组光导纤维组成的用来传播光束的、细小而柔韧的传输介质,如图 4-6 所示。应用光学原理,由光发送机产生光束,将电信号变为光信号,再把光信号导入光纤,在另一端由光接收机接收光纤上传来的光信号,并把它变为电信号,经解码后再处理。

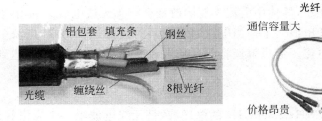

图 4-6 光纤

如图 4-7 所示,光纤分为单模光纤和多模光纤。

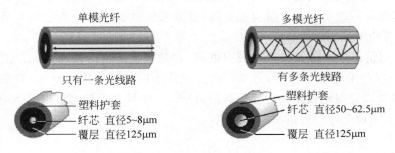

图 4-7 单模光纤和多模光纤

（1）单模光纤：由激光作光源，仅有一条光通路，几乎没有散射。纤芯直径小，只有 $5\sim$ $8\mu m$。适合远距离传输，传输距离可以达几十千米。

（2）多模光纤：由二极管发光，纤芯直径比单模光纤大，有 $50\sim62.5\mu m$，或更大。散射比单模光纤大，因此有信号的损失，标准距离 2km。

与其他传输介质比较，光纤的电磁绝缘性能好、信号衰减小、频带宽、传输速度快、传输距离大，主要用于要求传输距离较长、布线条件特殊的主干网连接。具有不受外界电磁场的影响，无限制的带宽等特点，可以实现每秒几十兆位的数据传送，尺寸小、重量轻，数据可传送几百千米。

4．无线传输介质

无线传输介质是指利用各种波长的电磁波充当传输媒体的传输介质，可以在自由空间利用电磁波发送和接收信号进行通信。电磁波不依靠介质传播，在真空中的传播速度等同于光速。无线传输所使用的频段很广，人们现在已经利用了好几个波段进行通信，目前多采用无线电波、微波、红外、激光等，紫外线和更高的波段目前还不能用于通信。

人们通常说的 Wi-Fi（Wireless Fidelity，无线保真技术）是一种可以将个人计算机、手持设备（如：Pad、手机）等终端以无线方式互相连接的技术，事实上它是一个高频无线电信号，属于在办公室和家庭中使用的短距离无线技术。该技术使用的是 2.4GHz 附近的频段，该频段目前尚属没用许可的无线频段。

1）无线电波

无线电波是指在自由空间（包括空气和真空）传播的射频频段的电磁波。无线电技术是通过无线电波传播声音或其他信号的技术。

无线电技术的原理在于，导体中电流强弱的改变会产生无线电波。利用这一现象，通过调制可将信息加载于无线电波之上。当电波通过空间传播到达收信端，电波引起的电磁场变化又会在导体中产生电流。通过解调将信息从电流变化中提取出来，就达到了信息传递的目的。

2）微波

微波是指频率为 300MHz～300GHz 的电磁波，是无线电波中一个有限频带的简称，即波长在 1m（不含 1m）～1mm 的电磁波，是分米波、厘米波、毫米波的统称。微波频率比一般的无线电波频率高，通常也称为"超高频电磁波"。

微波通信系统主要分为地面系统和卫星系统两种。

（1）地面微波一般采用定向抛物线天线，这要求发送方与接收方之间的通路没有大的障碍物，对外界的干扰比较敏感。

（2）卫星通信是以人造卫星为微波中继站，它是微波通信的特殊形式。卫星接收来自地面发送站发出的电磁波信号后，再以广播方式用不同的频率发回地面，为地面工作站接收。卫星通信可以克服地面微波通信距离的限制。三个同步卫星就可以覆盖地球上全部通信区域，基本上实现全球的通信。

3）红外线

红外线是太阳光线中众多不可见光线中的一种，由德国科学家霍胥尔于 1800 年发现，又称为红外热辐射，也可以当作传输媒界。红外线可分为三部分，即近红外线，波长为

$0.75\sim1.50\mu m$；中红外线，波长为 $1.50\sim6.0\mu m$；远红外线，波长为 $6.0\sim1000\mu m$。目前广泛使用的家电遥感器基本都是采用红外线传输技术，红外线通信有以下两个最突出的优点。

（1）不易被人发现和截获，保密性强。

（2）几乎不会受到电气、天电、人为干扰，抗干扰性强。此外，红外线通信机体积小，重量轻，结构简单，价格低廉。但是它必须在直视距离内通信，且传播受天气的影响。在不能架设有线线路，而使用无线电又怕暴露自己的情况下，使用红外线通信是比较好的。

4）激光

激光束也可以用于在空中传输数据，和微波通信相似，至少要由两个激光站组成，每个站点都具有发射信息和接收信息的能力。激光设备通常是安装在固定设备上，并且天线相互对应。由于激光束可以在很长的距离上得以聚焦，因此激光的传输距离很远，能传输几十千米。激光传输的缺点之一是不能穿透雨和浓雾，但是在晴天里可以工作得很好。

4.2　计算机网络的基本概念

网络这个词早在大型计算机时代就有了，但是，直到 PC 普及之后，才得到迅速的发展。这是因为随着计算机应用的深入，特别是家用计算机越来越普及，众多用户希望能共享信息资源，也希望各计算机之间能互相传递信息，因此，计算机技术迅速向网络化方向发展。

计算机网络是将分布在不同地理位置的计算机设备连成一个网，进行高速数据通信，实现资源（包括硬件、数据和软件）共享和分布处理。计算机网络是计算机技术与通信技术相结合的产物，包括计算机软硬件、网络系统结构以及通信技术等内容。

4.2.1　计算机网络的形成与发展

计算机网络出现的历史不长，它的形成和发展大致可以分为 4 个阶段。

1. 第 1 代计算机网络——以单计算机为中心的联机终端网络

20 世纪 50 年代，美国麻省理工学院林肯实验室开始为美国空军设计称为 SAGE 的半自动化地面防空系统。该系统分为 17 个防区，每个防区的指挥中心装有两台 IBM 公司的 AN/FSQ-7 计算机，通过通信线路与防区内各雷达观测站、机场、防空导弹和高射炮阵地的终端连接，形成联机计算机系统。SAGE 系统最先采用了人-机交互作用的显示器，研制了小型计算机形式的前端处理机，制定了 1600b/s 的数据通信规程，并提供了高可靠性的多路径选择算法。这个系统最终于 1963 年建成，被认为是计算机技术和通信技术结合的先驱。

在这种"主机-终端"系统中，终端不具备自主处理数据的能力，仅完成简单的输入输出功能，所有数据处理和通信处理任务均由主机完成，主机可以同时处理多个远方终端的请求，负荷重，效率也较低，如图 4-8 所示。用今天对计算机网络的定义来看，主机-终端系统只能称得上是计算机网络的雏形,还算不上是真正的计算机网络,但这一阶段进行的计算机技术与通信技术相结合的研究,成为计算机网络发展的基础。

2. 第 2 代计算机网络——计算机-计算机网络

20 世纪 60 年代中到 20 世纪 70 年代中,随着计算机技术和通信技术的进步,将多个单处理机联机终端网络互联起来,形成了以多处理机为中心的网络,为用户提供服务。此外,为了减轻主机的负荷,使其专注于计算任务,专门设置了通信控制处理机(Communication Control Processor,CCP)负责与终端的通信,而主机间的通信由 CCP 的中继功能间接进行。由 CCP 组成的传输网络称为通信子网,是网络的内层;网上主机负责数据处理,是计算机网络资源的拥有者,它们组成了网络的资源子网,是网络的外层,它们共同构成了以通信子网为核心,以资源子网为目的的计算机网络,如图 4-9 所示。美国的 ARPANET 就是第 2 代计算机网络的典型代表,ARPANET 为 Internet 的产生和发展奠定了基础。

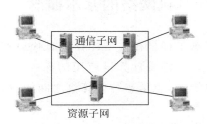

图 4-8　第 1 代计算机网络　　　　图 4-9　第 2 代计算机网络

3. 第 3 代计算机网络——网络体系结构和协议标准化的计算机网络

20 世纪 70 年代中期开始,许多计算机生产商纷纷开发出自己的计算机网络系统并形成各自不同的网络体系结构。例如,IBM 公司的系统网络体系结构 SNA、DEC 公司的数字网络体系结构 DNA。这些网络体系结构有很大的差异,无法实现不同网络之间的互联,因此网络体系结构与网络协议的国际标准化成了迫切需要解决的问题。1977 年,国际标准化组织(International Organization for Standardization,ISO)提出了著名的开放系统互连参考模型 OSI/RM,形成了一个计算机网络体系结构的国际标准。尽管因特网上使用的是TCP/IP,但 OSI/RM 对网络技术的发展产生了极其重要的影响。第 3 代计算机的特征是全网中所有的计算机遵守同一种协议,强调以实现资源共享(硬件、软件和数据)为目的,如图 4-10 所示。

4. 第 4 代计算机网络——高速化和综合化的计算机网络

从 20 世纪 90 年代开始,因特网实现了全球范围的电子邮件、WWW、文件传输、图像通信等数据服务的普及,但电话和电视仍各自使用独立的网络系统进行信息传输。人们希望利用同一网络来传输语音、数据和视频图像,因此提出了宽带综合业务数字网(B-ISDN)的

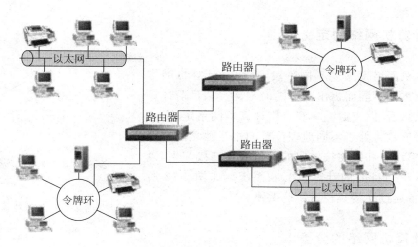

图 4-10　第 3 代计算机网络

概念。这里宽带的意思是指网络具有极高的数据传输速率,可以承载大数据量的传输;综合是指信息媒体,包括语音、数据和图像可以在网络中综合采集、存储、处理和传输,由此可见,第 4 代计算机网络的特点是综合化和高速化,如图 4-11 所示。支持第 4 代计算机网络的技术有:异步传输模式(Asynchronous Transfer Mode,ATM)、光纤传输介质、分布式网络、智能网络、高速网络、互联网技术等。人们对这些新的技术报以极大的热情和关注,正在不断深入地研究和应用。

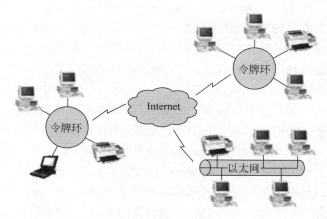

图 4-11　第 4 代计算机网络

因特网技术的飞速发展以及在企业、学校、政府、科研部门和千家万户的广泛应用,使人们对计算机网络提出了越来越高的要求。未来的计算机网络应能提供目前电话网、电视网和计算机网络的综合服务;能支持多媒体信息通信,以提供多种形式的视频服务;具有高度安全的管理机制,以保证信息安全传输;具有开放统一的应用环境,智能的系统自适应性和高可靠性,网络的使用、管理和维护将更加方便。总之,计算机网络将进一步朝着"开放、综合、智能"方向发展,必将对未来世界的经济、军事、科技、教育与文化的发展产生重大的影响。

4.2.2　计算机网络的定义

在计算机网络发展的不同阶段,人们对计算机网络的理解和侧重点不同而提出了不同的定义。从目前计算机网络现状来看,以资源共享观点将计算机网络定义为:计算机网络就是将处于不同地理位置的相互独立的计算机,通过通信设备和线路按一定的通信协议连接起来,以达到资源共享为目的的计算机互联系统。如图 4-12 所示,这些设备通过连接实现资源的共享。

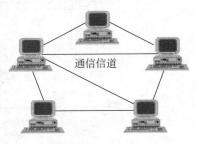

图 4-12　计算机网络

4.2.3　计算机网络的分类

根据强调网络的某一特性来对计算机网络进行分类时,其分类方法是多种多样的,下面对其中主要的方法加以介绍。

1. 按地理范围分类

按照网络的规模,可以将网络分为局域网、城域网和广域网。网络的规模是以网上相距最远的两台计算机之间的距离来衡量的。

(1) 局域网(Local Area Network,LAN)。

局域网覆盖有限的地域范围,其地域范围一般不超过几十千米。局域网的规模相对于城域网和广域网而言较小。常在公司、机关、学校、工厂等有限范围内,将本单位的计算机、终端以及其他的信息处理设备连接起来,实现办公自动化、信息汇集与发布等功能。

(2) 广域网(Wide Area Network,WAN)。

广域网也称为远程网。它可以覆盖一个地区、国家甚至横跨几个洲而形成国际性的广域网络。目前大家熟知的因特网就是一个横跨全球,可公共商用的广域网络。除此之外,许多大型企业以及跨国公司和组织也建立了属于内部使用的广域网络。

(3) 城域网(Metropolitan Area Network,MAN)。

城域网所覆盖的地域范围介于局域网和广域网之间,一般从几十千米到几百千米的范围。城域网是随着各单位大量局域网的建立而出现的。同一个城市内各个局域网之间需要交换的信息量越来越大,为了解决它们之间信息高速传输问题,提出了城域计算机网络的概念,并为此制定了城域网的标准。

值得注意的是,计算机网络因其覆盖地域范围的不同,所采用的传输技术也是不同的,因而形成了各自不同的网络技术特点。

2. 按资源共享方式划分

1) 对等网

在计算机网络中,倘若每台计算机的地位平等,都可以平等地使用其他计算机内部的资源,每台机器磁盘上的空间和文件都成为公共财产,这种网就称为对等网。对等网非常适合于小型的、任务轻的局域网,例如在普通办公室、家庭、游戏厅、学生宿舍内建立对等局域网。

2)客户/服务器网络

如果网络所连接的计算机较多,在 10 台以上且共享资源较多时,就需要考虑专门设立一个计算机来存储和管理需要共享的资源,这台计算机被称为文件服务器,其他的计算机称为工作站,工作站里的资源就不必与他人共享。如果想与某人共享一份文件,就必须先把文件从工作站复制到文件服务器上,或者一开始就把文件安装在服务器上,这样其他工作站上的用户才能访问到这份文件。这种网络称为客户/服务器(Client/Server)网络。

3. 按通信传输技术分类

如前所述,计算机网络中根据结点之间链路的连接方式不同可分为点-点链路和共享链路,两种不同的链路即对应着两种不同的通信信道:广播通信信道和点-点通信信道。在广播通信信道中,多个结点共享一个公用通信信道,即所有结点均利用公用信道来发送(广播)数据,并从公用信道上接收数据。而在点-点通信信道中,一条链路只能连接一对结点,对于没有直接链路的两个结点,那么需要通过中间结点来转发。很显然,对于两种不同的通信信道,网络传输数据时,需要采用不同的传输技术,即广播(Broadcast)方式与点-点(Point-to-Point)方式。根据网络所使用的传输技术,计算机网络也就可以分为:广播式网络(Broadcast Networks)和点-点式网络(Point-to-Point Networks)两类。

1)广播式网络

广播式网络中,网络中所有结点都利用一个公共通信信道来"广播"和"收听"数据。但到底应该由谁来接收数据呢?办法是通过在发送的数据分组中附带上发送结点的地址(源地址)和接收结点的地址(目的地址),"收听"到该分组的结点都进行将目的地址与本结点地址相比较的操作。如果数据分组的目的地址与本结点地址相同,则表示是发给本结点的数据而接收,其他所有"收听"的结点将丢弃该数据分组。

2)点-点式网络

点-点式网络中,每条链路连接一对结点。如果两个结点之间有直接链路,则可以直接发送和接收数据。如果两个结点之间没有直接链路,则它们之间就要通过中间结点来转发数据,传输过程中,由于网络链路结构可能是复杂的,因此中间结点上的接收、存储、路由、转发操作是必不可少的。

点-点式网络与广播式网络的重要区别之一是前者采用数据分组存储、转发与路由选择技术,而后者不需要。

4. 根据网络的拓扑结构

如果我们去掉网络单元的物理意义,把网络单元看作是结点,把连接各结点的通信线路看作连线,这样采用拓扑学的观点看计算机网络可以说是由一组结点和连线组成的几何图形,拓扑图形中的结点和连线的几何位置就是计算机网络的拓扑结构。计算机网络的拓扑结构类型较多,常见的主要有:总线型、星状、环状、树状、网状和混合型等。

1)总线型网络拓扑结构

由一条高速共用总线连接若干个结点所形成的网络拓扑结构如图 4-13 所示,称为总线型网络拓扑结构。在总线型网络中,所有结点连接到一条共享的传输介质上,任何一个结点的信息都可以沿着总线向两个方向传送，并可被总线上任一个结点所接受，这种方式被称为广播通信方式。局域网技术中的以太网即是一个典型的总线型拓扑结构的例子。

总线型结构的网络优点如下：结构简单，可扩充性好。当需要增加结点时，只需要在总线上增加一个分支接口便可与分支结点相连，当总线负载不允许时还可以扩充总线；使用的电缆少，且安装容易；使用的设备相对简单，可靠性高。缺点是维护难，分支结点故障查找难，单点的结构可能会影响全网络。

2）环状网络拓扑

环状拓扑结构中的结点通过点-点通信线路，首尾连接构成闭合环路。环中数据将沿一个方向逐结点传送，当一个结点使用链路发送数据时，其余的结点也能先后"收听"到该数据，如图4-14所示。环状拓扑结构简单，传输延时确定，但环路的维护复杂。IBM令牌环网是典型的环状拓扑结构。

图4-13　总线型网络拓扑结构

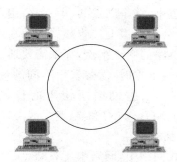

图4-14　环状网络拓扑结构

环状结构具有如下优点：信息流在网中是沿着固定方向流动的，两个结点仅有一条道路，故简化了路径选择的控制；环路上各结点都是自举控制，故控制软件简单。缺点是由于信息源在环路中是串行地穿过各个结点，当环中结点过多时，势必影响信息传输速率，使网络的响应时间延长；环路是封闭的，不便于扩充；可靠性低，一个结点故障，将会造成全网瘫痪；维护难，对分支结点故障定位较难。

3）星状网络拓扑

星状拓扑结构中的各结点通过点-点通信线路与中心结点连接。除中心结点外，任何两结点之间没有直接链路，所有数据传输都要经过中心结点的控制和转发，中心结点控制全网的通信，如图4-15所示。星状拓扑结构简单，易于组建和管理。如以集线器为中心的局域网是一种最常见的星状网络拓扑结构。但中心结点的高可靠性是至关重要的，中心结点的故障可能造成整个网络瘫痪。

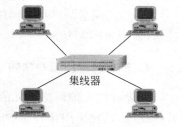

图4-15　星状网络

星状拓扑结构的主要优点是控制简单，任何一站点只和中央结点相连接，因而介质访问控制方法简单，致使访问协议也十分简单，易于网络监控和管理；故障诊断和隔离容易，中央结点对连接线路可以逐一隔离进行故障检测和定位，单个连接点的故障只影响一个设备，不会影响全网；方便服务，中央结点可以方便地对各个站点提供服务和网络重新配置。

主要缺点是需要耗费大量的电缆，安装、维护的工作量也剧增；中央结点负担重，形成

"瓶颈",一旦发生故障,则全网受影响;各站点的分布处理能力较低。

总的来说,星状拓扑结构相对简单,便于管理,建网容易,是局域网普遍采用的一种拓扑结构。采用星状拓扑结构的局域网,一般使用双绞线或光纤作为传输介质,符合综合布线标准,能够满足多种宽带需求。

4) 树状网络拓扑

树状拓扑结构可以看成是星状拓扑的扩展。树状拓扑结构中,结点具有层次。全网中有一个顶层的结点,其余结点按上、下层次进行连接,数据传输主要在上、下层结点之间进行,同层结点之间数据传输时要经上层转发,如图 4-16 所示。树状拓扑结构适合于一个单位的局域网组建,以实现信息的汇集、转发和管理的要求。

树状网络拓扑的优点是:结构比较简单,成本低;网络中任意两个结点之间不产生回路,每个链路都支持双向传输;网络中结点扩充方便灵活,寻找链路路径比较方便。缺点是除叶结点及其相连的链路外,任何一个工作站或链路产生故障都会影响整个网络系统的正常运行;对根的依赖性太大,如果根发生故障,则全网不能正常工作。因此这种结构的可靠性问题和星状结构相似。

5) 网状网络拓扑

这种拓扑结构主要指各结点通过传输线互相连接起来,并且每一个结点至少与其他两个结点相连,如图 4-17 所示。网状拓扑结构具有较高的可靠性,但其结构复杂,实现起来费用较高,不易管理和维护,不常用于局域网。网状拓扑结构一般用于 Internet 骨干网上,将多个子网或多个网络连接起来构成网际拓扑结构。在一个子网中,集线器、中继器将多个设备连接起来,而桥接器、路由器及网关则将子网连接起来。

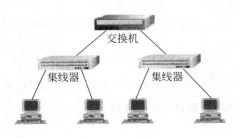

图 4-16　树状网络

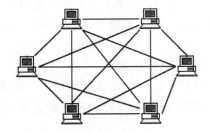

图 4-17　网状网络

网状网络拓扑的优点是:网络可靠性高,一般通信子网中任意两个结点交换机之间存在着两条或两条以上的通信路径,这样,当一条路径发生故障时,还可以通过另一条路径把信息送至结点交换机;网络可组建成各种形状,采用多种通信信道,多种传输速率;网内结点共享资源容易;可改善线路的信息流量分配;可选择最佳路径,传输延迟小。缺点是:控制复杂,软件复杂;线路费用高,不易扩充。

6) 混合型网络拓扑结构

将两种或几种网络拓扑结构混合起来构成的一种网络拓扑结构称为混合型拓扑结构(也有的称为杂合型结构)。

常见的是由星状结构和总线型结构的网络结合在一起的网络结构,如图 4-18 所示。这样的拓扑结构更能满足较大网络的拓展,解决星状网络在传输距离上的局限,而同时又解决了总线型网络在连接用户数量的限制。这种网络拓扑结构同时兼顾了星状网与总线型网络的优点，在缺点方面得到了一定的弥补。

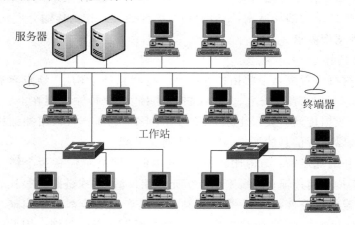

图 4-18　混合型网络

这种网络拓扑结构主要用于较大型的局域网中，如果一个单位有几栋在地理位置上分布较远（当然是同一小区中），如果单纯用星状网来组建整个公司的局域网，因受到星状网传输介质——双绞线的单段传输距离（100m）的限制很难成功；如果单纯采用总线型结构来布线则很难承受公司的计算机网络规模的需求。结合这两种拓扑结构，在同一栋楼层采用双绞线的星状结构，而不同楼层采用同轴电缆的总线型结构，而在楼与楼之间也必须采用总线型，传输介质当然要视楼与楼之间的距离，如果距离较近（500m 以内）可以采用粗同轴电缆来作传输介质，如果在 180m 之内还可以采用细同轴电缆来作传输介质。但是如果超过500m，只有采用光缆或者粗缆加中继器来满足了。这种布线方式就是常见的综合布线方式。

7）蜂窝拓扑结构

蜂窝拓扑结构是无线局域网中常用的结构。它以无线传输介质（微波、卫星、红外等）点到点和多点传输为特征，是一种无线网，适用于城市网、校园网、企业网。

4.3　计算机网络通信协议

4.3.1　网络通信协议概述

计算机网络最基本的功能就是将分别独立的计算机系统互联起来，使它们之间能够互相通信。通信双方需要进行对话，就必须遵守双方都认可的规则，而在计算机网络中将计算机之间通信所必须遵守的规则、标准或约定统称为网络协议。网络协议是计算机网络的核心问题，由于计算机网络是相当复杂的系统，相互通信的两个计算机系统必须高度协调工作才行，而这种"协调"是相当复杂的。为了设计这样复杂的网络，人们提出将网络"分层"的方法，将庞大而复杂的问题，转化为若干较小的局部问题，以便解决。随着网络的分层，将通信协议也分为层间协议，计算机网络的各层和层间协议的集合被称为网络体系结构。从 20 世纪 70 年代起,世界上许多著名的计算机公司纷纷推出自己的网络体系结构,如美国 IBM 公司于 1974 年提出的世界上第一个以分层方法设计的网络体系结构,凡是遵循 SNA 的设备可以进行互连;DEC 公司于 1975 年提出的一个以分层方法设计的网络体系结构,适用于该公司的计算机联网。但是,一个公司的计算机却很难和另一个公司的计算机互相通信,因为它们的网络体系结构不一样,因此,制定一个国际标准的网络体系结构也就势在必行了。

4.3.2　ISO 与 OSI 参考模型

1. OSI 参考模型的层次

国际标准化组织(International Organization for Standardization,ISO)从 1978 年开始,经过几年的工作,于 1983 年正式发布了最著名的 ISO 7498 标准,它就是"开放系统互连参考模型"OSI/RM,如图 4-19 所示。

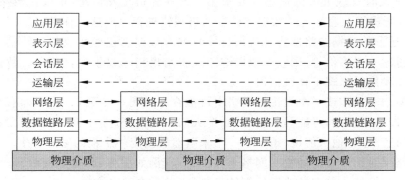

图 4-19　开放系统互连参考模型 OSI/RM 结构

开放系统互连参考模型中的"开放"是指一个系统只要遵循 OSI 标准,就可以和位于世界上任何地方的、也遵循这个标准的其他任何系统进行通信。强调"开放"也就是说系统可以实现"互连"。这里的系统可以是计算机、与这些计算机相关的软件以及其他外部设备等的集合。

OSI/RM 采用的是分层的体系结构。它定义了网络体系结构的 7 层框架,最下层为第 1 层,依次向上,最高层为第 7 层。从第 1 层到第 7 层的命名为:物理层、数据链路层、网络层、运输层、会话层、表示层和应用层,分别用英文字母 PH、DL、N、T、S、P 和 A 来表示。

2. OSI/RM 各层的主要功能和协议

OSI/RM 定义了每一层的功能以及各层通过"接口"为其上层所能提供的"服务"。

1)物理层

物理层是 OSI 模型的最底层或第一层。它包括物理网络介质,如电缆、连接器、转发器。物理层协议产生及检测电压以便收发携带数据的信号。物理层能设定数据发送速率并监测数据错误率,但不提供错误校验服务。

2)数据链路层

数据链路层是 OSI 模型的第二层,其控制网络层与物理层之间的通信。它的主要功能是将网络层接收到的数据分割成特定的可被物理层传输的帧。

帧是用来移动数据的结构包，它不仅包括原始（未加工）数据，或称"有效荷载"，还包括发送方和接收方的网络地址以及纠错和控制信息。其中的地址确定了帧将发送到何处，而纠错和控制信息则确保帧无差错到达。

为了更充分地理解数据链路层的概念，暂且假设计算机如同人类一样进行通信。如果你处在一个挤满学生、嘈杂的大教室里，你想向教师提一个问题："老师，双绞线和光纤都是传输介质，它们各有什么优缺点？"在这个例子中，你是发送方（处于一个繁忙的网络中），你指定了接收方，即老师，就像数据链路层定位网络中的另一台计算机一样。除此之外，你将你的想法格式化成一个问题，正如数据链路层将数据格式化为可被接收计算机理解的帧一样。

如果教室里很嘈杂以至于老师只听到问题的一部分，那将会怎么样呢？例如，他可能听到"双绞线的缺点"，这种错误也将会发生在网络通信中（由于电子干扰或电线问题）。数据链路层的工作及时发现丢失的信息并要求第一台计算机重发信息，正如在教室中，老师会说："对不起，请重复一遍好吗？"数据链路层通过纠错进程完成这一任务。

通常，发送方的数据链路层将等待来自接收方对数据已正确接收的应答信号。假如发送方不能获得这一应答信号，则它的数据链路层将给出指令以重发该信息。数据链路层并不试图找出在发送时出现了什么错误。

在一个嘈杂的教室或一个繁忙的网络中可能存在的另一个通信问题，即有大量通信请求。例如，在即将下课时，可能马上就有20个人问了老师20个不同的问题。当然，他不可能同时注意所有的人，他可能说"请一个一个来"，然后指定一个提问题的学生。这种情形类似于数据链路层对物理层的处置。网络上一个结点（例如服务器）可能接收多个请求，每个请求包含多个数据帧。数据链路层控制信息流量，以允许网络接口卡正确处理数据。

数据链路层的功能独立于网络和它的结点所采用的物理层类型，它也不关心是否正在运行 Word、Excel 或使用 Internet。

3）网络层

网络层，即 OSI 模型的第三层，其主要功能是将网络地址翻译成对应的物理地址，并决定如何将数据从发送方路由到接收方。例如，一个计算机有一个网络地址 192.168.10.12（若它使用的是 TCP/IP）和一个物理地址 0060973E97F3。以教室为例，这种编址方案就好像说"张老师"和"身份证号是 120102560418092 的中国公民"是一个人一样。即使在中国还有其他许多教师也叫"张老师"，但只有一人其身份证号是 120102560418092。在你的教室范围内，只有一个张老师，因此当叫"张老师"时，回答的人一定不会弄错。

网络层通过综合考虑发送优先权、网络拥塞程度、服务质量以及可选路由的花费来决定从一个网络中结点 A 到另一个网络中结点 B 的最佳路径。在网络中，"路由"是基于编址方案、使用模式以及可达性来指引数据的发送。网络层协议还能补偿数据发送、传输以及接收设备能力的不平衡性。为完成这一任务，网络层对数据包进行分段和重组。分段即是指当数据从一个能处理较大数据单元的网络段传送到仅能处理较小数据单元的网络段时，网络层减小数据单元大小的过程。这个过程就如同将单词分割成若干可识别的音节给正学习阅读的儿童使用一样。重组过程即是重新构成被分段的数据单元。类似地，当一个孩子理解了分开的音节时，他会将所有音节组成一个单词，也就是将部分重组成一个整体。

4）传输层

传输层主要负责确保数据可靠、顺序、无错地从 A 点传输到 B 点（A、B 点可能在也可能不在相同的网络段上）。因为如果没有传输层，数据将不能被接收方验证或解释，所以，传输层常被认为是 OSI 模型中最重要的一层。传输协议同时进行流量控制或是基于接收方可接收数据的快慢程度规定适当的发送速率。

除此之外，传输层按照网络能处理的最大尺寸将较长的数据包进行强制分割。例如，以太网（一种广泛应用的局域网类型）无法接收大于 1500B 的数据包。发送方结点的传输层将数据分割成较小的数据片，同时对每一数据片安排一序列号，以便数据到达接收方结点的传输层时，能以正确的顺序重组。该过程即被称为排序。

我们再以教室为例来理解排序的过程。假设你提问题，"老师，双绞线和光纤都是传输介质，它们各有什么优缺点？"但是，老师接收到的信息则是"光纤都是传输介质，优缺点，老师，它们各有什么，双绞线和"。显然数据片的排序错误，会在很大程度上影响网络通信。在网络中，传输层发送一个 ACK（应答）信号以通知发送方数据已被正确接收。如果数据有错，传输层将请求发送方重新发送数据。同样，假如数据在一给定时间段未被应答，发送方的传输层也将认为发生了数据丢失从而重新发送这些数据。

5）会话层

会话层负责在网络中的两结点之间建立和维持通信。术语"会话"指在两个实体之间建立数据交换的连接，常用于表示终端与主机之间的通信。所谓终端是指几乎不具有自己的处理能力或硬盘容量，而只依靠主机提供应用程序和数据处理服务的一种设备。会话层的功能包括：建立通信链接，保持会话过程通信链接的畅通，同步两个结点之间的对话，决定通信是否被中断以及通信中断时决定从何处重新发送。会话层通过决定结点通信的优先级和通信时间的长短来设置通信期限。就此而论，会话层如同一场辩论竞赛中的评判员。例如，如果你是一个辩论队的成员，有 2min 的时间阐述公开的观点，在 90s 后，评判员将通知你还剩下 30s。假如你试图打断对方辩论成员的发言时，评判员将要求你等待，直到轮到你为止。最后，会话层监测会话参与者的身份以确保只有授权结点才可加入会话。

6）表示层

表示层如同应用程序和网络之间的翻译，在表示层，数据将按照网络能理解的方案进行格式转化，这种格式转化的结果也因所使用网络的类型不同而不同。表示层管理数据的解密与加密，如系统口令的处理。如果在 Internet 上查询你的银行账户，使用的即是一种安全连接。你的账户数据在发送前被加密，在网络的另一端，表示层将对接收到的数据解密。除此之外，表示层协议还对图片和文件格式信息进行解码和编码。

7）应用层

应用层负责对软件提供接口以使程序能享用网络服务。术语"应用层"并不是指运行在网络上的某个特别应用程序，如 Microsoft Word 应用层提供的服务包括文件传输、文件管理以及电子邮件的信息处理。例如，如果在网络上运行 Microsoft Word，并选择打开一个文件，你的请求将由应用层传输到网络。

在 OSI/RM 中,各层的数据单位使用了各自的名称:物理层传送的是"比特流",即 0、1 代码串,数据单位为比特;数据链路层的数据单位为帧;网络层的数据单位为分组;运输层、会话层、表示层和应用层的数据单位为报文。

从发送方而言,数据从上层流动到下层。一个"报文"可能被分割成多个小的数据片段,每个数据片段加上相应的协议控制信息,即报头,而封装形成"分组",每个分组加上必要的协议控制信息而形成"帧"。这就是"封装"的过程。在接收方,则正好是一个反向的过程,即逐层剥去协议控制信息,并进行重新组装,以还原数据。从这里,也可以看出报文、分组、帧之间的关系。

4.3.3 TCP/IP 参考模型

OSI/RM 的网络体系结构与协议没有能发展成为一种国际标准。在现实的网络世界中,由于 Internet 在全世界的飞速发展,Internet 上采用的 TCP/IP 已经成为事实上的标准,TCP/IP 的广泛应用对网络技术发展产生了重要的影响。

TCP/IP 起源于 ARPANET。ARPANET 是美国国防部于 1969 年赞助研究的世界上第一个采用分组交换技术的计算机网络。该网络使用点到点的租用线路,逐步地将数百所大学、政府部门的计算机连接起来,这也就是 Internet 的前身。随着卫星通信系统与通信网的发展,从 1982 年开始,ARPANET 上采用了一簇以 TCP 和 IP 为主的新的网络协议,不久,又由此定义了 TCP/IP 参考模型(TCP/IP Reference Model)。

TCP/IP 参考模型包括 4 个层次,从上往下依次为:应用层、传输层、互连层、主机-网络层。为了便于理解模型中各层的含义,图 4-20 给出了 TCP/IP 参考模型与 OSI 参考模型的层次对应关系。

在 TCP/IP 参考模型中,没有专门设计对应于 OSI/RM 表示层、会话层的分层。各层的功能简述如下。

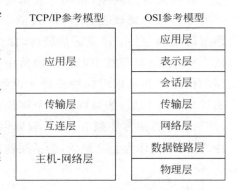

图 4-20　TCP/IP 参考模型和 OSI 参考模型

(1) 应用层:对应于 OSI/RM 模型中的会话层、表示层和应用层。它不仅包括 OSI/RM 会话层以上三层的所有功能,还包括应用程序,所以 TCP/IP 模型比 OSI/RM 更简洁和更实用。它能为用户提供若干应用程序调用。

(2) 传输层:对应于 OSI/RM 的传输层。它实现端-端(进程-进程)无差错通信。由于该层中使用的主要协议是 TCP,因此又称为 TCP 层。

(3) 互连层:对应于 OSI/RM 的网络层。负责对独立传送的数据分组进行路由选择,以保证可以发送到目的主机。由于该层中使用的是 IP 协议,因此又称为 IP 层。

(4) 主机-网络层:对应于 OSI/RM 的物理层、数据链路层及一部分的网络层功能。负责将数据送到指定的网络上。主机-网络层直接面向各种不同的通信子网。目前常用的以太网、令牌环网等局域网和 X.25 分组交换网等广域网都可以通过本层接口接入。

4.4　局域网

4.4.1　局域网概述

局域网(Local Area Network ,LAN)是指那些覆盖一个有限的地理范围,如一个办公室、一幢大楼或几幢大楼之间的地域范围的计算机网络系统,适用于机关、学校、公司、工厂等单位。从硬件角度看,一个局域网是由计算机、网络适配器、传输媒体以及其他连接设备组成的集合体;从软件角度看,LAN 在网络操作系统的同意调度下给网络用户提供文件、打印、通信等软硬件资源共享服务功能。局域网是结构复杂程度最低的计算机网络,也是目前应用最广泛的一类网络。

局域网的出现,使计算机网络的威力获得更充分的发挥,在很短的时间内计算机网络就深入到各个领域。因此,局域网技术是目前非常活跃的技术领域,各种局域网层出不穷,并得到广泛应用,极大地推进了信息化社会的发展。

4.4.2　以太网

1. IEEE 802.3 标准系列

以太网是最常用的局域网。它是美国施乐(Xerox)公司的 PaloAlto 研究中心(简称PARC)于 1975 年研制成功的。开始以无源的电缆作为总线来传递数据帧,并以曾经在历史上表示传播电磁波的以太(Ether)来命名。此后美国的 DEC、Intel 和 Xerox 三家公司联合于 1980 年公布了 Ethernet 技术规范(V1.0 版),并共同研究生产和销售 Ethernet 产品,提供相关服务。1982 年又公布了 V2.0 版,此规范后来被 IEEE 802 接受,成为 IEEE 802.3标准的基础。根据以太网使用的不同的传输介质又发展为多种物理层标准,形成了一个IEEE 802.3 标准系列,如图 4-21 所示。

图 4-21　IEEE 802.3 以太网标准系列

从图 4-21 中可以看出,各种类型的以太网,其介质访问控制层(MAC)是相同的,不同之处表现在物理层,包括拓扑结构和传输介质的不同。学习局域网,首先要了解局域网的介质访问控制(MAC)方法和相应的物理层标准。对于以太网而言,要了解 CSMA/CD 机制和以太网定义的物理层标准。

2. IEEE 802.3 标准的介质访问控制方法

目前,局域网中应用最多的是基带总线局域网——以太网(Ethernet)。在以太网中没有集中控制的结点,任何结点都可以不事先预约而发送数据。结点以"广播"方式把数据发送到公共传输介质——总线上,网中所有结点都能"收听"到发送结点发送的数据信号。在这种机制下,"冲突"是不可避免的,必须有一种介质访问控制方法来进行控制,这种方法就是载波监听多路访问/冲突检测（Carrier Sense Multiple Access with Collision Detection,CSMA/CD）,它是一种随机争用型介质访问控制方法。

CSMA/CD 是以太网的核心技术。其控制机制可以形象地描述为：先听后发,边听边发,冲突停止,延迟重发。具体的方法是：总线型局域网中,任一结点在发送数据前,首先要监听总线是忙或闲状态。如果总线是忙状态,表示总线上已有数据在传输,此时不能发送;如总线空闲,则可以发送。尽管实行了发送数据前的"监听"操作,但也存在几乎相同的时刻,有两个或两个以上结点发送数据的情况,并由此而引发冲突,因此结点必须一边发送数据,一边进行冲突检测。一旦在发送数据过程中检测到有冲突发生,结点应立即停止发送数据。本次传输无效,随机延迟后重新开始发送。

CSMA/CD 介质访问控制方法可以有效地控制多结点对共享总线传输介质的访问,方法简单,易于实现。在网络通信负荷较低时表现出较好的吞吐率与延迟特性。但是,当网络通信负荷增大时,由于冲突增多,网络吞吐率下降、传输延迟增加,解决的方法是扩展带宽和采用交换技术。

所有以太网的 MAC 层是相同的,即采用相同的介质访问控制方法,但从图 4-21 可以看出,物理层具有多种不同的标准。IEEE 802.3 标准在物理层为多种传输介质确定了相应的物理层标准,据此也就组成了多种不同类型的以太网。

3. 10Base-T 以太网

双绞线以太网,其中的 T 表示双绞线星状网,采用 3 类或 5 类非屏蔽双绞线 UTP,双绞线最大长度 100m,两端使用 RJ-45 接口。由于非屏蔽双绞线构建的以太网,结构简单,造价低廉,维护方便,因而应用广泛。采用非屏蔽双绞线组建 10Base-T 标准以太网时,集线器（Hub）是以太网的中心连接设备,其结构如图 4-22 所示。

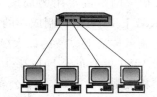

图 4-22　10Base-T 以太网物理
上的星状结构

4. 100Base-T 以太网

100Base-T 以太网是保持 10Base-T 局域网的体系结构与介质控制方法不变,设法提高局域网的传输速率。它对于目前已大量存在的以太网来说,可以保护现有的投资,用户只需要将 10Mb/s 的网卡和集线器更换为 100Mb/s 的网卡和集线器（或交换机）即可,因而获得广泛应用。快速以太网的数据传输速率为 100Mb/s,保留着 10Base-T 的所有特征,但采用了若干新技术,如减少每比特的发送时间,缩短传输距离,新的编码方法等。IEEE 802 委员会为快速以太网建立了 IEEE 802.3u 标准,包括：100Base-TX（采用 5 类非屏蔽双绞线）、100Base-T4（采用 3 类非屏蔽双绞线）、100Base-FX（采用光缆）。

5. 千兆位以太网

千兆位以太网在数据仓库、电视会议、3D 图形与高清晰度图像处理方面有着广泛的应用前景。千兆位以太网的传输速率比快速以太网提高了 10 倍,数据传输速率达到

1000Mb/s,但仍保留着 10Base-T 以太网的所有特征。IEEE 802 委员会为千兆位以太网建立了 IEEE 802.3z 标准,包括:1000Base-T(采用 5 类非屏蔽双绞线)、1000Base-CX(采用屏蔽双绞线)、1000Base-LX(采用单模或多模光纤)、1000Base-SX(采用多模光纤)。

4.4.3　无线局域网

随着便携式计算机等可移动网络结点的应用越来越广泛,传统的固定连线方式的局域网已不能方便地为用户提供网络服务,而无线局域网因其可实现移动数据交换,成为近年来局域网一个崭新的应用领域。

IEEE 802.11 为无线局域网标准,该标准的介质访问控制方法不使用载波监听多路访问/冲突检测(CSMA/CD),而是使用载波监听多路访问/冲突避免(CSMA/CA)方法。无线局域网中采用的传输介质有两种:无线电波和红外线,其中,无线电波按国家规定使用某些特定频段,如我国一般使用 $2.4\sim2.4835\mathrm{GHz}$ 的频率范围。

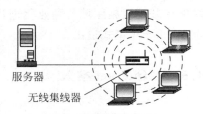

无线局域网可以有多种拓扑结构形式。图 4-23 表示了一种常用的无线集线器接入型的拓扑结构。

图 4-23　无线集线器接入型的无线局域网拓扑结构

4.5　Internet 基础

4.5.1　Internet 发展和结构

从某种意义上,Internet 可以说是美苏冷战的产物。当时,美国国防部为了保证美国本土防卫力量和海外防御武装在受到苏联第一次核打击以后仍然具有一定的生存和反击能力,认为有必要设计出一种分散的指挥系统:它由一个个分散的指挥点组成,当部分指挥点被摧毁后,其他点仍能正常工作,并且这些点之间,能够绕过那些已被摧毁的指挥点而继续保持联系。为了对这一构思进行验证,1969 年,美国国防部国防高级研究计划署(DoD/DARPA)资助建立了一个名为 ARPANET(即"阿帕网")的网络。这个网络把位于洛杉矶的加利福尼亚大学,位于圣芭芭拉的加利福尼亚大学、斯坦福大学,以及位于盐湖城的犹他州州立大学的计算机主机连接起来,位于各个结点的大型计算机采用分组交换技术,通过专门的通信交换机(IMP)和专门的通信线路相互连接。这个阿帕网就是 Internet 最早的雏形。

到 1972 年时,ARPANET 上的网点数已经达到 40 个,这 40 个网点彼此之间可以发送小文本文件(当时称这种文件为电子邮件,也就是现在的 E-mail)和利用文件传输协议发送大文本文件,包括数据文件(即现在 Internet 中的 FTP),同时也发现了通过把一台计算机模拟成另一台远程计算机的一个终端而使用远程计算机上的资源的方法,这种方法被称为 Telnet。由此可看到,E-mail,FTP 和 Telnet 是 Internet 上较早出现的重要工具,特别是 E-mail 仍然是目前 Internet 上最主要的应用。

ARPANET 的建立虽然是出于军事上的目的，但在和平时期，这一网络却极大地方便了各部门的研究人员在该网络上进行信息及技术数据交流。20 世纪 80 年代中期，美国国家科学基金会（National Science Fundation）又建立了一个更加庞大的网络架构 NSFnet。1989 年，从 APRPANT 分离出来的 MILNET 实现了和 NSFnet 的互联后，就开始采用 Internet 这个名称。1990 年，APRPANET 中止了与非军事有关的营运活动，随即 NSFnet 便成为国际互联网初期的主干网。由于是政府出资，NSFnet 只对大学院校及公共研究机构免费开放，而且限制在该主干网传输与商业活动有关的数据信息。然而许多大企业都对网络潜藏的巨大商业机会表示了极大的关注，并且出现了一些由企业自主兴建的主干网络。到了 1992 年，由于网络技术已日趋成熟，NSF 为了推进国际互联网的商业化进程，宣布几年后将停止营运 NSFnet，并开始积极鼓励和资助各类商业实体建立主干网。从此，国际互联网在基础设施领域的商业化进程进入了快速发展时期，并逐步过渡为商业网络，NSFnet 也于 1995 年正式退出。

4.5.2　Internet 接入

1. 因特网服务提供者

因特网服务提供者（Internet Service Provider，ISP）能为用户提供因特网接入服务，它是用户接入因特网的入口点。另一方面，ISP 还能为用户提供多种信息服务，如电子邮件服务、信息发布代理服务等。

ISP 和因特网相连，它位于因特网的边缘，用户借助 ISP 便可以接入因特网。目前，各个国家和地区都有自己的 ISP。我国的 4 大互联网运营机构 ChinaNET、CERNET、CSTNET、GBNET 在全国的大中型城市都设立了 ISP。例如，ChinaNET 的"163"服务，CERNET 对各大专院校及科研单位的服务等。除此之外，还有许多由 4 大互联网延伸出来的 ISP。

从用户角度来看，只要在 ISP 成功申请到账号，便可成为合法的用户而使用因特网资源。用户的计算机必须通过某种通信线路连接到 ISP，再借助于 ISP 接入因特网。用户计算机通过 ISP 接入因特网的示意图如图 4-24 所示。

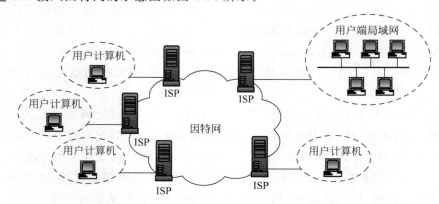

图 4-24　用户计算机通过 ISP 接入因特网的示意图

用户计算机和 ISP 的通信线路可以是电话线、高速数据通信线路、本地局域网等。下面就目前常用的接入技术加以简单介绍。

2. Internet 接入技术

1）使用调制解调器接入

使用调制解调器接入是通过电话网络接入因特网。这种方式下用户计算机通过调制解调器和电话网相连。调制解调器负责将主机输出的数字信号转换成模拟信号，以适应于电话线路传输；同时，也负责将从电话线路上接收的模拟信号，转换成主机可以处理的数字信号。常用的调制解调器的速率不超过 56Kb/s。

该接入方式的特点是使用方便，只需有效的电话线及自带调制解调器（Modem）的 PC 就可完成接入。用户通过拨号和 ISP 主机建立连接后，就可以访问因特网上的资源。

2）XDSL 接入

DSL 是数字用户线（Digital Subscriber Line）的英文缩写。xDSL 技术是基于铜缆的数字用户线路接入技术。字母 x 表示 DSL 的前缀可以是多种不同的字母。xDSL 利用电话网或 CATV 的用户环路。经 xDSL 技术调制的数据信号叠加在原有话音或视频线路上传送，由电信局和用户端的分离器进行合成和分解。

ASDL（Asymmetric Digital Subscriber Line，非对称数字用户线）是 20 世纪末开始出现的宽带接入技术，目前已得到广泛应用。ADSL 可直接利用现有的电话线路，通过 ADSL Modem 后进行数字信息传输。理论速率可达到 8Mb/s 的下行和 1Mb/s 的上行，传输距离可达 4～5km。ADSL2＋速率可达 24Mb/s 下行和 1Mb/s 上行。另外，最新的 VDSL2 技术可以达到上下行各 100Mb/s 的速率。特点是速率稳定、带宽独享、语音数据不干扰等。适用于家庭、个人等用户的大多数网络应用需求，满足一些宽带业务包括 IPTV、视频点播（VOD）、远程教学、可视电话、多媒体检索、LAN 互联、Internet 接入等。

3）DDN、X.25、帧中继等专线方式接入

许多种类的公共通信线路如 DDN、X.25、帧中继等都支持 Internet 的接入，这些专线连接方式通信效率高、误码率低，但价格也相对昂贵，比较适合公司、机构单位使用。用这种连接方式时，用户需要向电信部门申请一条 DDN 数字专线，并安装支持 TCP/IP 的路由器和数字调制解调器。

4）ISDN 接入

ISDN（Integrated Service Digital Network，综合业务数字网），俗称"一线通"。它采用数字传输和数字交换技术，将电话、传真、数据、图像等多种业务综合在一个统一的数字网络中进行传输和处理。用户利用一条 ISDN 用户线路，可以在上网的同时拨打电话、收发传真，就像两条电话线一样。ISDN 基本速率接口有两条 64Kb/s 的信息通路和一条 16Kb/s 的信令通路，简称 2B＋D，当有电话拨入时，它会自动释放一个 B 信道来进行电话接听。主要适合于普通家庭用户使用。缺点是速率仍然较低，无法实现一些高速率要求的网络服务；其次是费用同样较高（接入费用由电话通信费和网络使用费组成）。

5）无线接入

无线接入是一种有线接入的延伸技术，使用无线射频（RF）技术越空收发数据，减少使用电线连接，因此无线网络系统既可达到建设计算机网络系统的目的，又可让设备自由安排

和搬动。在公共开放的场所或者企业内部，无线网络一般会作为已存在有线网络的一个补充方式，装有无线网卡的计算机通过无线手段方便接入互联网。

6）光纤宽带接入

通过光纤接入到小区结点或楼道，再由网线连接到各个共享点上（一般不超过100m），提供一定区域的高速互联接入。特点是速率高，抗干扰能力强，适用于家庭、个人或各类企事业团体，可以实现各类高速率的互联网应用（视频服务、高速数据传输、远程交互等），缺点是一次性布线成本较高。

7）HFC

HFC是一种基于有线电视网络铜线资源的接入方式，具有专线上网的连接特点，允许用户通过有线电视网实现高速接入互联网，适用于拥有有线电视网的家庭、个人或中小团体。特点是速率较高，接入方式方便（通过有线电缆传输数据，不需要布线），可实现各类视频服务、高速下载等。缺点在于基于有线电视网络的架构是属于网络资源分享型的，当用户激增时，速率就会下降且不稳定，扩展性不够。

8）无源光网络

PON（无源光网络）技术是一种点对多点的光纤传输和接入技术，局端到用户端最大距离为20km，接入系统总的传输容量为上行和下行各155Mb/s、622Mb/s、1Gb/s，由各用户共享，每个用户使用的带宽可以以64kb/s步进划分。特点是接入速率高，可以实现各类高速率的互联网应用（视频服务、高速数据传输、远程交互等），缺点是一次性投入较大。

9）电力网接入

电力线通信（Power Line Communication，PLC）技术，是指利用电力线传输数据和媒体信号的一种通信方式，也称电力线载波（Power Line Carrier）。把载有信息的高频加载于电流，然后用电线传输到接收信息的适配器，再把高频从电流中分离出来并传送到计算机或电话。PLC属于电力通信网，包括PLC和利用电缆管道和电杆铺设的光纤通信网等。电力通信网的内部应用，包括电网监控与调度、远程抄表等。面向家庭上网的PLC，俗称电力宽带，属于低压配电网通信。

4.5.3 IP地址

Internet网络采用TCP/IP。所有连入Internet的计算机必须拥有一个网内唯一的地址，以便相互识别，就像每台电话机必须有一个唯一的电话号码一样。Internet上计算机拥有的这个唯一地址称为IP地址。

1. IP地址结构

Internet目前使用的IP地址采用IPv4结构，使用32位地址。层次上采用按逻辑网络结构划分。一个IP地址划分为两部分：网络地址和主机地址。网络地址标识一个逻辑网络，主机地址标识该网络中一台主机。

IP地址由Internet网络信息中心NIC统一分配。NIC负责分配最高级IP地址，并给下一级网络中心授权在其自治系统中再次分配IP地址。在国内，用户可向电信公司、ISP或单位局域网管理部门申请IP地址，这个IP地址在Internet网络中是唯一的。如果是使用 TCP/IP 构成局域网,可自行分配 IP 地址,该地址在局域网内是唯一的,但对外通信时需经过代理服务器。

需要指出的是,IP 地址不仅是标识主机,还标识主机和网络的连接。TCP/IP 中,同一物理网络中的主机接口具有相同的网络号,因此当主机移动到另一个网络时,它的 IP 地址需要改变。

IP 协议为每一个网络接口分配一个 IP 地址。如果一台主机有多个网络接口,则要为其中的每个接口都分配一个 IP 地址。但同一主机上的多个接口的 IP 地址没有必然的联系。路由器往往连接多个网络,对应于每个所连的网络都分配一个 IP 地址,所以路由器也有多个 IP 地址。

2. IP 地址分类

IPv4 结构的 IP 地址长度为 4B(32b),根据网络地址和主机地址的不同划分,将 IP 地址划分为 A、B、C、D、E 5 类,A、B、C 是基本类,D、E 类作为多播和保留使用,如图 4-25 所示。

A 类地址:A 类 IP 地址由 1 个字节的网络号和 3 个字节的主机号组成,网络号的最高位必须是"0"。7 位网络地址表示 A 类网络中最多可拥有 2^7-2 个网络,注意网络号不能设置为 0 和 127,因为该网络号被保留作特殊功能;24 位主机地址表示每个 A 类网络中最多可容纳 $2^{24}-2$ 台主机(主机号不能全为 0 和全为 1)。由于其网络地址所占位数少,而主机地址占位多,所以它适用于拥有大量主机的大型网。

图 4-25　IP 地址的分类

B 类地址:B 类 IP 地址由两个字节的网络号和两个字节的主机号组成,并且网络号的最高两位必须是"10"。14 位网络地址表示 B 类网络中可用的 B 类网络号有 2^{14} 个,而 16 位主机地址表示每个 B 类网络中最多可容纳 $2^{16}-2$ 台主机,适合于中型网络。

C 类地址:C 类 IP 地址由 3 个字节的网络号和 1 个字节的主机号组成,并且网络号的最高三位必须是 110,因此 C 类网络中最多可拥有 2^{21} 个网络,而 8 位主机地址则表示每个 C 类网络中最多可容纳 2^8-2 台主机,所以它适用于小型网。

D 类地址:D 类 IP 地址的最高 4 位以"1110"开始,它是一个专门保留的地址,用于多路传送,是一种比广播地址稍弱的形式,支持多路传送技术。

E 类地址:E 类地址以"11110"开始,用于将来的扩展之用。

IP 地址的 32 位通常写成 4 个十进制的整数，每个整数对应一个字节。这种表示方法称为"点分十进制表示法"。例如，一个 IP 地址可表示为 202.116.12.11。

根据点分十进制表示方法和各类地址的标识，可以分析出 IP 地址的第 1 个字节，即头 8 位的取值范围：A 类为 0～127，B 类为 128～191，C 类为 192～223。因此，从一个 IP 地址直接判断它属于哪类地址的最简单方法是，判断它的第一个十进制整数所在范围。下边列出了各类地址的起止范围：

A 类：1.0.0.0～126.255.255.255（0 和 127 保留作为特殊用途）

B 类：128.0.0.0～191.255.255.255

C 类：192.0.0.0～223.255.255.255

D 类：224.0.0.0～239.255.255.255

E 类：240.0.0.0～247.255.255.255

3. 特殊 IP 地址

1）网络地址

当一个 IP 地址的主机地址部分为 0 时，它表示一个网络地址。例如，202.115.12.0 表示一个 C 类网络。

2）广播地址

当一个 IP 地址的主机地址部分为 1 时，它表示一个广播地址。例如，145.55.255.255 表示一个 B 类网络"145.55"中的全部主机。广播地址的给定代表同时向网络中的所有主机发送消息。广播地址本身，根据广播的范围不同，又可细分为直接广播地址和有限广播地址。

（1）直接广播地址：32 位 IP 地址中给定网络地址，直接对给定的网络进行广播发送。这种地址直观，但必须知道目的网络地址。

（2）有限广播地址：32 位 IP 地址均为"1"，表示向源主机所在的网络进行广播发送，即本网广播，它不需要知道网络地址。

3）"0"地址

TCP/IP 规定，32 位 IP 地址中网络地址均为"0"的地址，表示本网络。

4）私有地址

在 IP 空间中专门保留了三个区域，使用这些地址只能在网络内部进行通信，不能与其他网络互连。这些区域是：

10.0.0.0～10.255.255.255

172.16.0.0～172.31.255.255

192.168.0.0～192.168.255,255

4. 子网和子网掩码

从 IP 地址的分类可以看出，地址中的主机地址部分最少有 8 位，显然对于一个网络来说，最多可连接 254 台主机（全 0 和全 1 地址不用），这往往容易造成地址浪费。为了充分利用 IP 地址，TCP/IP 采用了子网技术。子网技术把主机地址空间划分为子网和主机两部分，使得网络被划分成更小的网络——子网。这样一来，IP 地址结构则由网络地址、子网地址和主机地址三部分组成,如图 4-26 所示。

当一个单位申请到 IP 地址以后,由本单位网络管理
人员来划分子网。子网地址在网络外部是不可见的,仅
在网络内部使用。子网地址的位数是可变的,由各单位
自行决定。为了确定哪几位表示子网,IP 协议引入了子
网掩码的概念。通过子网掩码将 IP 地址中分为两部分:网络地址、子网地址部分和主机地
址部分。

网络地址	子网地址	主机地址

图 4-26　采用子网的 IP 地址结构

子网掩码是一个与 IP 地址对应的 32 位数字,其中的若干位为 1,另外的位为 0。IP 地
址中与子网掩码为 1 的位相对应的部分是网络地址和子网地址,与为 0 的位相对应的部分
则是主机地址。

对于 A 类地址,对应的子网掩码默认值为 255.0.0.0,B 类地址对应的子网掩码默认值
为 255.255.0.0,C 类地址对应子网掩码默认值为 255.255.255.0。

将 IP 地址和相应的子网掩码相与,就得到网络地址和子网地址,而把地址和子网掩码
的反码进行与运算,得到主机地址。例如,已知一个 IP 地址为 131.65.12.86,相对应的子网
掩码为 255.255.255.224。显然,这是一个 B 类地址,其网络地址为 131.65,子网地址和主机地
址一起构成 12.86。将子网掩码写成二进制数为 11111111.11111111.11111111.11100000,可
知第 3 字节前 8 位和第 4 字节前 3 位,共计 11 位为 1,表示它是子网部分。IP 地址中的
12.86 写成二进制数,取其前 11 位表示子网地址$(00001100010)_2$,后 5 位表示主机地址
$(10110)_2$,如图 4-27 所示。

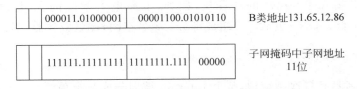

图 4-27　利用子网掩码划分子网示例

建立子网掩码时,首先确定需要创建的子网个数,即网段数,再据此确定需要从地址空
间中截取多少位作为子网地址。截取两位,考虑到避免全 0 和全 1 的组合,可划分两个网
段;截取三位,可划分 6 个网段。例如,对于一个 C 类网络,如果需要将其划分成 5 个网段,
则需要截取 IP 地址中第 4 个字节的前三位作为子网地址,与其相对应的子网掩码为
255.255.255.244,二进制数表示为 11111111.11111111.11111111.11100000。

5. IPv4 和 IPv6

现有的互联网是在 IPv4 协议的基础上运行。IPv6 是下一版本的互联网协议,它的提
出最初是因为随着互联网的迅速发展,IPv4 定义的有限地址空间将被耗尽,地址空间的不
足必将影响互联网的进一步发展。为了扩大地址空间,拟通过 IPv6 重新定义地址空间。
IPv4 采用 32 位地址长度,只有大约 43 亿个地址,而 IPv6 采用 128 位地址长度,几乎可以不
受限制地提供地址。按保守方法估算 IPv6 实际可分配的地址,整个地球每平方米面积上可
分配一千多个地址。

IPv6 与 IPv4 相比,IPv6 具有如下优点。

（1）更大的地址空间。

IPv4 中规定 IP 地址长度为 32，即有 $2^{32}-1$ 个地址；而 IPv6 中 IP 地址的长度为 128，即有 $2^{128}-1$ 个地址。

（2）更小的路由表。

IPv6 的地址分配一开始就遵循聚类（Aggregation）的原则，这使得路由器能在路由表中用一条记录（Entry）表示一片子网，大大减小了路由器中路由表的长度，提高了路由器转发数据包的速度。

（3）增强的组播（Multicast）支持以及对流的支持（Flow-control）。

这使得网络上的多媒体应用有了长足发展的机会，为服务质量（QoS）控制提供了良好的网络平台。

（4）加入了对自动配置（Auto-configuration）的支持。

这是对 DHCP 的改进和扩展，使得网络（尤其是局域网）的管理更加方便和快捷，具有更高的安全性，IPv6 网络中的用户可以对网络层的数据进行加密并对 IP 报文进行校验，这极大地增强了网络安全。

4.5.4 域名

采用数字表示的 IP 地址不便于记忆，也不能反映主机的相关信息，从 1985 年起，Internet 在 IP 地址的基础上开始向用户提供域名系统（Domain Name System，DNS）服务，即用名字来标识接入 Internet 的计算机，例如，上海电力学院的 Web 服务器的域名是 www.shiep.edu.cn。DNS 包括三个组成部分：域名空间，域名服务器，解析程序。

1. 域名的层次结构

Internet 域名具有层次型结构，整个 Internet 被划分成几个顶级域，每个顶级域规定了一个通用的顶级域名。顶级域名分为两大类：一般的和国家的。一般的域分配如表 4-1 所示。国家的顶级域名采用两个字母缩写形式来表示一个国家或地区。例如，cn 代表中国，us 代表美国，jp 代表日本，uk 代表英国，ca 代表加拿大等。

表 4-1　Internet 顶级域名组织模式分配

顶级域名	com	edu	gov	int	mil	net	org
分配情况	商业组织	教育机构	政府部门	国际组织	军事部门	网络支持中心	各种非营利性组织

Internet 网络信息中心 NIC 将顶级域名的管理授权给指定的管理机构，由各管理机构再为其子域分配二级域名，并将二级域名管理授权给下一级管理机构，以此类推，构成一个域名的层次结构。由于管理机构是逐级授权的，因此各级域名最终都得到网络信息中心 NIC 的承认。

Internet 中主机域名也采用一种层次结构，从右至左依次为顶级域名、二级域名、三级域名等，各级域名之间用点"."隔开。每一级域名由英文字母、符号和数字构成。总长度不能超过 254 个字符。主机域名的一般格式为：

….四级域名.三级域名.二级域名.顶级域名

如上海电力学院的 WWW 网站域名为 www. shiep. edu. cn，其中，cn 代表中国（China），edu 代表教育（Education），shiep 代表上海电力学院（Shanghai University of Electric and Power），www 代表提供 WWW 信息查询服务。

域名遵循组织界限而不是物理网络。例如，计算机系和通信工程系在同一幢楼，并且共用同一个 LAN，但它们可以有不同的域名；同样地，如果计算机系被分配在两幢不同的楼中，两幢楼中的主机可以都属于同一个域。

2. 我国的域名结构

我国的顶级域名.cn 由中国互联网信息中心 CNNIC 负责管理。顶级域 cn 按照组织模式和地理模式被划分为多个二级域名。对应于组织模式的包括 ac、com、edu、gov、net、org，对应于地理模式的是行政区代码。表 4-2 列举了我国二级域名中对应于组织模式的分配情况。

表 4-2　我国二级域名对应于组织模式的分配

二级域名	ac	com	edu	gov	net	org
组织模式	科研机构	商业组织	教育机构	政府部门	网络支持中心	各种非营利性组织

中国互联网信息中心 CNNIC 将二级域名的管理权授予下一级的管理部门进行管理。例如，将二级域名 edu 的管理授权给 CERNET 网络中心。CERNET 网络中心又将 edu 域划分成多个三级域，各大学和教育机构均注册为三级域名，按学校管理需要可以再分成多个四级域，并对四级域名进行分配。

3. 域名解析和域名服务器

域名相对于主机的 IP 地址来说，更方便于用户记忆，但在数据传输时，Internet 上的网络互联设备却只能识别 IP 地址，不能识别域名，因此，当用户输入域名时，系统必须要能够根据主机域名找到与其相对应的 IP 地址，即将主机域名映射成 IP 地址，这个过程称为域名解析。

为了实现域名解析，需要借助于一组既独立又协作的域名服务器（DNS）。域名服务器是一个安装有域名解析处理软件的主机，在 Internet 中拥有自己的 IP 地址。

Internet 中存在着大量的域名服务器，每台域名服务器中都设置了一个数据库，其中保存着它所负责区域内的主机域名和主机 IP 地址的对照表。由于域名结构是有层次性的，域名服务器也构成一定的层次结构，如图 4-28 所示。

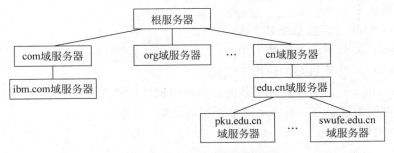

图 4-28　域名服务器的层次结构

当某个应用进程需要通过域名访问目的主机时，由于网络层只能识别 IP 地址，因此它必须首先将目的主机的域名转换为对应的 IP 地址。于是应用进程首先将待转换的域名放在 DNS 请求报文中，发给本地域名服务器。域名服务器在自己存储的映射表中查找，如果没有找到，则将该 DNS 请求报文转发给某一个顶级域名服务器，顶级域名服务器根据待查找的域名把请求转发给相应的子域域名服务器，如此重复直至某一级域名服务器找到对应的 IP 地址后，将其封装在 DNS 报文中，最终到达发出请求的应用进程，然后应用进程就可以用 IP 地址和目的主机进行通信了。

习题

一、选择题

1. 以二进制数字通信系统为例，码元的状态只有"0"和"1"两种，例如，每秒传输 4800 个码元，则该系统传输速率为_____。
   A. 2400b/s   B. 4800b/s   C. 6000b/s   D. 9600b/s

2. 码元速率的单位是_____。
   A. 波特/秒   B. 比特   C. 波特   D. 比特/秒

3. _____是指错误接收的信息量在传送信息总量中所占的比例。
   A. 比特率   B. 误信率   C. 传码率   D. 误码率

4. 电话系统的带宽是_____。
   A. 3kHz   B. 8kHz   C. 4kHz   D. 1kHz

5. 下面说法正确的是_____。
   A. 光纤传输频带极宽，通信容量很大
   B. 由于光纤的芯径很细，所以无中继传输距离短
   C. 为了提高通信容量，应加大光纤的尺寸
   D. 光纤尺寸很小，所以通信容量不大

6. 为进行网络中的数据交换而建立的_____叫作网络协议。
   A. ISO 标准   B. 规则、标准或约定
   C. 一般规则   D. 合约

7. 提供可靠传输的运输层协议是_____。
   A. TCP   B. IP   C. UDP   D. PPP

8. 下列说法中正确的是_____。
   A. Internet 计算机必须是个人计算机
   B. Internet 计算机必须是工作站
   C. Internet 计算机必须使用 TCP/IP
   D. Internet 计算机在相互通信时必须运行同样的操作系统

9. 哪一种网络设备是 Internet 的主要互连设备？_____
   A. 以太网交换机   B. 集线器   C. 路由器   D. 调制解调器

10. 以下关于 Internet 的知识不正确的是_____。

    A. 起源于美国军方的网络   B. 可以进行网上购物

    C. 可以共享资源   D. 消除了安全隐患

11. 下面不属于局域网网络拓扑的是_____。

    A. 总线型   B. 星状   C. 环状   D. 复杂型

12. IPv4 地址的二进制位数为_____位。

    A. 32   B. 64   C. 128   D. 16

13. TCP/IP 参考模型是一个用于描述_____的网络模型。

    A. 互联网体系结构   B. 局域网体系结构

    C. 城域网体系结构   D. 广域网体系结构

14. 以下域名的表示中,错误的是_____。

    A. shizi. shcic. edu. cn   B. online. sh. cn

    C. xyz. weibei. edu. cn   D. sh163,net,cn

15. 如果一台主机的 IP 地址为 10.10.10.10,那么这台主机的地址属于_____地址。

    A. A 类   B. B 类   C. C 类   D. D 类

16. 下面_____不是正确的 IP 地址。

    A. 192.168.0.1   B. 172.0.10.3   C. 200.10.12.12   D. 180.256.1.1

17. 网络中的计算机本身是可以进行_____工作的。

    A. 独立   B. 并行   C. 串行   D. 相互制约

18. 在域名系统中,org 通常表示_____。

    A. 政府机构   B. 商业机构

    C. 教育机构   D. 各种非营利性组织

19. 关于 IP 地址分配需要注意的问题,下面对 IP 地址分配描述中不正确的是_____。

    A. IP 地址不能全为 1

    B. IP 地址不能全为 0

    C. IP 地址不能以 127 开头

    D. 网络上的每台主机必须有不同的 IP 地址

20. Internet 的前身(雏形)是_____。

    A. Ethernet   B. MILNET   C. ARPANET   D. 环网

二、简答题

1. 计算机网络的发展经历了哪几个阶段?各阶段各有什么样的特点?

2. 计算机网络是怎样分类的?什么是局域网?什么是广域网?

3. 请列举出常用的几种传输介质。

4. 网络通信中,为什么要使用网络协议?标准与协议的关系是什么?

5. OSI 是什么?它由哪 7 层构成?

6. 常用的局域网连接设备有哪些?

7. 请说明 10Base-5、10Base-2、10Base-T 的含义。

8. Internet 接入技术主要有哪些?对于个人用户哪一种比较合适?公司用户呢?

9. 什么是 IP 地址？IP 地址如何分类？每类最多可以容纳多少台主机？

10. 为什么要引入子网和子网掩码？将一个 C 类网络划分成 6 个子网,请分别写出各子网络地址及其掩码。

11. 简述域名的作用以及与 IP 地址的关系。

三、填空题

1. 因特网(Internet)上最基本的通信协议是_____。

2. 局域网是一种在小区域内使用的网络,其英文缩写为_____。

3. 局域网中以太网采用的通信协议是_____。

4. 局域网中常用的拓扑结构主要有星状、_____、总线型三种。

5. 在当前的网络系统中,由于网络覆盖面积的大小、技术条件和工作环境不同,通常分为广域网、_____和城域网三种。

6. 建立计算机网络的基本目的是实现数据通信和_____。

7. 与 Internet 相连的每台计算机都必须指定的唯一地址,称为_____。

8. 目前,局域网的传输介质主要有双绞线、_____和光纤。

9. 按资源共享方式划分,局域网的两种工作模式是_____和客户/服务器模式。

10. 在局域网中,为网络提供共享资源并对这些资源进行管理的计算机称为_____。

11. 数字通信系统的可靠性用_____和_____衡量。

12. 在传送 10^6 b 的数据,接收时发现 1 位出错,其误码率为_____。

第 5 章　信息安全基础

　　信息安全最初用于保护信息系统中处理和传递的秘密数据,随着操作系统、数据库技术和信息系统的广泛应用,安全概念扩充到完整性;访问控制技术变得更加重要,因此强调计算机系统安全;网络的发展使信息系统的应用范围不断扩大,必须要考虑网络安全;近年来信息安全又增加了新内容,即面向应用的内容安全。随着云计算等新的计算模式的出现,信息安全技术不断向前发展,也面临新的挑战。本章回顾信息安全的发展历史,介绍信息安全基本概念,讲述信息安全机制,信息安全体系结构,介绍计算机网络安全和典型的攻击与防御技术,最后探讨信息安全面临的新挑战。

5.1　信息安全概述

5.1.1　信息安全的发展历史

　　"信息安全"最初是指信息的保密性。在 20 世纪主机时代,人们需要保护的主要是设在专用机房内的主机以及重要数据,信息安全主要是指信息的保密性、完整性和可用性。20 世纪 80 年代以后,特别是进入 20 世纪 90 年代,随着互联网的飞速发展,信息安全的内涵也发生了巨大变化,它既面向数据、设备、网络、环境,也面向使用者,不但包含以前信息安全内涵的延续,例如面向数据的安全概念即保密性、完整性和可用性;也包含新内涵内容的提出,例如面向使用者、设备、网络、环境的安全概念即可控性、不可否认性、可靠性等。目前,信息安全已涉及攻击、防范、监测、控制、管理、评估等多方面的基础理论和实施技术,其中,密码技术和管理技术是信息安全的核心;安全标准和系统评估是信息安全的基础。可以说,现代信息安全是一个综合利用数学、物理、管理、通信和计算机等诸多学科成果的交叉学科领域,是物理安全、网络安全、数据安全、信息内容安全、信息基础设施安全与公共信息安全、国家信息安全的总和。

　　本节通过一些重要发展事件的回顾,介绍信息安全研究领域的发展,经历了通信保密、系统安全、网络安全与信息保障以及云计算安全等阶段。

1. 通信保密阶段(20 世纪 40 年代~20 世纪 70 年代)

　　信息安全最初用于保护信息系统中处理和传递的秘密数据,注重机密性,因此主要强调的是通信安全。通信保密阶段以密码学研究为主,重在数据安全层面的研究。密码学的发展历程大致经历了三个阶段:古代加密方法、古典密码和近代密码。

　　1) 古代加密方法

　　从某种意义上说,战争是科学技术进步的催化剂。人类自从有了战争,就面临着通信安全的需求，密码技术源远流长。密码的使用已有几千年的历史，埃及人是最早使用特别的象形文字作为信息编码的人。早在公元前 1 世纪，恺撒大帝就曾用过一种代换式密码——Caesar 密码。

古代加密方法大约起源于公元前 440 年，出现在古希腊战争中的隐写术。当时为了安全传送军事情报，奴隶主剃光奴隶的头发，将情报写在奴隶的光头上，待头发长后将奴隶送到另一个部落，再次剃光头发，原有的信息复现出来，从而实现这两个部落之间的秘密通信。密码学用于通信的另一个记录是斯巴达人于公元前 400 年应用 Scytale 加密工具在军官间传递秘密信息。Scytale 实际上是一个锥形指挥棒，周围环绕一张羊皮纸，将要保密的信息写在羊皮纸上。解下羊皮纸，上面的消息杂乱无章、无法理解，但将它绕在另一个同等尺寸的棒子上后，就能看到原始的消息。

由上述可见，自从有了文字以来，人们为了某种需要总是想法设法隐藏某些信息，以起到保证信息安全的目的。这些古代加密方法体现了后来发展起来的密码学的若干要素，但其只能限制在一定范围内使用。

古代加密方法主要基于手工的方式实现，因此称为密码学发展的手工阶段。

2）古典加密方法

古典密码的加密方法一般是文字置换，使用手工或机械变换的方式实现。古典密码系统已经初步体现出近代密码系统的雏形，它比古代加密方法复杂，其变化较小。古典密码的代表密码体制主要有：单表代替密码、多表代替密码及转轮密码。Caesar 密码就是一种典型的单表加密体制；多表代替密码有 Vigenere 密码、Hill 密码；著名的 Enigma 密码就是第二次世界大战中使用的转轮密码。

到了 20 世纪 20 年代，随着机械和机电技术的成熟，以及电报和无线电需求的出现，引起了密码设备方面的一场革命——发明了转轮密码机（简称转轮机，Rotor）。转轮机的出现是密码学发展的重要标志之一。几千年来，对密码算法的研究和实现主要是通过手工计算来完成的。随着转轮机的出现，传统密码学有了很大的进展，利用机械转轮可以开发出极其复杂的加密系统。1921 年以后的十几年里，Hebern 构造了一系列稳步改进的转轮机，投入美国海军的试用评估，并申请了第一个转轮机的专利。

德国的 Arthur Scherbius 于 1919 年设计出了历史上最著名的密码机——Enigma 机，英国在第二次世界大战期间发明并使用 TYPEX 密码机，瑞典的 Boris Caesar Wilhelm Hagelin 发明的 Hagelin C-36 型密码机于 1936 年制造，密钥周期长度为 3 900 255。对于纯机械的密码机来说，这已非常不简单。

3）近代加密方法

1949 年，信息论创始人 Shannon 发表的论文"保密通信的信息理论"将密码学的研究引入了科学的轨道。1975 年 1 月 15 日，对计算机系统和网络进行加密的 DES（Data Encryption Standard，数据加密标准）由美国国家标准局颁布为国家标准，这是密码术历史上一个具有里程碑意义的事件。1976 年，当时在美国斯坦福大学的迪菲（Diffie）和赫尔曼（Hellman）两人提出了公开密钥密码的新思想（论文 *New Direction in Cryptography*，密码学的新方向），把密钥分为加密公钥和解密私钥，奠定了公钥密码学的基础。1977 年，美国的里维斯特（Ronald Rivest）、沙米尔（Adi Shamir）和阿德勒曼（Len Adleman）提出了第一个较完善的公钥密码体制——RSA 体制，这是一种建立在大数因子分解基础上的算法，这是密码学的一场革命。

公钥密码体制的理论价值：第一，突破 Shannon 理论，从计算复杂性上刻画密码算法的强度。第二，它把传统密码算法中两个密钥管理中的保密性要求，转换为保护其中一个的保密性，保护另一个的完整性的要求。第三，它把传统密码算法中的密钥归属从通信两方变为一个单独的用户，从而使密钥的管理复杂度有了较大下降。

公钥密码体制在应用上的价值：第一，密码学的研究已经逐步超越了数据的通信保密性范围，同时开展了对数据的完整性、数字签名技术的研究，已成为最核心的密码技术。第二，随着计算机及其网络的发展，密码学已逐步成为计算机安全、网络安全的重要支柱，使得数据安全成为信息安全的核心内容，超越了以往物理安全占据计算机安全主导地位的状态。

2. 计算机系统安全阶段（20 世纪 70 年代～20 世纪 80 年代）

自从进入计算机时代，信息安全研究目标扩展到计算机系统安全。将密码技术应用到计算机通信保护的同时，开始针对信息系统的安全进行研究，重在物理安全层与运行安全层，兼顾数据安全层。随着数据库技术和信息系统的广泛应用，信息安全概念从仅侧重机密性扩充到完整性，访问控制技术变得更加重要。20 世纪 70 年代，访问控制技术取得了突破性的成果。同时，信息安全学术界形成了以安全模型分析与验证为理论基础、以信息安全产品为主要构件、以安全域建设为主要目标的安全防护体系思想；不仅涌现出安全操作系统、安全数据库管理系统、防火墙为代表的信息安全产品，同时形成了相关的信息安全产品测评标准，以及基于安全标准的测评认证制度与市场准入制度，实现了信息安全产品的特殊监管。

1969 年，B. Lampson 提出了访问控制矩阵模型，1973 年，D. Bell 和 L. Lapadula 创立了一种模拟军事安全策略的计算机操作模型——BLP 模型。由于 BLP 模型是针对机密性，所以，1977 年提出了针对完整性的 Biba 模型，1987 年提出了侧重完整性和商业应用的 Clark-Wilson 模型。1996 年提出了 RBAC96，2000 年提出了 NISTRBAC 引用参考标准，权限管理基础设施（PMI）使得访问控制在网络环境下的实施更加方便。

1985 年，美国国防部公布可信计算机系统评估准则（Trusted Computer Security Evaluation Criteria，TESEC）即橘皮书。该标准是计算机系统安全评估的第一个正式标准，具有划时代的意义。该准则于 1970 年由美国国防科学委员会提出，并于 1985 年 12 月由美国国防部公布。TCSEC 最初只是军用标准，后来延至民用领域。

为了建立一个各国都能接受的通用的信息安全产品和系统的安全性评估准则，1993 年 6 月，美国政府同加拿大及欧共体共同起草单一的通用准则（The Common Criteria for Information Technology security Evaluation，简称 CC 标准），并将其推到国际标准。它综合了美国的 TCSEC、欧洲的 ITSEC、加拿大的 CTCPEC、美国的 FC 等信息安全准则，形成了一个更全面的框架。

我国国家质量技术监督局也于 1999 年发布了计算机信息系统安全保护等级划分准则（Classified Criteria for Security Protection of Computer Information System）的国家标准，序号为 GB 17859—1999，评估准则的制定为我们评估、开发研究计算机系统安全提供了指导准则。

3. 网络信息安全阶段

20世纪60年代开始，美国国防部的高级研究计划局（Advance Research Projects Agency，ARPA）开始建立ARPANET，ARPANET就是Internet的前身。Internet的迅猛发展始于20世纪90年代，由欧洲原子核研究组织CERN开发的万维网WWW被广泛使用在Internet上，大大方便了广大非网络专业人员对网络的使用，成为Internet发展的指数级增长的主要驱动力。今天的Internet已不再是计算机人员和军事部门进行科研的领域，而是变成了一个开发和使用信息资源的覆盖全球的信息海洋，覆盖了社会生活的方方面面，构成了一个信息社会的缩影。目前，互联网正从IPv4向IPv6跨越。然而Internet也有其固有的缺点，如网络无整体规划和设计，网络拓扑结构不清晰以及容错及可靠性的缺乏，而这些对于商业领域的不少应用是至关重要的。安全性问题是困扰Internet用户发展的另一主要因素。计算机病毒、网络蠕虫的广泛传播，计算机网络黑客的恶意攻击，DDoS攻击的强大破坏力、网上窃密和犯罪的增多，使得网络安全性问题关系到未来网络应用的深入发展。当信息技术快速步入网络时代，跨地域、跨管理域的协作不可避免，多个系统之间存在频繁交互或大规模数据流动，专一、严格的信息控制策略变得不合时宜，信息安全领域随即进入了以立体防御、深度防御为核心思想的信息安全保障的时代，形成了以预警、攻击防护、响应、恢复为主要特征的全生命周期安全管理，出现了大规模网络攻击与防护、互联网安全监管等各项新的研究内容。安全管理也由信息安全产品测评发展到大规模信息系统的整体风险评估与等级保护等。在这一阶段，开始针对信息安全体系进行研究，重在运行安全与数据安全层，兼顾内容安全层。

因此，网络安全的研究涉及安全策略、移动代码、指令保护、密码学、操作系统、软件工程和网络安全管理等内容。

4. 信息安全保障阶段

进入20世纪90年代，随着网络技术的进一步发展，超大型网络迫使人们必须从整体安全的角度去考虑信息安全问题。网络的开放性、广域性等特征把人们对信息安全的需求，延展到可用性、完整性、真实性、机密性和不可否认性等更全面的范畴。同时，随着网络黑客、病毒等技术层出不穷、变化多端，人们发现任何信息安全技术和手段都存在弱点，传统的"防火墙＋补丁"这样的纯技术方案无法完全抵御来自各方的威胁，必须寻找一种可持续的保护机制，对信息和信息系统进行全方位、动态的保护。1989年，美国卡内基·梅隆大学计算机应急小组开始研究如何从静态信息安全防护向动态防护转变。之后，美国国防部在其信息安全及网络战防御理论探索中吸收这一思想，并于1995年提出了"信息保障"（Information Assurance，IA）的概念。1996年，美国国防部（DoD）在国防部令S-3600.1中对信息保障做如下定义：保护和防御信息及信息系统，确保其可用性，完整性，保密性，可认证性，不可否认性等特性。这包括在信息系统中融入保护、检测、响应功能，并提供信息系统的恢复功能。这就是信息保障的PDRR模型，其5个技术环节分别如下。

（1）预警：根据以前掌握的系统脆弱性和当前了解的犯罪趋势预测未来可能受到的攻击及危害。能不能预警客观存在着空间差、时间差、知识差、能力差的问题。预警的技术支持包括：威胁分析、脆弱性分析、资产评估、风险分析、漏洞修补、预警协调。

（2）P（保护，Protect）：采用可能采取的手段保障信息的保密性、完整性、可用性、可控性和不可否认性。技术手段包括：网络安全、操作系统安全、数据库系统安全访问控制、口令等保密性和完整性技术。

（3）D（检测，Detect）：利用高级技术提供的工具检查系统检测可能存在的黑客攻击、白领犯罪、病毒泛滥等脆弱性。技术手段：病毒检测、漏洞扫描、入侵检测、用户身份鉴别等。

（4）R（响应，React）：对危及安全的事件、行为、过程及时做出响应处理，杜绝危害的进一步蔓延扩大，力求系统尚能提供正常服务。技术手段：监视、关闭、切换、跟踪、报警、修改配置、联动、阻断等。

（5）R（恢复，Restore）：一旦系统遭到破坏，尽快恢复系统功能，尽早提供正常的服务。技术手段：备份、恢复等。

1998 年 5 月，美国公布了由国家安全局 NSA 起草的 *Information Assurance Technical Framework*（信息保障技术框架），旨在为保护美国政府和工业界的信息与技术设施提供技术指南。1999 年 8 月 31 日，IATF 论坛发布了 IATF 2.0 版本，2000 年 9 月 22 日又推出了 IATF 3.0 版本。

5. 云计算安全阶段

云计算以动态的服务计算为主要技术特征，以灵活的"服务合约"为核心商业特征，是信息技术领域正在发生的重大变革。这种变革为信息安全领域带来了巨大的冲击。

（1）在云平台中运行的各类云应用没有固定不变的基础设施，没有固定不变的安全边界，难以实现用户数据安全与隐私保护；

（2）云服务所涉及的资源由多个管理者所有，存在利益冲突，无法统一规划部署安全防护措施；

（3）云平台中数据与计算高度集中，安全措施必须满足海量信息处理需求。

由于当前信息安全领域仍缺乏针对此类问题的充分研究，尚难为安全的云服务提供必要的理论技术与产品支撑，因此，未来在信息安全学术界与产业界共同的关注及推动下，信息安全领域将围绕云服务的"安全服务品质协议"的制定、交付验证、第三方检验等，逐渐发展形成一种新型的技术体系与管理体系与之相适应，这标志着信息安全领域一个新的时代的到来。从目前来看，实现云计算安全至少应解决关键技术、标准与法规建设以及国家监督管理制度等多个层次的挑战。下面分别予以简要阐述。

挑战 1：建立以数据安全和隐私保护为主要目标的云安全技术框架。

当前，云计算平台的各个层次，如主机系统层、网络层以及 Web 应用层等都存在相应安全威胁，但这类通用安全问题在信息安全领域已得到较为充分的研究，并具有比较成熟的产品。研究云计算安全需要重点分析与解决云计算的服务计算模式、动态虚拟化管理方式以及多租户共享运营模式等对数据安全与隐私保护带来的挑战。

挑战 2：建立以安全目标验证、安全服务等级测评为核心的云计算安全标准及其测评体系。

建立安全指导标准及其测评技术体系是实现云计算安全的另一个重要支柱。云计算安全标准是度量云用户安全目标与云服务商安全服务能力的尺度，也是安全服务提供商构建安全服务的重要参考。基于标准的"安全服务品质协议"，可以依据科学的测评方法检测与评估，在出现安全事故时快速实现责任认定，避免产生责任推诿。

挑战 3：建立可控的云计算安全监管体系。

科学技术是把双刃剑，云计算在为人们带来巨大好处的同时也带来巨大的破坏性能力。而网络空间又是继领土权、领空权、领海权、太空权之后的第 5 维国家主权，是任何主权国家必须自主掌控的重要资源。因此，应在发展云计算产业的同时大力发展云计算监控技术体系，牢牢掌握技术主动权，防止其被竞争对手控制与利用。

5.1.2　信息安全基本概念

1. 信息安全的定义

信息安全领域的发展历程已多次证明，信息技术的重大变革将直接影响信息安全领域的发展进程。从通信保密到系统安全，从网络安全到信息安全保障，信息安全定义随着网络与信息技术的发展而不断发生变化，其含义也在动态地发生变化。

从理念上看，以前信息安全强调的是"规避风险"，即防止发生并提供保护，破坏发生时无法挽回；而信息保障强调的是"风险管理"，即综合运用保护、探测、响应和恢复等多种措施，使得信息在攻击突破某层防御后，仍能确保一定级别的可用性、完整性、真实性、机密性和不可否认性，并能及时对破坏进行修复。以前信息安全通常是单一或多种技术手段的简单累加，而信息保障则是对加密、访问控制、防火墙、安全路由等技术的综合运用，更注重入侵检测和灾难恢复技术。

信息安全逐渐演变成一个综合、交叉的学科领域，不再仅限于对传统意义上的网络和计算机技术进行研究，必须要综合利用数学、物理、通信、计算机以及经济学等诸多学科的长期知识积累和最新发展成果，进行自主创新研究，并提出系统的、完整的、协同的解决方案。例如，防电磁辐射、密码技术、数字签名、信息安全成本和收益等方面的研究都分别涉及并综合了计算机、物理学、数学以及经济学上的一些原理。但是严格来说信息安全并没有明确的定义，而只有一些相关的描述。

国际标准化委员会定义的信息安全概念是：为数据处理系统而采取的技术和管理的安全保护，保护计算机硬件、软件、数据不因偶然的或恶意的原因而遭到破坏、更改、显露。

ISO/IEC 17799 定义信息安全是：通过实施一组控制而达到的，包括策略、措施、过程，组织结构及软件功能，是对机密性、完整性和可用性保护的一种特性。机密性确保信息只能被授权访问方所接收，完整性即保护信息处理手段的正确与完整，可用性确保授权用户在需要时能够访问信息相关资源。

我国相关立法给出的定义是：保障计算机及其相关的和配套的设备、设施（网络）的安全，运行环境的安全，保障信息的安全，保障计算机功能的正常发挥，以维护计算机系统的安全。

从上述定义看，信息安全涵盖两个层次：第一，从信息层次来看，信息安全要保证信息的完整性和保密性。完整性即保证信息的来源、去向、内容真实无误；保密性即保证信息不会被非法泄漏与扩散。第二，从网络层次来看，要达到可用性和可控性。可用性即保证网络和信息系统随时可用，运行过程不出现故障，并且在遇到意外情况时能够尽量减少损失，并尽早恢复正常；可控性即对网络信息的传播具有控制能力。

2. 安全服务

计算机信息系统的安全目标主要有：保密性、完整性、身份识别、可用性、不可否认性等。其中,机密性、完整性和可用性是信息安全的三个核心安全目标,这 5 个安全目标对应着 5 种基本的安全服务。对这 5 个安全目标的解释随着他们所处环境的不同而不同。在某种特定的环境下,对某种安全服务的解释也是由个体需求、习惯和特定组织的法律所决定的。

1) 机密性

NIST 关于机密性的定义：机密性是指对信息或资源的隐藏。信息保密的需求源自计算机在敏感领域的使用,比如政府或企业。即,机密性指确保信息资源仅被合法的用户、实体或进程访问,使信息不泄漏给未授权的用户、实体或进程。

2) 完整性

NIST 关于完整性的定义：完整性指的是数据或资源的可信度,通常使用防止非授权的或者未经授权的数据改变来表达完整性。完整性指信息资源只能由授权方式或以授权的方式修改,在存储或传输过程中不丢失、不被破坏。完整性的破坏一般来自三个方面：未授权、未预期、无意。

3) 可用性

NIST 关于可用性的定义：可用性是指对信息或资源的期望使用能力。即：信息可被合法用户访问并按要求的特性使用而不遭拒绝服务。可用的对象包括：信息、服务和 IT 资源。

4) 不可否认性

不可否认性指信息的发送者无法否认已发出的信息或信息的部分内容,信息的接收者无法否认已经接收的信息或信息的部分内容。无论是授权的使用还是非授权的使用,事后都应该是有据可查的。对于非授权的使用,必须是非授权的使用者无法否认或抵赖的,这应该是信息安全的最后一个重要环节。

5) 认证

认证是安全的最基本要素。信息系统的目的就是供使用者使用,但只能给获得授权的使用者使用,因此,首先必须知道来访者的身份。使用者可以是人、设备和相关系统,无论是什么样的使用者,安全的第一要素就是对其进行认证。在信息化系统中,对每一个可能的入口都必须采取认证措施,对无法采取认证措施的入口必须完全堵死,从而防堵每一个安全漏洞。

这 5 种安全服务已经基本上覆盖了现有的攻击。但应当说明的是,5 种安全目标绝对没有覆盖未来发现的攻击行为。这一点同其他学科不大一样,因为攻、防本身是在不断变化发展的。不同行业不同用户对于上述安全目标有不同的侧重。

5.1.3 信息安全攻击

TX.800 标准将常说的网络安全(Network Security)进行逻辑上的分别定义,即安全攻击（Security Attack）是指损害机构所拥有信息的安全的任何行为；安全机制（Security Mechanism）是指设计用于检测、预防安全攻击或者恢复系统的机制；安全服务（Security Service）是指采用一种或多种安全机制以抵御安全攻击、提高机构的数据处理系统安全和信息传输安全的服务。给定一类应用对安全需求归结为一些基本要素，称为安全目标（安全服务），目标通过合理配置安全机制实现。

针对信息安全的三个核心要素——机密性、完整性、可用性，它们会被安全攻击所威胁。根据上述三类安全目标将攻击划分成以下几个分类。

1. 威胁机密性的攻击

1）窃听

窃听指在未经授权的情况下访问或拦截信息。例如，一个在网络上传输的文件可能含有机密信息，某未经授权的实体就有可能拦截该传输并利用其内容以牟利。为避免被窃听，通常使用本章中讨论的加密技术，就可以使文件成为对拦截者不可解的信息。

用各种可能的合法或非法的手段窃取系统中的信息资源和敏感信息。例如，对通信线路中传输的信号搭线监听，或者利用通信设备在工作过程中产生的电磁泄漏截取有用信息等。

2）流量分析

窃听和数据分析是指攻击者通过对通信线路或通信设备的监听，或通过对通信量（通信数据流）的大小、方向频率的观察，经过适当分析，直接推断出秘密信息，达到信息窃取的目的。例如，可以获得发送者或者接收者的电子地址（如电子邮箱地址），也可以通过收集通信双方的信息来猜测交易的本质。流量分析攻击通过对系统进行长期监听，利用统计分析方法对诸如通信频度、通信的信息流向、通信总量的变化等参数进行研究，从中发现有价值的信息和规律。

2. 威胁完整性的攻击

1）篡改

拦截或访问信息后，攻击者可以修改信息使其对己有利。例如，某客户为一笔交易给银行发送信息，攻击者即可拦截信息并将其改变为对己有利的交易形式。值得注意的是，有时攻击者只要简单地删除或拖延信息就能给网络造成危害并从中牟利。

2）伪装

伪装或欺骗就是攻击者假扮成某人。例如，攻击者伪装为银行的客户，从而盗取银行客户的银行卡密码和个人身份证号码。有时攻击者也可能伪装为接收方。例如，当用户设法联系某银行的时候，另外一个地址伪装为银行，从用户那里得到某些相关的信息。

插入、重放：攻击者通过把网络传输中的数据截获后存储起来并在以后重新传送，或把伪造的数据插入到信道中，使得接收方收到一些不应当收到的数据。这种攻击通常也是为了达到假冒或破坏的目的。但是通常比截获/修改的难度大，一旦攻击成功，危害性也大。

3）否认

这是一种来自用户的攻击，比如：否认自己曾经发布过的某条消息、伪造一份对方来信等。

3. 威胁可用性的攻击

威胁可用性的攻击指对信息或其他资源的合法访问被无条件地阻止。典型的威胁可用性的攻击是拒绝服务攻击(DoS)。拒绝服务攻击的目的是摧毁计算机系统的部分乃至全部进程，或者非法抢占系统的计算资源，导致程序或服务不能运行，从而使系统不能为合法用户提供正常的服务。目前，最有杀伤力的拒绝服务攻击是网络上的分布式拒绝服务(DDoS)攻击。

网络拒绝服务是指攻击者通过对数据或资源的干扰、非法占用、超负荷使用，对网络或服务基础设施的摧毁，造成系统永久或暂时不可用，合法用户被拒绝或需要额外等待，从而实现破坏的目的。许多常见的拒绝服务攻击都是由网络协议(如 IP 协议)本身存在的安全漏洞和软件实现中考虑不周共同引起的。例如，TCP SYN 攻击，利用了 TCP 连接需要分配的内存，多次同步将使其他连接不能分配到足够内存，从而导致了系统暂时不可用。

计算系统受到上述类型的攻击可能是黑客或敌手操作实现的，也可能是网络蠕虫或其他恶意程序造成的。典型示例有 SYN Flood 攻击、Ping Flood 攻击、Land 攻击等。

4. 其他类型的攻击

除了上面明确分类的攻击之外，还存在很多其他类型的攻击，如：信息泄漏，非法使用(非授权访问)，假冒，旁路控制，授权侵犯，特洛伊木马，陷阱门，计算机病毒，人员不慎，媒体废弃信，物理侵入，窃取，业务欺骗等。这些攻击都不同程度地对系统造成威胁。

5. 主动攻击与被动攻击

根据在系统中的作用，威胁信息系统的攻击可以划分为两大类：主动攻击和被动攻击。

1) 被动攻击

在被动攻击中，攻击者的目的只是获取信息，这意味着攻击者不会篡改或危害系统。系统可以不中断其正常运行。然而，攻击可能危害信息的发送者或者接收者。威胁信息机密性的攻击——窃听和流量分析均属于被动攻击。信息的暴露会危害信息的发送者或接收者，但是系统不会受到影响。因此，在信息发送者或接收者发现机密信息已经泄漏之前，要发现这种攻击是很困难的。然而，被动攻击可以通过对信息进行加密而避免。

被动攻击主要是收集信息而不是进行访问，数据的合法用户对这种活动一点儿也不会觉察到。被动攻击包括嗅探、信息收集等攻击方法。报文内容泄漏、通信分析法等属于被动攻击。

2) 主动攻击

主动攻击可能改变信息或危害系统。威胁信息完整性和有效性的就是主动攻击。主动攻击通常易于检测但却难于防范，因为攻击者可以通过多种方法发起攻击。主动攻击包含攻击者访问他所需信息的故意行为。拒绝服务攻击、信息篡改、资源使用、欺骗等属于主动攻击。

这样分类不是说主动攻击不能收集信息或被动攻击不能被用来访问系统。多数情况下这两种类型被联合用于入侵一个站点。但是，大多数被动攻击不一定包括可被跟踪的行为，因此更难被发现。从另一个角度看，主动攻击容易被发现但多数公司都没有发现，所以发现被动攻击的机会几乎是零。

5.1.4　安全策略

计算机系统的安全策略是为描述系统的安全需求而制定的对用户行为进行约束的一套严谨的规则，这些规则是对允许什么、禁止什么的规定，是指在某个安全区域内（一个安全区域，通常是指属于某个组织的一系列处理和通信资源），用于所有与安全相关活动的一套规则。这些规则是由此安全区域中所设立的一个安全权力机构建立的，并由安全控制机构来描述、实施或实现。

信息安全策略是一组规则，它们定义了一个组织要实现的安全目标和实现这些安全目标的途径。信息安全策略可以划分为两个部分：问题策略（Issue Policy）和功能策略（Functional Policy）。问题策略描述了一个组织所关心的安全领域和对这些领域内安全问题的基本态度。功能策略描述如何解决所关心的问题，包括制定具体的硬件和软件配置规格说明、使用策略以及雇员行为策略。

信息安全策略必须有清晰和完全的文档描述，必须有相应的措施保证信息安全策略得到强制执行。在组织内部，必须有行政措施保证既定的信息安全策略被不打折扣地执行，管理层不能允许任何违反组织信息安全策略的行为存在，另一方面，也需要根据业务情况的变化不断地修改和补充信息安全策略。

信息安全策略的内容应该有别于技术方案，信息安全策略只是描述一个组织保证信息安全的途径的指导性文件，它不涉及具体做什么和如何做的问题，只需指出要完成的目标。信息安全策略是原则性的和不涉及具体细节，对于整个组织提供全局性指导，为具体的安全措施和规定提供一个全局性框架。在信息安全策略中不规定使用什么具体技术，也不描述技术配置参数。信息安全策略的另外一个特性就是可以被审核，即能够对组织内各个部门信息安全策略的遵守程度给出评价。

信息安全策略的描述语言应该是简洁的、非技术性的和具有指导性的。比如，一个涉及对敏感信息加密的信息安全策略条目可以这样描述："任何类别为机密的信息，无论存储在计算机中，还是通过公共网络传输时，必须使用本公司信息安全部门指定的加密硬件或者加密软件予以保护。"这个叙述没有涉及加密算法和密钥长度，所以当旧的加密算法被替换，新的加密算法被公布的时候，无须对信息安全策略进行修改。

5.1.5　安全机制

安全机制是实施安全策略的方法、工具或者规程。安全机制是指用来保护系统免受侦听、阻止安全攻击及恢复系统的机制。通常，信息安全机制包括三个大类：防护机制、检测机制与恢复机制。安全机制可通过密码、软件、硬件、策略以及物理安全来实现。在体系上可分为密码技术、安全控制技术（如访问控制技术、口令控制技术）和安全防护技术（防火墙技术、计算机网络病毒防治技术、信息泄漏防护技术）。

1. 加密技术

加密技术能为数据或通信信息流提供机密性。同时对其他安全机制的实现起主导作用或辅助作用。可通过对称密码或者公钥密码实现。

1）对称密码

信息的发送方和接收方用同一个密钥去加密和解密数据。它的最大优势是加/解密速度快，适合于对大数据量进行加密，但密钥管理困难。如果通信的双方能够确保专用密钥在密钥交换阶段未曾泄漏，那么机密性和报文完整性就可以通过这种加密方法加密机密信息、随报文一起发送报文摘要或报文散列值来实现。

2）非对称加密

使用一对密钥来分别完成加密和解密操作，其中一个公开发布（即公钥），另一个由用户自己秘密保存（即私钥）。信息交换的过程是：甲方生成一对密钥并将其中的一把作为公钥向其他交易方公开，得到该公钥的乙方使用该密钥对信息进行加密后再发送给甲方，甲方再用自己保存的私钥对加密信息进行解密。

3）密钥管理

加密机制的使用产生了密钥管理的需求，从而产生出了密钥管理机制。密钥管理技术划分为以下三类。

（1）对称密钥管理。对称加密是基于共同保守秘密来实现的。采用对称加密技术的贸易双方必须要保证采用的是相同的密钥，要保证彼此密钥的交换是安全可靠的，同时还要设定防止密钥泄密和更改密钥的程序。这样，对称密钥的管理和分发工作将变成一件潜在危险的和烦琐的过程。通过公开密钥加密技术实现对称密钥的管理使相应的管理变得简单和更加安全，同时还解决了纯对称密钥模式中存在的可靠性问题和鉴别问题。

（2）公开密钥管理/数字证书。贸易伙伴间可以使用数字证书（公开密钥证书）来交换公开密钥。国际电信联盟（ITU）制定的标准 X.509 对数字证书定义，该标准等同于国际标准化组织（ISO）与国际电工委员会（IEC）联合发布的 ISO/IEC 9594-8：195 标准。数字证书通常包含唯一标识证书所有者（即贸易方）的名称、唯一标识证书发布者的名称、证书所有者的公开密钥、证书发布者的数字签名、证书的有效期及证书的序列号等。证书发布者一般称为证书管理机构（CA），它是贸易各方都信赖的机构。数字证书能够起到标识贸易方的作用，是目前电子商务广泛采用的技术之一。

（3）密钥管理相关的标准规范。目前国际有关的标准化机构都着手制定关于密钥管理的技术标准规范。ISO 与 IEC 下属的信息技术委员会（JTC1）已起草了关于密钥管理的国际标准规范。该规范主要由三部分组成：一是密钥管理框架；二是采用对称技术的机制；三是采用非对称技术的机制。该规范现已进入到国际标准草案表决阶段，并将很快成为正式的国际标准。

2. 信息的完整性

完整性证明是在数据的传输过程中，验证收到的数据是否与原来数据保持完全一致的手段。有两类消息的鉴别：数据单元的完整性鉴别和数据流的完整性鉴别。数据单元的鉴别是数据的生成者（或发送者）计算的普通分组校验码、用传统密码算法计算的鉴别码、用公钥密码算法计算的鉴别码，附着在数据单元后面，数据的使用者（或接收者）完成对应的计算（可与生成者的相同或不同），从而检验数据是否被篡改或假冒。

3．数字签名

数字签名也称电子签名，如同出示手写签名一样，能起到电子文件认证、核准和生效的作用。其实现方式是把散列函数和公开密钥算法结合起来，发送方从报文文本中生成一个散列值，并用自己的私钥对这个散列值进行加密，形成发送方的数字签名；然后，将这个数字签名作为报文的附件和报文一起发送给报文的接收方；报文的接收方首先从接收到的原始报文中计算出散列值，接着再用发送方的公开密钥来对报文附加的数字签名进行解密；如果这两个散列值相同，那么接收方就能确认该数字签名是发送方的。数字签名机制提供了一种鉴别方法，以解决伪造、抵赖、冒充、篡改等问题。

4．身份识别

各种系统通常为用户设定一个用户名或标识符的索引值。身份识别就是后续交互中当前用户对其标识符一致性的一个证明过程，通常是用交互式协议实现的。常用的身份识别技术如下。

（1）口令：验证方提示证明方输入口令，证明方输入后由验证方进行真伪识别。

（2）密码身份识别协议：使用密码技术，可以构造出多种身份识别协议，如挑战-应答协议、零知识证明、数字签名识别协议等。

（3）使用证明者的特征或拥有物的身份识别协议：如指纹、面容、虹膜等生物特征，身份证、IC 卡等拥有物的识别协议。当然这些特征或拥有物独一无二的概率很大。

5．流量填充

通信量通常会泄漏信息。为了防止敌手对通信量的分析，需要在空闲的信道上发送一些无用的信息，以便蒙蔽敌手（当然填充的信息经常要使用机密性服务），这就称为通信量填充机制。在专用通信线路上这种机制非常重要，但在公用信道中则要依据环境而定。信息隐藏则是把信息隐藏到看似与之无关的消息（如图像文件等）中，以便蒙蔽敌手，通常也要和密码技术结合才能保证不被敌手发现。通信量填充和信息隐藏是一组对偶的机制。前者发送有形式无内容的消息，而后者发送有内容"无"形式的消息，以达到扰乱的目的。

6．路由控制

路由控制是对于信息的流经路径的选择，为一些重要信息指定路径，例如通过特定的安全子网、中继或连接设备，也可能是要绕开某些不安全的子网、中继或连接设备。这种路由可以是预先安排的或者作为恢复的一种方式而由端系统动态指定。路由控制则是一种一般的通信环境保护。恰当的路由控制可以提升环境的安全性，从而可能会因此简化其他安全机制实施的复杂性。

7．公证

在两方或多方通信中，公证机制可以提供数据的完整性，发/收方的身份识别和时间同步等服务。通信各方共同信赖的公证机构，称为可信第三方，它保存通信方的必要信息，并以一种可验证的方式提供上述服务。通信各方选择可信第三方指定的加密、数字签名和完整性机制,并和可信第三方做少量的交互,实现对通信的公证保护。例如证书权威机构 CA,通过为各通信方提供公钥证书和相关的目录、验证服务,从而实现了一部分公证机构的职能。

8. 访问控制

访问控制机制使用实体的标识、类别(如所属的实体集合)或能力,从而确定权限、授予访问权。按用户身份及其所归属的某预定义组来限制用户对某些信息项的访问,或限制对某些控制功能的使用。访问控制通常用于系统管理员控制用户对服务器、目录、文件等网络资源的访问。其功能主要有以下几种:①防止非法的主体进入受保护的网络资源;②允许合法用户访问受保护的网络资源;③防止合法的用户对受保护的网络资源进行非授权的访问。访问控制机制基于下列几种技术:访问信息库、识别信息库、能力信息表、安全等级。

9. 事件检测与安全审计

事件检测对所有用户与安全相关的行为进行记录,以便对系统的安全进行审计。与安全相关的事件检测,包括对明显违反安全规则的事件和正常完成事件的检测。其处理过程首先是对事件集合给出一种定义,这种定义是关于事件特征的描述,而这些特征又应当是易于捕获的。一旦检测到安全相关的事件,则进行事件报告(本地的和远程的)和存档。安全审计则在专门的事件检测存档和系统日志中提取信息,进行分析、存档和报告,是事件检测的归纳和提升。安全审计的目的是为了改进信息系统的安全策略、控制相关进程,同时也是执行相关的恢复操作的依据。对于分布式的事件检测或审计,要建立事件报告信息和存档信息的语义和表示标准,以便信息的交换。目前经常提到的漏洞扫描和入侵检测都属于事件检测和审计的范畴。

10. 恢复机制

恢复包括对数据的恢复和对网络计算机系统运行状态的恢复。数据恢复,电子数据恢复是指通过技术手段,将保存在台式计算机硬盘、笔记本硬盘、服务器硬盘、存储磁带库、移动硬盘、U 盘、数码存储卡、MP3 等设备上丢失的电子数据进行抢救和恢复的技术。计算机系统运行状态恢复是指把系统恢复到安全状态之下。

5.1.6　信息安全体系结构

体系结构是由英文单词 architecture 翻译而来,其最常用的解释就是"建筑"。可见,与任何一个"建筑"相类似,一个体系结构应该包括一组组件及其组件之间的联系。从系统工程的观点看,任何复杂的系统都是由相对简单的、具有层次结构的基本元素组成。这些基本元素彼此之间存在着复杂的相互作用,某些元素还可能具有非常复杂的内部结构。该解释帮助我们理解体系结构的重点所在,即元素及其关系。

信息安全体系结构是针对信息系统而言的,一般信息系统的安全体系结构是系统信息安全功能定义、设计、实施和验证的基础,该体系结构应在反映整个信息系统安全策略的基础上,描述该系统安全组件及其相关组件相互间的逻辑关系和功能分配。这种描述的合理性和准确性将直接关系信息系统安全策略的实现效果。

结合上述基本定义，信息系统安全由技术体系、管理体系和组织体系组成，如图 5-1 所示，该体系结构包括三个层面：技术体系、组织机构体系与管理体系。这三个层面互为三棱锥，缺一不可。

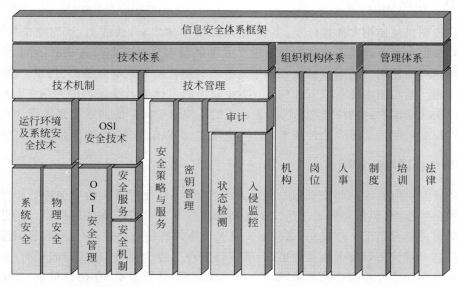

图 5-1　信息安全体系框架

技术体系包含以下安全技术。

1. 物理安全技术

信息系统的建筑物、机房条件及硬件设备条件满足信息系统的机械防护安全；通过对电力供应设备以及信息系统组件的抗电磁干扰和电磁泄漏性能的选择性措施达到相应的安全目的。物理安全技术运用于物理保障环境（含系统组件的物理环境）。

2. 系统安全技术

通过对信息系统与安全相关组件的操作系统的安全性选择措施或自主控制，使信息系统安全组件的软件工作平台达到相应的安全等级，一方面避免操作平台自身的脆弱性和漏洞引发的风险，另一方面阻塞任何形式的非授权行为对信息系统安全组件的入侵或接管系统管理权。硬件机制主要包括 PC 物理保护、基于硬件的访问控制技术、可信计算与安全芯片、硬件防辐射技术和计算机运行环境安全问题。操作系统安全机制主要包括存储保护、用户认证和访问控制技术。数据库系统安全主要包括数据库的安全性、完整性、并发控制、备份与恢复等安全机制。

3. 网络安全技术（网络层安全）

网络安全技术主要体现在网络方面的安全性，包括网络层身份认证、网络资源的访问控制、数据传输的保密与完整性、远程接入的安全、域名系统的安全、路由系统的安全、入侵检测的手段、网络设施防病毒、防火墙与入侵检测系统、网络隔离技术、网络安全协议等。

4. 应用安全技术（应用层安全）

应用安全技术主要由提供服务所采用的应用软件和数据的安全性产生，包括 Web 服务、电子邮件系统、DNS 等，以及因编程不当引起的缓冲区漏洞，开发安全的应用系统的编程方法、软件保护的技术措施，还包括病毒对系统的威胁。

5. 管理安全性（管理层安全）

安全管理包括安全技术和设备的管理、安全管理制度、部门与人员的组织规则等。管理的制度化极大程度地影响着整个网络的安全，严格的安全管理制度、明确的部门安全职责划分、合理的人员角色配置都可以在很大程度上降低其他层次的安全漏洞。

组织体系结构是信息系统安全的组织保障系统，由机构、岗位和人事三个模块构成一个体系。管理机构的设置分为三个层次：决策层、管理层和执行层。决策层是信息系统安全的领导机构，负责本单位信息安全的策略制定及其宏观调控。通常由单位主管信息系统的负责人负责，由行使国家安全、公安、机要和保密等职能的部门负责人和信息系统主要负责人组成。

管理层是决策层的日常管理机关，根据决策层的信息安全策略，全面规划并且协调各力量实施信息系统的安全方案，制定、修改安全策略，处理安全事故，设置安全岗位。执行层是在管理层的协调下具体负责某一个或几个特定安全事务的群体，负责具体事务的操作与落实。岗位是信息系统安全管理机关根据系统安全需要设定的负责某一个或某几个安全事务的职位。人事机构是根据管理机构设定的岗位，对岗位上在职、待职和离职的雇员进行素质教育、业绩考核和安全监管的机构。人员是信息安全实施的主体，其活动在国家有关安全的法律、法规、政策范围内进行。随着人们对信息安全重视程度的提高，"人是第一位的"已经成为一个逐渐被接受的观点。这里所说的人包括信息安全保障目标的实现过程中所有的相关人员，例如，机构信息安全保障目标的制定与实施人员，业务系统的设计、开发、维护和管理人员，这些系统（或产品）的用户，可能存在的网络入侵人员，信息安全事件报告、分析、处理人员，信息安全法律顾问等。

俗话说，"三分技术，七分管理"，可见管理在信息安全保障中的重要性。管理是信息系统安全的灵魂。信息系统安全的管理体系由法律管理、制度管理和培训管理三个部分组成。

教育培训是培育信息安全公众或专业人才的重要手段，我国近些年来在信息安全正规教育方面也推出了一些相应的科目与专业，国家各级以及社会化的信息安全培训也得到了开展，但这些仍然是不够的，社会教育深入与细化程度与美国等发达国家比较仍有差距。

5.2　计算机网络安全

5.2.1　网络安全协议

前述网络的 OSI 模型是一种抽象的概念模型，而 TCP/IP 是目前网络的主流，其 4 层结构模型（应用层、传输层、网络层和网络接口层）是网络安全的主要研究参考对象。

计算机网络设计之初主要是为了方便资源的共享等应用，没有考虑网络的安全性问题，在 TCP/IP 中有许多的安全问题，主要包括以下几个方面。

（1）TCP/IP 不能提供可靠的身份识别。在协议中使用 IP 地址作为网络结点的唯一标识，而 IP 地址很容易被伪造和篡改，因此通信双方只能采用另外的技术手段来确认对方的真实身份。

（2）TCP/IP 对数据都没有加密，一个数据包在传输过程中会经过很多路由器和网段，在其中的任何一个环节都可能被窃听。更严重的是，现有大部分协议都是明文在网络上传输的，攻击者只需简单安装一个网络嗅探器，就可以得到通过本结点的所有网络数据包。

（3）TCP/IP 中缺乏可靠的信息完整性验证手段。在 IP 中仅对 IP 头实现校验和保护。在 UDP 中，对整个报文的校验和检查是可选的。因为攻击者可以对报文内容进行修改后，重新计算校验和。另外，TCP 的序列号也可以被随意修改，从而可以在源数据流中添加和删除数据。

（4）TCP/IP 设计的一个基本原则是自觉原则，协议中没有提供任何机制来控制资源分配，因此，攻击者可以通过发送大量的垃圾数据包来阻塞网络，也可以发送大量的连接请求对服务器造成拒绝服务攻击。

（5）TCP/IP 中缺乏对路由协议的鉴别，因此可以利用修改数据包中的路由信息来误导网络数据的传输。

（6）在实现 TCP、UDP 时中还存在许多安全隐患。例如，TCP 的三次握手过程可能导致系统受到 SYN Flood 攻击，UDP 是面向无连接的协议，攻击者极易利用 UDP 发起 IP 源路由和拒绝服务攻击。

（7）TCP/IP 设计问题导致其上层的应用协议存在许多安全问题。通过修改网络数据包影响信息的完整性，通过窃听网络数据影响信息的机密性；通过 IP 欺骗、TCP 会话劫持影响信息的真实性，另外还可以对网络服务及网络传输进行阻塞，造成拒绝服务。

因此，为了保障网络系统的安全，采取的主要措施有如下几种。

1. 协议安全

针对 TCP/IP 中存在的许多安全缺陷，必须使用加密技术、鉴别技术等来实现必要的安全协议。安全协议可以放置在 TCP/IP 协议栈的各层中（见图 5-2），如 IPSec 位于 IP 层，SSL 协议位于 TCP 与应用层之间，应用层针对不同的应用有一系列的安全协议，如 PGP、SET 等。

(a) 网络层

(b) 传输层

(c) 应用层

图 5-2　一些典型的安全通信协议所处的位置

2. 访问控制

网络的主要功能是资源共享,但共享是在一定范围、一定权限内的共享,因此需要严格控制非法的访问,保护资源的合法使用。一般通过定义有效的安全策略,控制网络内部资源的合法使用和实施网络边界安全设施来实现。

3. 系统安全

软件系统包括操作系统、应用系统。软件系统存在着一些有意或无意的缺陷,因此既要在设计阶段引入安全概念,也要在具体实现时减少缺陷,编写安全的代码,才能有效提高系统的安全性。

4. 其他安全技术

上述三类安全措施,并不能完全保障网络系统的安全,还需要有针对网络系统安全威胁的检测和恢复技术,如入侵检测、防病毒等安全专项技术。

5.2.2 VPN

1. VPN 概述

随着信息数字化、网络化应用的发展,内部局域网 Intranet 依托 Internet 进行通信,出差人员需要随时随地访问单位的 Intranet 获得信息;分布在各地的下属分支机构需要与总部的 Intranet 互通信息;合作伙伴、产品供应商等需要与企业的 Intranet 连接,互通信息。

早期只能通过租用专线、建立拨号服务等方式解决上述需求,费用昂贵,而且扩展性不好,不能很好地满足机构规模扩大等的需要。现在使用的 VPN(Virtual Private Network,虚拟专用网),是指通过在一个公用网络(如 Internet 等)中建立一条安全、专用的虚拟通道,连接异地的两个网络,构成逻辑上的虚拟子网。通过 VPN 从异地连接到机构的 Intranet,就像在本地 Intranet 上一样。其中,V(Virtual)是相对于传统的物理专线而言,VPN 是通过公用网络建立一个逻辑上的、虚拟的专线,实现物理专线所具有的功效;P(Private),顾名思义,是指私有专用的特性,一方面是只有经过授权的用户才能够建立或使用 VPN 通道,另一方面是通道内的数据进行了加密,不会被第三者获取利用;N(Network),表明这是一种组网技术,也就是说为了应用 VPN,需要有相应的设备、软件来支撑。

VPN 因其安全可靠、容易部署、价格低廉等优点,已经被越来越广泛地应用。

(1)安全可靠。VPN 对通信数据进行了加密认证,有效地保证了数据通过公用网络传输时的安全性,保证数据不会被未授权的人员篡改。

(2)易于部署。VPN 只是在结点部署 VPN 设备,然后通过公用网络建立起犹如置身于内部网络的安全连接。如果要与新的网络建立 VPN 通信,只需增加 VPN 设备,改变相关配置即可。与专线连接相比较,特别是在需要安全连接的网络越来越多时,VPN 的实施就要简单很多,费用也可以节约很多。

(3)成本低廉。如果通过专线进行网络间的安全连接,租金昂贵。而 VPN 通过公共网络建立安全连接，只需一次性投入 VPN 设备，价格也比较便宜，大大节约了通信成本。

2. VPN 技术原理

VPN 是通过公用网络来传输企业内部数据，因此需要确保传输的数据不会被窃取、篡改，其安全性的保证主要通过密码技术、身份鉴别技术、隧道技术和密钥管理技术。在此主要介绍 VPN 的基本技术——隧道技术。

所谓隧道，类似于点到点连接技术，在源结点对数据进行加密封装，然后通过在一个公用网络（如 Internet）中建立一条数据通道——隧道，将数据传送到目标结点，目标结点对数据包进行反解，得到原始数据包。

隧道由隧道协议形成，主要有在链路层进行隧道处理的第二层隧道协议，以及在网络层进行隧道处理的第三层隧道协议。

第二层隧道协议是先把需要传输的协议包封装到 PPP 中，再把新生成的 PPP 包封装到隧道协议包中，然后通过第二层协议进行传输。第二层隧道协议有 L2F、PPTP、L2TP 等，其中 L2TP 是目前的 IETF 标准。第三层隧道协议是把需要传输的协议包直接封装到隧道协议包中，新生成的数据包通过第三层协议进行传输。第三层隧道协议有 IPSec。

第二层隧道协议一般包括创建、维护和终止三个过程，它们的报文相应有控制报文与数据报文两种。而第三层隧道协议则不对隧道进行维护。

隧道建立以后，就可以通过隧道，利用隧道数据传输协议传输数据。例如，当隧道客户端向服务器端发送数据时，客户端首先对数据包进行封装，加上一个隧道数据传送协议包报头，然后把封装的数据通过公共网络发送到隧道的服务器端。隧道服务器端收到数据包之后，去掉隧道数据传输协议包报头，然后将数据包转发到目标网络。

为实现在专用或公共 IP 网络上的安全传输，以加密为例，IPSec 隧道模式使用安全方式封装整个 IP 包，然后对加密的负载再次封装在明文 IP 包内，通过网络发送到隧道服务器端。隧道服务器对接收到的数据包进行处理，在去除明文 IP 包头，对内容进行解密之后，获得最初的负载 IP 包。负载 IP 包在经过正常处理之后被路由到位于目标网络的目的地。

3. VPN 的应用

VPN 在实际应用中，主要有三种应用模式，分别是企业内部型 VPN（Intranet VPN）、企业扩展型 VPN（Extranet VPN）和远程访问型（Access VPN）。

1）Intranet VPN

Intranet VPN 应用于企业内部两个或多个异地网络的互联，实施一样的安全策略。两个异地网络通过 VPN 安全隧道进行通信，在一个局域网中访问异地的另一个局域网时，如同在本地网络一样，如图 5-3 所示。

2）Extranet VPN

Extranet VPN 应用于企业网络与合作者、客户等网络的互联，与 Intranet VPN 不同的是，它要与不同单位的内部网络建立连接，需要应用不同的协议，对不同的网络要有不同的安全策略，如图 5-4 所示。

3）Access VPN

Access VPN 应用于远程办公，是个人通过互联网与企业网络的互联。如员工出差外

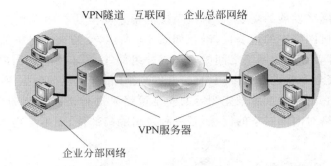

图 5-3 Intranet VPN

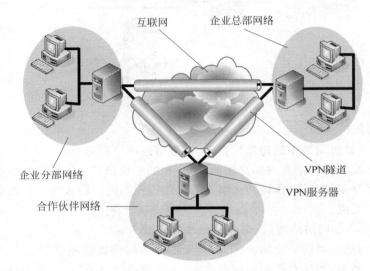

图 5-4 Extranet VPN

地,或在客户工作环境,或在家里时,首先通过拨号、ISDN、ADSL 等方式连接互联网,然后再通过 VPN 连接企业网络,如同工作在企业内部网络中,实现远程办公,如图 5-5 所示。

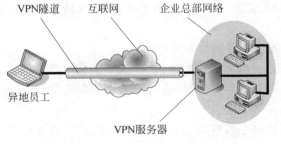

图 5-5 Access VPN

5.2.3 防火墙

1. 概述

随着计算机的应用由单机发展到网络,安全问题日益严重。计算机单机防护的方式已经不能适应计算机网络发展的需要，计算机系统的信息安全防护由单机防护向网络防护发展。防火墙是计算机网络中的边境检查站，如图5-6所示，受防火墙保护的是内部网络。也就是说，防火墙是部署在两个网络之间的一个或一组部件，要求所有进出内部网络的数据流都通过它，并根据安全策略进行检查，只有符合安全策略、被授权的数据流才可通过，由此保护内部网络安全。它是一种按照预先制定的安全策略来进行访问控制的软件或设备，主要是用来阻止外部网络对内部网络的侵扰，是一种逻辑隔离部件，而不是物理隔离部件。

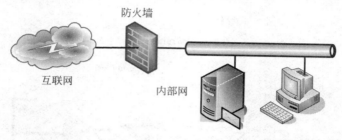

图 5-6 防火墙在网络中的位置

1）防火墙的防护机制

防火墙作为计算机网络中的边境检查站，被部署在网络的边界，在内部网络与外部网络之间形成隔离，防范外部网络对内部网络的威胁，起到一种边界保护的机制。但内部网络的相互访问，因没有穿越防火墙，所以防火墙是无法进行控制的。防火墙要起到边界保护的作用，要求做到如下几点。

（1）所有进出内部网络的通信，都必须经过防火墙

防火墙作为网络边界的安全防护设备，其发挥作用的前提是能够对进出内部网络的所有通信进行检查、控制，如果在受保护的网络内，可以通过拨号上网，该通信绕过了防火墙的检查，将使防火墙失去防护作用。

（2）所有通过防火墙的通信，都必须经过安全策略的过滤

即使所有进出内部网络的通信都经过了防火墙，但如果对这些通信不按照安全策略进行检查，或者安全策略的配置漏洞百出、自相矛盾，则防火墙将形同虚设，无法起到应有的防护作用。

（3）防火墙本身是安全可靠的

虽然防火墙对所有进出内部网络的通信，按照安全策略都进行了严格的检查，但如果防火墙自身存在安全漏洞，那么黑客就可以通过防火墙的安全漏洞，控制甚至摧毁防火墙。

2）防火墙的形态

防火墙的访问控制通过一组特别的安全部件实现，其形态有以下几种。

（1）纯软件。防火墙是运行在通用计算机上的纯软件，简单易用，配置灵活，但因底层操作系统是一个通用型的系统，其数据处理能力、安全性能水平都比较低。

（2）纯硬件。为解决纯软件防火墙的不足，设计人员将防火墙软件固化在专门设计的硬件上，数据处理能力与安全性能水平都得到很大的提高。但因来自网络的威胁不断变化，防火墙的安全策略、配置等也需要经常进行调整，而纯硬件防火墙的调整非常困难。

（3）软硬件结合。结合上述两种防火墙的优点，针对防火墙的特殊要求，对硬件、操作系统进行裁减，设计、开发出防火墙专用的硬件、安全操作系统平台，然后在此平台上运行防

火墙软件。

在实际应用中,上述三种形态的防火墙,可以根据各自的特点应用于不同安全要求的情形,如纯软件防火墙可以应用于个人主机上,纯硬件防火墙可以应用于数据处理性能要求高、安全策略比较稳定的情况等。

3)防火墙的功能

防火墙是一种网络边界保护型的安全设备,为了达到安全保护内部网络的目的,一般具有如下一些功能。

(1)访问控制。这是防火墙最基本最重要的功能。防火墙通过身份识别,辨别请求访问内部网络者的身份,然后根据该用户所获得的授权,控制其访问授权范围的内容,保护网络的内部信息。防火墙还可以对所提供的网络服务进行控制,通过限制一些不安全的服务,减少威胁,提高网络安全的保护程度。

(2)内容控制。防火墙可以对穿越防火墙的数据内容进行控制,阻止不安全的数据内容进入内部网络,影响内部网络的安全。病毒、木马等经常隐藏在可执行文件或 ActiveX 控件中,通过限制内部人员从外网下载,就可减少威胁。

(3)安全日志。因所有进出内部网络的通信都必须经过防火墙,故防火墙可以完整地记录网络通信情况。通过分析、审计日志文件,可以发现潜在的威胁,并及时调整安全策略进行防范;还可以在发生网络破坏事件时,发现破坏者。

(4)集中管理。防火墙需要针对不同的网络情况与安全需求,制定不同的安全策略,并且还要根据情况的变化改进安全策略。在一个网络的安全防护体系中,会有多台防火墙分布式部署,便于进行集中管理,实施统一的安全策略,避免出现安全漏洞。

(5)其他附加功能。此外,防火墙还有其他一些附加功能,如支持 VPN、NAT 等。

① VPN(Virtual Private Network,虚拟专用网):因防火墙所处的位置是网络的出入口,它是支持 VPN 连接的理想接点。目前许多防火墙都提供 VPN 连接功能。

② NAT(Network Address Translation,网络地址转换):将内部网络的 IP 地址,转换为外部网络 IP 地址的技术。此技术主要是为了解决 IPv4 的 IP 地址即将耗尽的问题,通过NAT 可大大节约对外部网络 IP 地址的使用,减缓耗尽 IP 地址的速度。NAT 相当于网络级的代理:将内部网络计算机的 IP 地址转换成防火墙的 IP 地址,代表内部网络的计算机与外部网络通信,从而使黑客无法获取内部网络计算机的 IP 地址,也就无法有针对性地实施攻击。

2. 安全策略与规则

Digital 公司 1986 年在 Internet 上安装了全球第一个商用防火墙系统后,相关技术与应用得到了快速的发展,经历包过滤技术、状态检测技术、代理服务技术等历程。防火墙都是以安全策略及其展开的过滤规则为基础,实现防火墙的访问控制目的。

访问的畅通与控制是网络边界安全策略的一对矛盾,组建网络的目的就是为了提供方便的访问功能,提供多种服务,保证网络传输的性能;而控制则是要检查、拒绝未授权的访问或服务,保护内部网络的安全。防火墙的基本控制策略有以下两类。

(1)没有被明确允许的,就是禁止的。这是一种以控制为中心的控制策略。

(2)没有被明确禁止的,就是允许的。这是一种以畅通访问为中心的控制策略。

制定一个网络安全策略，有如下一些基本步骤。

（1）确定内部网络访问控制的策略，是以控制为中心，还是以畅通访问为中心，并结合具体情况进行修订；

（2）明确网络内需要保护的资产（服务器、路由器、软件、数据等）情况，分析潜在的风险；

（3）明确安全审计内容，以便将这些内容记录在日志文件中；

（4）定义可执行、可接受的安全策略；

（5）验证策略的一致性；

（6）注意安全策略的使用范围、时间；

（7）安全事件的响应。

3. 防火墙的局限性

如上所述，防火墙虽然能在网络边界对受保护网络进行很好的保护，但并不能解决所有的安全问题。首先，防火墙只是一种边界安全保护系统，要保证边界的所有出口都有防火墙的保护，才能形成对网络边界内环境的防护。其次，防火墙只能保护边界内的环境，通信数据在穿越边界出去后，将失去防火墙的防护。而内部人员发起的攻击，因没有经过防火墙，所以防火墙也无法提供防护。最后，防火墙的配置是基于已知攻击知识制定的，因此无法对一些新的攻击进行防护，需要经常更新配置。防火墙对通信内容的控制很弱，因此其对病毒、蠕虫、木马等恶意代码的防护能力很弱。

因此，不能认为安装了防火墙，内部网络的安全问题就可以彻底解决了，需要结合其他安全技术，构建不同层次、不同深度的防御体系。

4. 防火墙的发展趋势

防火墙是信息安全领域最成熟、应用最广的产品之一，但随着相关技术的发展，防火墙技术也在不断发展，以适应新的安全需求。

1）分布式防火墙

防火墙一般部署在网络的边界，无法对网络内部计算机之间的访问进行监测、控制，为了解决这一问题，提出了分布式防火墙的概念。分布式防火墙是一种新的防火墙体系结构，在内外网络边界、内部网各子网之间、关键主机等不同结点分布式部署防火墙，通过管理中心进行统一监测、控制。

2）网络安全技术的集成与融合

传统包过滤技术仅检查 TCP/IP 数据包的报头信息，不能检查隐藏在数据包内容里的恶意行为，如垃圾邮件、不良信息、病毒、木马程序等，无法适应安全需求的发展，在此背景下产生了全面的数据包检查技术。除了检查报头信息后，还引入模式识别、人工智能等技术，对数据包内容进行辨识，判别其是否携带不良信息和恶意代码，从而阻止这些数据包通过防火墙。

另外，新的网络协议、服务的出现，也促使防火墙技术要发展相应的处理机制来适应。如 IPv6 的迅速发展，使网络边界更加复杂，基于 IPv4 的防火墙技术肯定无法满足需求。攻击技术不断变化，新的病毒、蠕虫、木马程序等恶意代码层出不穷，仅靠防火墙单一技术已经不能满足网络安全的需求,因此防火墙技术正逐渐与入侵检测技术、防病毒技术、抗攻击技术(如抗 DDoS 攻击等)、VPN、PKI 等集成、融合,成为一个更加全面、完善的网络安全防御体系,能更加有效地保护内部网络的安全。

3)高性能的硬件平台技术

防火墙的访问与控制的矛盾还体现在安全性与效率上,一般来说,安全性越高,效率就越低。而网络传输速度越来越高、应用越来越丰富,防火墙作为网络边界的访问控制设备,成为性能的瓶颈。可以通过采用一些高性能、多处理器、并行处理硬件平台,将不同的处理任务分配给不同的处理器并行处理,可以有效地提高防火墙的处理性能。或者可以通过设计新的防火墙专用硬件平台、技术架构,解决日益严重的安全与效率矛盾。

5.2.4 入侵检测

如果攻击者成功地绕过防御措施,渗透到网络中,如何检测出攻击行为呢? 以上所介绍的防御措施对于内部人员所发送的攻击是无济于事的,而有研究显示,绝大部分的安全事件是由内部人员引起的。入侵检测系统(Intrusion Detection System,IDS)通过监视受保护系统或网络的状态和活动,发现正在进行或已发生的攻击,起到信息保障体系结构中检测的作用。

1. 入侵检测的基本原理

1980 年,J. Anderson 在他的那篇被誉为入侵检测的开山之作的文章 *Computer Security Threat Monitoring and Surveillance* 中首次提出了创建安全审计记录和在此基础上的计算机威胁监控系统的基本构想。首先定义成功的攻击称为渗透,为了创建安全审计记录,他对入侵威胁进行了分类,指出来自内部的渗透者是系统安全的主要隐患,按照检测难度递增,把攻击分为假冒者(假冒他人的内部用户),误用者(合法用户误用了对系统或数据的访问),秘密用户(获取了对系统的管理控制)。至于来自外部的渗透者,当他们成功地突破了目标系统的访问控制后,相应的威胁就转变为内部的威胁。

假冒者盗用他人账户信息。他对系统的访问可以看成是对系统的“额外”使用,直觉上,他对系统的访问行为轮廓应该和他所冒充的用户有所不同,因此一个自然的检测方法是在审计记录中为系统的每个合法用户建立一个正常行为轮廓,当检测系统发现当前用户的行为和他的正常行为轮廓有较大偏差时,就应该及时提醒系统安全管理员。这样的检测方法称为异常检测。

误用者是合法用户对系统或数据的越权访问。与授权用户的行为相比,这些越权举动可能在统计上没有显著的区别,因此通过比较当前行为和正常行为轮廓以发现可能的入侵行为的做法,要比假冒情景困难。然而,如果这些越权举动构成明显的入侵行为,则可以通过事先刻画已知攻击的特征,将越权举动和这些特征相匹配,从而检测出攻击。这种方法称为误用检测。

秘密用户拥有对系统的管理控制权。可以利用他的权限来躲避审计记录,因此很难通过安全审计记录来检测出所发生的攻击,除非他的秘密行动显示出上述两类攻击者的特征。

综上所述,异常检测和误用检测是入侵检测的两种主要分析模型,其中,用户正常行为轮廓的建立主要是基于统计的方法,而攻击特征的刻画主要是基于规则。对于假冒者偏向于采用异常检测的方法,对于有不当行为的合法用户偏向于采用误用检测的方法,但在实践中往往采用两种方法的混合使用。

2. 入侵检测的数据源

入侵检测的数据源,是反映受保护系统运行状态的记录和动态数据。最初主要是基于主机的,但从 20 世纪 90 年代开始,网络数据逐渐成为商用入侵检测系统最为通用的数据源,相应的两类入侵检测系统分别称为基于主机和基于网络的入侵检测系统。

基于主机的数据源主要包括:①操作系统审计记录,由专门的操作系统机制产生的系统事件的记录;②系统日志,由系统程序产生的用于记录系统或应用程序事件的文件。

操作系统的审计记录是系统活动的信息集合,它按照时间顺序组成数个审计文件,每个文件由审计记录组成,每条记录描述了一次单独的系统事件,由若干个域(又称审计标记)组成。当系统中的用户采取动作或调用进程时,引起的系统调用或命令执行,此时审计系统就会产生对应的审计记录。大多数商用操作系统的审计记录是按照可信产品评估程序的标准设计和开发的,具有低层次和细节化的特征,因此成为基于主机的入侵检测系统首选数据源。

系统日志是反映系统事件和设置的文件。例如,UNIX 提供通用的服务 syslog(用于支持产生和更新事件日志);Sun Solaris 中的 lastlog(记录用户最近的登录,成功或不成功)、pacct(记录用户执行的命令和资源使用的情况)。和操作系统的审计记录相比,系统日志存在如下的安全隐患:产生系统日志的软件通常作为应用程序而不是操作系统的子程序运行,易于遭到恶意的破坏和修改;系统日志通常存储在系统未经保护的目录中,而且以文本的形式存储,而审计记录则经过加密和校验处理,为防止篡改提供了保护机制。

但另一方面,系统日志和审计记录相比,具有较强的可读性;而在某些特殊的环境下,可能无法获得操作系统的审计记录或不能对审计记录进行正确的解释,此时系统日志就成为系统安全管理必不可少的信息来源。

网络数据是当前商用入侵检测系统最为通用的数据来源。当网络数据流在检测系统所保护的网段中传播时,采用特殊的数据提取技术,收集网段中传播的数据,作为检测系统的数据来源。和基于主机的数据源相比,它具有如下突出的优势:网络数据是通过网络监听的方式获得的,由于网络嗅探器所做的工作仅仅是从网络中读取传输的数据包,因此对被保护系统的性能影响很小,而且无须改变原有的系统和网络结构;网络监视器与受保护主机的操作系统无关。相比之下,基于主机的入侵检测系统必须针对不同的操作系统开发相应的版本。

3. 入侵检测系统的一般框架

入侵检测系统的一般框架如图 5-7 所示,其中各部分功能介绍如下。

(1)审计数据收集:数据源主要是前面所讨论的基于主机和基于网络两个来源。

(2)数据处理(检测):主要的检测模型是前文所介绍的误用检测和异常检测,它们所采用的主要分析方法分别是基于规则和基于统计。在应用这些方法之前,常常对审计数据进行预处理。

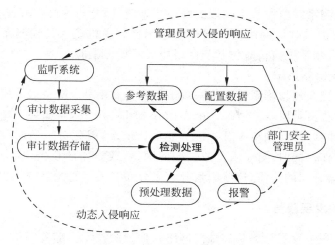

图 5-7　入侵检测系统的一般框架

（3）参考数据：主要包括已知攻击的特征和用户正常行为的轮廓，而检测引擎会不断地更新这些数据。

（4）报警：该模块处理由整个系统产生的所有输出，结果可以是对怀疑行动的自动响应，但最为普遍的是通知系统安全管理员。

（5）配置数据：主要指影响检测系统操作的状态，例如审计数据的来源和收集方法，如何响应入侵等。系统安全管理员是通过配置数据来控制入侵检测系统的运行。

（6）审计数据存储与预处理：是为后期数据处理提供方便的数据检索和状态保存而设置的，可以看成数据处理的一部分。

4. 入侵检测系统的体系结构

入侵检测系统的体系结构可以分为主机型、网络型和分布式三种，其中，主机型和网络型都属于集中式系统。

1）主机型入侵检测系统

主机型入侵检测系统位于受保护的计算机中，监控该机的运行：主要的监控源包括操作系统审计记录和系统日志。在许多情况下，入侵检测系统只提供一些泛泛的报警。系统管理员可以配置入侵检测系统使得它将下列类型的变化作为可报道的安全事件：与安全相关的应用有变化，如 UNIX 操作系统中文件系统完整性检查软件工具 Tripwire；存放关键数据的文件夹发生变化等。一旦配置得当，主机型入侵检测系统能够比较可靠地工作。

2）网络型入侵检测系统

网络型入侵检测系统的任务是在网络数据中发现攻击的特征或异常行为。局域网普遍采用的是基于广播机制的以太网协议，该协议保证传输的数据包能被统一冲突域内的所有主机接收，基于网络的入侵检测正是利用了以太网的这一特性。以太网卡通常有正常模式和杂收模式两种。在正常模式下主机仅处理以本机为目标的数据包，而在杂收模式下网卡可以接收所处网段内传输的所有数据包，不管这些数据包的目的地址是否为本机。基于网络的入侵检测系统必须利用以太网卡的杂收模式，通过抓包工具，获得经过所处网段的所有数据信息，从而实现获得网络数据的功能。

网络型入侵检测系统监控整个网段的网络数据流,因此与主机型入侵检测系统相比,需要复杂的配置和维护,同时,网络型入侵检测系统也比主机型入侵检测系统更容易产生误报,但网络型入侵检测系统擅长对付基于网络协议的攻击手段。

3）分布式入侵检测系统

主机型和网络型入侵检测系统在检测攻击方面各有千秋:网络型入侵检测系统擅长对付基于网络协议的攻击手段,如 SYN Flood,Ping of Death 等,而如果要精确地检测出一些常见的攻击,如缓冲区溢出,则离不开主机上的审计记录,因此对一个网段的保护需要两种入侵检测系统的合作。同时,对于大型或复杂的网络,或协作的攻击,如分布式拒绝服务攻击,需要多个检测器之间的协作,这些因素导致了分布式入侵检测系统的诞生和发展。

5. 入侵检测的发展趋势

入侵检测的第一个发展趋势是高性能网络入侵检测技术。随着网络宽带的快速增长及多媒体应用的日益普及,网络入侵检测系统面临着巨大的"千兆线速"性能压力。虽然网络入侵检测系统通常以并联方式接入网络,但是如果其处理速度跟不上网络数据的传输速度,则由于大量丢包而导致的攻击漏报将严重影响系统的准确性和有效性。

目前对网络入侵检测系统性能方面的考虑主要有如下几个方面:避开某些性能瓶颈,如开发"零备份"网卡抓包驱动程序以尽量减少内存备份次数,避免内存备份性能瓶颈;依赖有状态的协议分析尽量缩小特征字符串匹配的范围;通过优化算法提高处理性能,如使用并行模式匹配算法提高特征检测的性能;通过引入计算集群和负载均衡算法,使用更多的计算资源来提升整体性能适应千兆高速网络。

入侵检测的第二个发展趋势是入侵检测系统报警信息后处理开始成为一个研究热点。入侵检测系统发出的一个报警是建立在观察到由入侵者的一个攻击步骤所导致的现象的基础上,因此被称为"第一级"安全报警。目前,这些报警存在的主要问题是弱语义以及高漏报率和高误报率。考虑到实际的需要应该是一个关于系统安全状况的全局图景,但这些问题的解决显然不能单靠改进检测引擎实现,因此随着当前网络系统的复杂化和大型化、检测器的数量增加和多样化,以及随之产生的庞大的安全信息、利用网络发起协调攻击的日益盛行、入侵检测系统的体系结构由集中向分布式发展等,显得更加重要。

通常入侵检测系统的报警只能代表可能的(几个)攻击事件,换句话说,报警和其背后的攻击动作之间并不是一一对应的,因此报警信息后处理的主要任务之一是通过综合分析多个报警,从而对它们所对应的可能攻击事件做出(相对于单个孤立的报警而言)更为精确的判断。目前主要采取的分析方法有较为简单的报警聚类和需要机器学习或知识库支持的关联分析。

入侵检测的第三个发展趋势是入侵检测系统与其他安全工具联动,例如,入侵检测系统在检测到攻击时可以通过联动协议修改防火墙的规则以阻断连接。

5.3 典型攻击与防御技术简介

目前常用的网络攻击手段有社会工程学攻击、物理攻击、暴力攻击、利用 Unicode 漏洞攻击和利用缓冲区溢出漏洞攻击、拒绝服务攻击等技术。

5.3.1 社会工程学攻击

社会工程是使用计谋和假情报去获得密码和其他敏感信息的科学,研究一个站点的策略其中之一就是尽可能多地了解这个组织的个体,因此黑客不断试图寻找更加精妙的方法从他们希望渗透的组织那里获得信息。

例如,一组高中学生曾经想要进入一个当地的公司的计算机网络,他们拟定了一个表格,调查看上去显得是无害的个人信息,例如所有秘书和行政人员和他们的配偶、孩子的名字,这些从学生转变成的黑客说这种简单的调查是他们社会研究工作的一部分。利用这份表格这些学生能够快速地进入系统,因为网络上的大多数人是使用宠物和他们配偶的名字作为密码。

目前社会工程学攻击主要包括两种方式:打电话请求密码和伪造 E-mail。

1) 打电话请求密码

尽管不像前面讨论的策略那样聪明,打电话寻问密码也经常奏效。在社会工程中那些黑客冒充失去密码的合法雇员,经常通过这种简单的方法重新获得密码。

2) 伪造 E-mail

使用 Telnet,一个黑客可以截取任何一个身份证发送 E-mail 的全部信息,这样的 E-mail 消息是真的,因为它发自于一个合法的用户。在这种情形下这些信息显得是绝对真实的。黑客可以伪造这些。一个冒充系统管理员或经理的黑客就能较为轻松地获得大量的信息,黑客就能实施他们的恶意阴谋。

5.3.2 物理攻击与防范

物理安全是保护一些比较重要的设备不被接触。物理安全比较难防,因为攻击往往来自能够接触到物理设备的用户。

1) 获取管理员密码

系统管理员登录系统以后,离开计算机时没有锁定计算机,或者直接以自己的账号登录,然后让别人使用,这是非常危险的,因为这样可以轻易获取管理员密码。例如,使用 FindPass 等工具可以对该系统进程 winlogon. exe 进行解码,然后将当前用户的密码显示出来。所以,只要可以侵入某个系统,获取管理员或者超级用户的密码是可能的。

2) 权限提升

有时候,管理员为了安全,给其他用户建立一个普通用户账号,认为这样就安全了。其实不然,用普通用户账号登录后,可以利用工具 GetAdmin. exe 将自己加到管理员组或者新建一个具有管理员权限的用户。

例如,普通用户建立管理员账号。建立一个账号 Hacker,该用户为普通用户。用 Hacker 账户登录系统,在系统中执行程序 GetAdmin. exe,程序自动读取所有用户列表,新建一个管理员组的用户名"IAMHacker"。注销当前用户,使用 IAMHacker 登录,密码为空,登录以后可看到所在用户组就是 Administrators 组。这样一个普通用户就成功新建了一个管理员账号。所以只要物理上接触了某计算机系统，就可以马上获得该系统超级用户的权限。

5.3.3　暴力攻击

针对一个安全系统进行暴力攻击需要大量的时间，需要极大的意志力和决心。然而，由于不适宜的安全设置和策略，一些系统非常易于暴露在这种攻击之下。不过暴力攻击经常容易被侦测到，因为攻击时经常需要重复连接。

字典攻击是最常见的一种暴力攻击。如果黑客试图通过使用传统的暴力攻击方法去获得密码的话，将不得不尝试每种可能的字符，包括大小写、数字和通配符等。字典攻击通过仅使用某种具体的密码来缩小尝试的范围，大多数的用户使用标准单词作为一个密码，一个字典攻击试图通过利用包含单词列表的文件去破解密码。强壮的密码则通过结合大小写字母、数字和通配符来击败字典攻击。一次字典攻击能否成功，很大因素取决于字典文件。一个好的字典文件可以高效快速地得到密码。攻击不同的公司、不通地域的计算机，可以根据公司管理员的姓氏以及家人的生日，作为字典文件的一部分，公司以及部门的简称一般也可以作为字典文件的一部分，这样可以大大提高破解效率。一个字典文件本身就是一个标准的文本文件，其中的每一行就代表一个可能的密码。目前有很多工具软件专门来创建字典文件，也有各种不同的专门软件，暴力破解操作系统密码、邮箱密码或者 Office、WinZip、WinRAR 等文档密码。

5.3.4　缓冲区溢出攻击

目前最流行的一种攻击技术就是缓冲区溢出攻击。当目标操作系统收到了超过它的最大能接收的信息量的时候，将发生缓冲区溢出。这些多余的数据将使程序的缓冲区溢出，然后覆盖实际的程序数据，缓冲区溢出使目标系统的程序被修改，经过这种修改的结果是在系统上产生一个后门。这项攻击对技术要求比较高，但是攻击的过程却非常简单。缓冲区溢出原理很简单，比如程序：

```
void function(char * szPara1)
{
    char buff[16];
    strcpy(buffer,szPara1);
}
```

程序中利用 strcpy 函数将 szPara1 中的内容复制到 buff 中，只要 szPara1 的长度大于 16，就会造成缓冲区溢出。存在 strcpy 函数这样问题的 C 语言函数还有：strcat()、gets()、scanf()等。当然，随便往缓冲区填写数据使它溢出一般只会出现"分段错误"，而不能达到攻击的目的。最常见的手段是通过制造缓冲区溢出使程序运行一个用户 shell，再通过 shell 执行其他命令，如果该 shell 有管理员权限，就可以对系统进行任意操作。

比较著名的缓冲区溢出漏洞有 RPC（Remote Procedure Call，远程过程调用）漏洞溢出和 IIS 漏洞溢出。

5.3.5　恶意代码

不必要的代码(Unwanted Code)是指没有作用却会带来危险的代码,一个最安全的定义是把所有不必要的代码都看作是恶意的,不必要代码比恶意代码具有更宽泛的含义,包括所有可能与某个组织安全策略相冲突的软件。恶意代码(Malicious Code)或者叫恶意软件Malware(Malicious Software)具有如下共同特征:①恶意是目的;②本身是程序;③通过执行发生作用。

有些恶作剧程序或者游戏程序不能看作是恶意代码。对滤过性病毒的特征进行讨论的文献很多,尽管它们数量很多,但是机理比较近似,在防病毒程序的防护范围之内,更值得注意的是非滤过性病毒。

1. 恶意代码分类

恶意代码可以按照两种标准分类,从两个角度进行分类。一种分类标准是,恶意代码是否需要宿主,即特定的应用程序、工具程序或系统程序。需要宿主的恶意代码具有依附性,不能脱离宿主而独立运行;不需要宿主的恶意代码具有独立性,可不依赖宿主而独立运行。另一种分类标准是,恶意代码是否能够自我复制。不能自我复制的恶意代码是不感染的,能够自我复制的恶意代码是可感染的。由此,可以得出以下 4 大类恶意代码。

1) 不感染的依附性恶意代码

(1) 特洛伊木马。在计算机领域,特洛伊木马是一段吸引人而不为人警惕的程序,但它们可以执行某些秘密的任务。大多数安全专家统一认可的定义是:特洛伊木马是一段能实现有用或必需的功能的程序,但是同时还完成一些不为人知的功能,而这些额外的功能往往是有害的。

特洛伊木马一般没有自我复制的机制,所以不会自动复制本身。电子新闻组和电子邮件是特洛伊木马的主要传播途径。特洛伊木马的欺骗性是其得以传播的根本原因。特洛伊木马经常伪装成游戏软件、搞笑程序、屏保、非法软件等,上传到电子新闻组或通过电子邮件直接传播,很容易被不知情的用户接收和继续传播。

(2) 逻辑炸弹。是一段具有破坏性的代码,事先预置于较大的程序中,等待某扳机时间发生触发其破坏行为。扳机事件可以是特殊日期,也可以是指定事件。逻辑炸弹往往被怀有报复心理的人使用,通过启动逻辑炸弹来损伤对方利益。一旦逻辑炸弹被触发,就会造成数据或文件的改变或删除、计算机死机等事件。

(3) 后门或陷门。它是进入系统或程序的一个秘密入口,它能够通过识别某种特定的输入序列或特定账户,使访问者绕过安全检查,直接获得访问权利,并且通常高于普通用户的特权。程序员为了调试和测试程序一直合法地使用后门,但当程序员或他所在的公司另有企图时,后门就变成一种威胁。

2) 不感染的独立型恶意代码

(1) 点滴器

点滴器是为传送和安装其他恶意代码而设计的程序,它本身不具有直接的感染性和破坏性。点滴器专门对抗反病毒检测,使用了加密手段,以阻止反病毒程序发现它们。当特定事件出现时,它便启动,将自身包含的恶意代码释放出来。

（2）繁殖器

繁殖器是为制造恶意代码而设计的程序,通过这个程序,只要简单地从菜单中选择想要的功能,就可以制造恶意代码,不需要任何程序设计能力。事实上,它只是把某些已经设计好的恶意代码模块按照使用者的选择组合起来而已,没有任何创造新代码的能力。因此,检测由繁殖器产生的任何病毒都比较容易,只要通过搜索一个字符串,每种组合都可以发现。

（3）恶作剧

恶作剧是为欺骗使用者而设计的程序,它侮辱使用者或让其做出不明智的举动。恶作剧通过"心理破坏"达到"现实破坏"。一般只是娱乐而已。严重的问题是有些恶作剧会让受骗者相信他的数据正在丢失或系统已经损坏需要重新安装,导致用户去进行系统重装等不明智举动而产生损失。

3）可感染的依附性恶意代码

计算机病毒是一段附着在其他程序上的可以进行自我繁殖的代码。由此可见,计算机病毒既具有依附性,又具有感染性。

4）可感染的独立性恶意代码

（1）计算机蠕虫

计算机蠕虫是一种通过计算机网络能够自我复制和扩散的程序。蠕虫与病毒的区别在于"附着"。蠕虫不需要宿主,不会与其他特定程序混合。

（2）计算机细菌

计算机细菌是一种在计算机系统中不断复制自己的程序,一个典型的细菌是在多任务系统中生成它的两个副本,然后同时执行这两个副本,这一过程递归循环,最终会占用全部的处理器时间和内存或磁盘空间,从而导致计算机资源耗尽,无法为用户服务。

2. 计算机病毒

20世纪60年代初,美国贝尔实验室的三位程序员编写了一个名为"磁芯大战"的游戏,游戏中通过复制自身来摆脱对方的控制,这就是所谓"病毒"的第一个雏形。20世纪70年代,美国作家雷恩在其出版的《P1的青春》一书中构思了一种能够自我复制的计算机程序,并第一次称之为"计算机病毒"。1983年11月,在国际计算机安全学术研讨会上,美国计算机专家首次将病毒程序在VAX/750计算机上进行了实验,世界上第一个计算机病毒就这样出生在实验室中。20世纪80年代后期,巴基斯坦有两个以编程为生的兄弟,他们为了打击那些盗版软件的使用者,设计出了一个名为"巴基斯坦智囊"的病毒,这就是世界上流行的第一个真正的病毒。1994年2月18日,我国正式颁布实施了《中华人民共和国计算机信息系统安全保护条例》。在该条例的第二十八条中明确指出:"计算机病毒,是指编制或者在计算机程序中插入的破坏计算机功能或者毁坏数据,影响计算机使用,并能自我复制的一组计算机指令或者程序代码。"这个定义具有法律性、权威性。根据这个定义,计算机病毒是一种计算机程序,它不仅能破坏计算机系统,而且能够传染到其他系统。计算机病毒通常隐藏在其他正常程序中,能生成自身的备份并将其插入其他的程序中,对计算机系统进行恶意的破坏。

计算机病毒不是天然存在的,是某些人利用计算机软、硬件所固有的脆弱性,编制的具有破坏功能的程序。计算机病毒能通过某种途径潜伏在计算机存储介质(或程序)里,当达到某种条件时即被激活,它用修改其他程序的方法将自己的精确备份或者可能演化的形式放入其他程序中,从而感染它们,对计算机资源进行破坏。

计算机病毒具有以下几个特点。

1) 寄生性

计算机病毒寄生在其他程序之中,当执行这个程序时,病毒就起破坏作用,而在未启动这个程序之前,它是不易被人发觉的。

2) 传染性

传染性是病毒的基本特征。计算机病毒会通过各种渠道从已被感染的计算机扩散到未被感染的计算机,在某些情况下造成被感染的计算机工作失常甚至瘫痪。计算机病毒代码一旦进入计算机并得以执行,它就会搜寻其他符合其传染条件的程序或存储介质,确定目标后再将自身代码插入其中,达到自我繁殖的目的。只要一台计算机染毒,如不及时处理,那么病毒会在这台计算机上迅速扩散,其中的大量文件(一般是可执行文件)会被感染。而被感染的文件又成了新的传染源,再与其他机器进行数据交换或通过网络接触,病毒会继续传染。

3) 潜伏性

有些病毒像定时炸弹一样,让它什么时间发作是预先设计好的。比如黑色星期五病毒,不到预定时间一点儿都觉察不出来,等到条件具备的时候一下子就爆炸开来,对系统进行破坏。潜伏性的第一种表现是指,病毒程序不用专用检测程序是检查不出来的,因此病毒可以静静地躲在磁盘或磁带里待上几天,甚至几年,一旦时机成熟,得到运行机会,就又要四处繁殖、扩散,继续为害。潜伏性的第二种表现是指,计算机病毒的内部往往有一种触发机制,不满足触发条件时,计算机病毒除了传染外不做什么破坏。触发条件一旦得到满足,有的在屏幕上显示信息、图形或特殊标识,有的则执行破坏系统的操作,如格式化磁盘、删除磁盘文件、对数据文件做加密、封锁键盘以及使系统死锁等。

4) 隐蔽性

计算机病毒具有很强的隐蔽性,有的可以通过病毒软件检查出来,有的根本就查不出来,有的时隐时现、变化无常,这类病毒处理起来通常很困难。

5) 破坏性

计算机中毒后,可能会导致正常的程序无法运行,把计算机内的文件删除或受到不同程度的损坏。通常表现为:增、删、改、移。

6) 可触发性

病毒因某个事件或数值的出现,诱使病毒实施感染或进行攻击的特性称为可触发性。为了隐蔽自己,病毒必须潜伏,少做动作。如果完全不动,一直潜伏的话,病毒既不能感染也不能进行破坏,便失去了杀伤力。病毒既要隐蔽又要维持杀伤力,它必须具有可触发性。病毒的触发机制就是用来控制感染和破坏动作的频率的。病毒具有预定的触发条件,这些条件可能是时间、日期、文件类型或某些特定数据等。病毒运行时,触发机制检查预定条件是否满足,如果满足,启动感染或破坏动作,使病毒进行感染或攻击;如果不满足,使病毒继续潜伏。

目前病毒主要通过以下在三种途径进行传播。

（1）通过不可移动的计算机硬件设备进行传播，这类病毒虽然极少，但破坏力却极强，目前尚没有较好的检测手段对付。

（2）通过移动存储介质传播，包括光盘、U 盘和移动硬盘等，用户之间在互相复制文件的同时也造成了病毒的扩散。

（3）通过计算机网络进行传播。计算机病毒附着在正常文件中通过网络进入一个又一个系统，其传播速度呈几何级数增长，是目前病毒传播的首要途径。

3. 计算机病毒的工作机制

从本质上来看，病毒程序可以执行其他程序所能执行的一切功能。但是，与普通程序又不同的是病毒必须将自身附着在其他程序上。病毒程序所依附的其他程序称为宿主程序。当用户运行宿主程序时，病毒程序被激活，并开始执行。一旦病毒程序被执行，它就能执行一切意想不到的功能（如感染其他程序、删除文件等）。从病毒程序的生命周期来看，它一般会经历 4 个阶段：潜伏阶段、传染阶段、触发阶段和发作阶段。在潜伏阶段，病毒程序处于休眠状态，用户根本感觉不到病毒的存在，但并非所有病毒均会经历潜伏阶段。如果某些事件发生（如特定的日期、某个特定的程序被执行等），病毒就会被激活，并从而进入传染阶段。处于传染阶段的病毒，将感染其他程序——将自身程序复制到其他程序或者磁盘的某个区域上。经过传染阶段，病毒程序已经具备运行的条件，一旦病毒被激活，则进入触发阶段。

如图 5-8 所示，典型的计算机病毒程序由病毒引导模块、病毒传染模块和病毒表现模块三部分组成，其中，病毒感染模块包括激活传染条件判断模块和传染功能实现模块，病毒表现模块包括触发表现条件判断模块和表现功能实现模块。

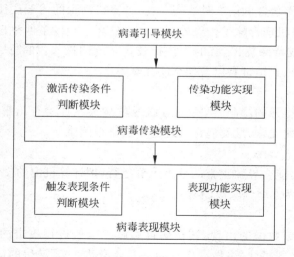

图 5-8　病毒程序的典型组成示意图

1）计算机病毒的引导模块

计算机病毒引导模块主要实现将计算机病毒程序引入计算机内存，并使得传染和表现模块处于活动状态。引导模块需要提供自保护功能，从而避免在内存中的自身代码不被覆盖或清除。一旦引导模块将计算机病毒程序引入内存后，它还将为传染模块和表现模块设置相应的启动条件，以便在适当的时候或者合适的条件下激活传染模块或者触发表现模块。

2）计算机病毒的传染模块

计算机病毒的传染模块有两个功能：其一是依据引导模块设置的条件，判断当前系统环境是否满足传染条件；其二是如果传染条件满足，则启动传染功能，将计算机病毒程序附加到其他宿主程序上。相应地，传染模块也分为传染条件判断子模块和传染功能实现子模块两个部分。

3）计算机病毒的表现模块

计算机病毒的表现模块功能也包括两个部分：其一是根据引导模块设置的触发条件，判断当前系统环境是否满足所需要的触发条件；其二是一旦触发条件满足，则启动计算机病毒程序，按照预定的计划执行（如删除程序、盗取数据等）。

对于计算机病毒的被动传染而言，其传染过程是随着复制磁盘或文件工作的进行而进行的。而对于计算机病毒的主动传染而言，其传染过程是：在系统运行时，计算机病毒通过计算机病毒载体即系统的外存储器进入系统的内存储器，常驻内存，并在系统内存中监视系统的运行。

4. 典型计算机病毒的检测技术

在与病毒的对抗中，及早发现病毒很重要。早发现，早处置，可以减少损失。检测病毒的方法有：特征代码法、校验和法、行为监测法、软件模拟法，这些方法依据的原理不同，实现时所需开销不同，检测范围不同，各有所长。

（1）比较法是用原始备份与被检测的引导扇区或被检测的文件进行比较。

① 长度比较法及内容比较法

病毒感染系统或文件，必然引起系统或文件的变化，既包括长度的变化，又包括内容的变化。因此，将无毒的系统或文件与被检测的系统或文件的长度和内容进行比较，即可发现病毒。长度比较法和内容比较法就是从长度和内容两方面进行比较而得名。以长度或内容是否变化作为检测病毒的依据，在许多场合是有效的。但是，长度比较法和内容比较法有其局限性，只检查可疑系统或文件的长度和内容是不充分的。因为长度和内容的变化可能是合法的，有些普通的命令可以引起长度和内容变化；另外，某些病毒感染文件时，宿主文件长度可保持不变。

上述情况下，长度比较法和内容比较法不能区别程序的正常变化和病毒攻击引起的变化，不能识别保持宿主程序长度不变的病毒，无法判定为何种病毒。实践表明，将长度比较法、内容比较法作为检测病毒的手段之一，与其他方法配合使用，效果更好。

② 内存比较法

这是一种对内存驻留病毒进行检测的方法。由于病毒驻留于内存，必须在内存中申请一定的空间，并对该空间进行占用、保护。因此，通过对内存的检测，观察其空间变化，与正常系统内存的占用和空间进行比较，可以判定是否有病毒驻留其间。但无法判定为何种病毒。此法对于那些隐蔽型病毒无效。

③ 中断比较法

病毒为实现其隐蔽和传染破坏的目的，常采用"截留盗用"技术，更改、接管中断向量，让系统中断向量转向执行病毒控制部分。因此，将正常系统的中断向量与有毒系统的中断向量进行比较，可以发现是否有病毒修改和盗用中断向量。

（2）将正常文件的内容，计算其校验和，将该校验和写入文件中或写入别的文件中保存。在文件使用过程中，定期地或每次使用文件前，检查文件现在内容算出的校验和与原来保存的校验和是否一致，因而可以发现文件是否感染，这种方法叫校验和法，它既可发现已知病毒又可发现未知病毒。但是，它不能识别病毒类，不能报出病毒名称。由于病毒感染并非文件内容改变的唯一的非他性原因，文件内容的改变有可能是正常程序引起的，所以校验和法常常误报警，而且此种方法也会影响文件的运行速度。

校验和法的优点是：方法简单，能发现未知病毒、被查文件的细微变化也能发现。其缺点是：病毒感染的确会引起文件内容变化，但是校验和法对文件内容的变化太敏感，又不能区分正常程序引起的变动，而频繁报警。用监视文件的校验和来检测病毒，不是最好的方法。这种方法当遇到软件版本更新、变更口令以及修改运行参数时都会误报警。校验和法对隐蔽性病毒无效。隐蔽性病毒进驻内存后，会自动剥去染毒程序中的病毒代码，使校验和法受骗，对一个有毒文件算出正常校验和。

（3）扫描法是用每一种病毒体含有的特定字符串对被检测的对象进行扫描。如果在被检测对象内部发现了某一种特定字符串，就表明发现了该字符串所代表的病毒。扫描法包括特征代码扫描法、特征字扫描法。

① 特征代码扫描法

病毒扫描软件由两部分组成：一部分是病毒代码库，含有经过特别选定的各种计算机病毒的代码串；另一部分是利用该代码库进行扫描的扫描程序。病毒扫描程序能识别的计算机病毒的数目完全取决于病毒代码库内所含病毒的种类有多少。显而易见，库中病毒代码种类越多，扫描程序能认出的病毒就越多。病毒代码串的选择是非常重要的。

② 特征字扫描法

计算机病毒特征字扫描法是基于特征串扫描法发展起来的一种新方法。它工作起来速度更快、误报警更少。特征字扫描只需从病毒体内抽取很少几个关键的特征字，组成特征字库。由于需要处理的字节很少，而又不必进行串匹配，大大加快了识别速度，当被处理的程序很大时表现更突出。类似于检测生物病毒的生物活性，特征字识别法更注意计算机病毒的"程序活性"，减少了错报的可能性。

（4）利用病毒的特有行为特征性来监测病毒的方法，称为行为监测法。通过对病毒多年的观察、研究，有一些行为是病毒的共同行为，而且比较特殊。在正常程序中，这些行为比较罕见。当程序运行时，监视其行为，如果发现了病毒行为，立即报警。

（5）感染实验是一种简单实用的检测病毒方法。这种方法的原理是利用了病毒的最重要的基本特征：感染特性。所有的病毒都会进行感染，如果不会感染，就不称其为病毒。如果系统中有异常行为，最新版的检测工具也查不出病毒时，就可以做感染实验，运行可疑系统中的程序后，再运行一些确切知道不带毒的正常程序，然后观察这些正常程序的长度和校验和，如果发现有的程序增长，或者校验和变化，就可断言系统中有病毒。

（6）多态性病毒每次感染都修改其病毒密码，对付这种病毒，特征代码法失效。因为多态性病毒代码实施密码化，而且每次所用密钥不同，把染毒文件中的病毒代码相互比较，也无法找出相同的可能作为特征的稳定代码。为了检测多态性病毒，现已研制了新的检测法——软件模拟法。它是一种软件分析器，用软件方法来模拟和分析程序的运行。

（7）一般使用分析法的人不是普通用户，而是反病毒技术人员。使用分析法的目的在于：①确认被观察的磁盘引导区和程序中是否含有病毒；②确认病毒的类型和种类，判定其是否是一种新病毒；③搞清楚病毒体的大致结构，提取特征识别用的字符串或特征字，用于增添到病毒代码库供病毒扫描和识别程序用；④详细分析病毒代码，为制定相应的反病毒措施制定方案。上述 4 个目的按顺序排列起来，正好大致是使用分析法的工作顺序。使用分析法要求具有比较全面的有关 PC、DOS 结构和功能调用以及关于病毒方面的各种知识。

5. 计算机病毒的预防

（1）建立良好的安全习惯。对一些来历不明的邮件及附件不要打开，不要上一些不太了解的网站、不要执行从 Internet 下载后未经杀毒处理的软件等，这些必要的习惯会使计算机更安全。

（2）关闭或删除系统中不需要的服务。默认情况下，许多操作系统会安装一些辅助服务，如 FTP 客户端、Telnet 和 Web 服务器。这些服务为攻击者提供了方便，而又对用户没有太大用处，如果删除它们，就能大大减少被攻击的可能性。

（3）经常升级安全补丁。据统计，有 80% 的网络病毒是通过系统安全漏洞进行传播的，像蠕虫王、冲击波、震荡波等，所以应该定期到微软网站去下载最新的安全补丁，以防患未然。

（4）使用复杂的密码。有许多网络病毒就是通过猜测简单密码的方式攻击系统的，因此使用复杂的密码，将会大大提高计算机的安全系数。

（5）迅速隔离受感染的计算机。当计算机发现病毒或异常时应立刻断网，以防止计算机受到更多的感染，或者成为传播源，再次感染其他计算机。

（6）了解一些病毒知识。这样就可以及时发现新病毒并采取相应措施，在关键时刻使自己的计算机免受病毒破坏。如果能了解一些注册表知识，就可以定期看一看注册表的自启动项是否有可疑键值；如果了解一些内存知识，就可以经常看看内存中是否有可疑程序。

（7）最好安装专业的杀毒软件进行全面监控。在病毒日益增多的今天，使用杀毒软件进行防毒，是越来越经济的选择，不过用户在安装了反病毒软件之后，应该经常进行升级，将一些主要监控经常打开（如邮件监控），内存监控等，遇到问题要上报，这样才能真正保障计算机的安全。

（8）用户还应该安装个人防火墙软件进行防黑。由于网络的发展，用户计算机面临的黑客攻击问题也越来越严重，许多网络病毒都采用了黑客的方法来攻击用户计算机，因此，用户还应该安装个人防火墙软件，将安全级别设为中、高，这样才能有效地防止网络上的黑客攻击。

6. 计算机病毒的新特点

从某种意义上说，21 世纪是计算机病毒与反病毒激烈角逐的时代，而智能化、人性化、隐蔽化、多样化也在逐渐成为新世纪计算机病毒的发展趋势。也出现了新的专用病毒生成工具以及攻击反病毒软件的病毒。随着 Internet 的发展和普及，在网络环境下的病毒出现了新的发展趋势。

（1）盗取用户各类账号，获取经济利益成为推动病毒发展的最大动力。

现在的病毒编写者不再是单纯炫耀个人技术，而是通过盗取用户的各类账号获取经济利益为目的。灰鸽子入侵用户计算机后，即可窃取 QQ、网络游戏、网上银行的账号密码等信息，给用户带来直接经济损失。2007 年的网游大盗是专门盗取网游账号和密码的病毒，玩家计算机一旦中了此类病毒，就可能导致网游账号和数以千元甚至万元的虚拟装备莫明其妙地转到他人手中，总的损失估计达千万美元。另外，在世界各国都有成功截获针对银行网上账号和密码的病毒的事例，此类病毒会专门盗取银行的网上账号和密码，给用户造成巨大的经济损失。

（2）不断出现以窃取个人隐私、商业机密等重要信息为目的的病毒。

灰鸽子病毒感染那些存放商业机密的计算机后，攻击者就会窃取有价值的商业机密文件等，偷偷将这些文件进行贩卖，充当商业间谍。另外，黑客利用灰鸽子病毒还可以完全控制被感染者计算机，一旦发现对用户比较隐私的文件，立刻将其转移到其他地方，还可以通过远程控制用户计算机上的摄像头偷窥用户隐私，然后对用户进行勒索。又如白雪公主病毒，一旦计算机被其感染，内部的所有数据、信息以及核心机密都将在病毒制造者面前暴露无遗而任其为所欲为。

（3）新一代网络病毒破坏性更大。

新一代病毒可以修改文件、通信端口、用户密码，挤占内存，还可以利用恶意程序实现远程控制等。例如，CIH 病毒破坏主板上的 BIOS 和硬盘数据；爱虫病毒会自动向通讯簿中的所有电子邮件地址发送病毒邮件副本，阻塞邮件服务器，估计全球损失超过 100 亿美元。2004 年爆发的震荡波在短短的时间内就给全球造成了数千万美元的损失。2006 年年底爆发的熊猫烧香在几天就造成了巨大的社会危害和经济损失。有的病毒甚至可造成计算机系统和网络被人控制，带来不可估量的损失。

（4）震网病毒——Stuxnet 病毒。

Stuxnet 病毒于 2010 年 6 月首次被检测出来，是第一个专门攻击真实世界中基础设施的"蠕虫"病毒，比如发电站和水厂。它利用了微软操作系统中至少 4 个漏洞，其中有三个全新的零日漏洞；伪造驱动程序的数字签名；通过一套完整的入侵和传播流程，突破工业专用局域网的物理限制；利用 WinCC 系统的两个漏洞，对其开展破坏性攻击。它是第一个直接破坏现实世界中工业基础设施的恶意代码。据赛门铁克公司的统计，目前全球已有约四万五千个网络被该蠕虫感染，其中，60％的受害主机位于伊朗境内。伊朗政府已经确认该国的布什尔核电站遭到 Stuxnet 蠕虫的攻击。

5.3.6 拒绝服务攻击

1. 拒绝服务攻击的概念

凡是造成目标计算机拒绝提供服务的攻击都称为 DoS（Denial of Service，拒绝服务攻击）攻击，其目的是使目标计算机或网络无法提供正常的服务。最常见的 DoS 攻击是：计算机网络带宽攻击和连通性攻击。带宽攻击是以极大的通信量冲击网络，使网络所有可用的带宽都被消耗掉，最后导致合法用户的请求无法通过。连通性攻击指用大量的连接请求冲击计算机，最终导致计算机无法再处理合法用户的请求。

比较著名的拒绝服务攻击包括：SYN 风暴、Smurf 攻击和利用处理程序错误进行攻击等。SYN flooding 和 Smurf 攻击利用 TCP/IP 中的设计弱点，通过强行引入大量的网络包来占用带宽，迫使目标受害主机拒绝对正常的服务请求进行响应。利用 TCP/IP 实现中的处理程序错误进行攻击，即故意错误地设定数据包头的一些重要字段，将这些错误的 IP 数据包发送出去。

在接收数据端，服务程序通常都存在一些问题，因而在将接收到的数据包组装成一个完整的数据包的过程中，就会使系统宕机、挂起或崩溃，从而无法继续提供服务。这些攻击包括广为人知的 Ping of Death，十分流行的 Teardrop 攻击和 Land 攻击、Bonk 攻击、Boink 攻击及 OOB 攻击等。

(1) Ping of Death 攻击。攻击者故意创造一个长度大于 65 535B(IP 协议中规定最大的 IP 包长为 65 535B)的 ping 包，并将该包发送到目标受害主机，由于目标主机的服务程序无法处理过大的包，而引起系统崩溃、挂起或重启。

从早先版本的 Windows 上就可以运行 Ping of Death。在命令行下只需输入："ping -l 65550 攻击目标"即可。Windows 还有一个漏洞就是它不但在收到这种无效数据时会崩溃，而且可以在偶然的情况下生成这种数据。这种攻击已经不适用了，目前所有的操作系统都对此进行了修补或升级。

(2) Teardrop 攻击。一个 IP 分组在网络中传播的时候，由于沿途各个链路的最大传输单元不同，路由器常常会对 IP 包进行分组，即将一个包分成一些片断，使每段都足够小，以便通过这个狭窄的链路。每个片段将具有自己完整的 IP 包头，其大部分内容和最初的包头相同，一个很典型的不同在于包头中还包含偏移量字段。随后各片段将沿各自的路径独立地转发到目的地，在目的地最终将各个片段进行重组。这就是所谓的 IP 包的分段重组技术。Teardrop 攻击就是利用 IP 包的分段重组技术在系统实现中的一个错误。

(3) Land 攻击。Land 也是一个十分有效的攻击工具，它对当前流行的大部分操作系统及一部分路由器都有相当的攻击能力。攻击者利用目标受害系统的自身资源实现攻击意图。由于目标受害系统具有漏洞和通信协议的弱点，这就给攻击者提供了攻击的机会。

这种类型的攻击利用 TCP/IP 实现中的处理程序错误进行攻击，因此最有效最直接的防御方法是尽早发现潜在的错误并及时修正这些错误。在当前的软件行业里，太多的程序存在安全问题。从长远的角度考虑，在编制软件的时候应更多地考虑安全问题，程序员应使用安全编程技巧，全面分析预测程序运行时可能出现的情况。同时测试也不能只局限在功能测试，应更多地考虑安全问题。换句话说，应该在软件开发的各个环节都灌输安全意识和法则，提高代码质量，减少安全漏洞。

2. 分布式拒绝服务攻击

DDoS(Distributed Denial of Service,分布式拒绝服务)攻击，是对拒绝服务攻击的发展，攻击者控制大量的攻击源，然后同时向攻击目标发起的一种拒绝服务攻击。海量的信息会使得攻击目标带宽迅速消失殆尽。分布式拒绝服务攻击技术发展十分迅速，由于其隐蔽性和分布性很难被识别和防御，响应和取证更加困难。

攻击过程主要有两个步骤：攻占代理主机和向目标发起攻击。具体说来可分为以下几个步骤：①探测扫描大量主机以寻找可入侵主机；②入侵有安全漏洞的主机并获取控制权；③在每台被入侵主机中安装攻击所用的客户进程或守护进程；④向安装有客户进程的主控端主机发出命令，由它们来控制代理主机上的守护进程进行协同入侵，如图 5-9 所示。

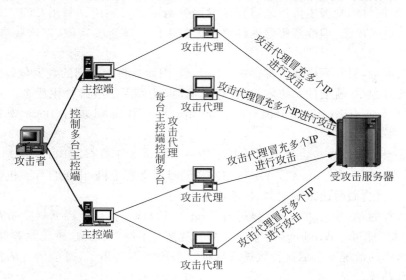

图 5-9　DDoS 攻击示意图

　　攻击者所用的计算机是攻击主控台，可以是网络上的任何一台主机，甚至可以是一个活动的便携机。攻击者操纵整个攻击过程，它向主控端发送攻击命令。主控端是攻击者非法侵入并控制的一些主机，这些主机还分别控制大量的客户主机。主控端主机的上面安装了特定的程序，因此它们可以接收攻击者发来的特殊指令，并且可以把这些命令发送到代理主机上。代理端同样也是攻击者侵入并控制的一批主机，它们上面运行攻击器程序，接收和运行主控端发来的命令。代理端主机是攻击的执行者，真正向受害者主机发送攻击。

　　相对于一般的拒绝服务攻击，分布式拒绝服务攻击有以下特点：①由于集中成百上千台机器同时进行攻击，其攻击力是十分巨大的。即使像 Yahoo!、Sina 等应用了可以将负荷分摊到每个服务器的集群服务器（Cluster Server）技术，也难以抵挡这种攻击。②多层攻击网络结构使被攻击主机很难发现攻击者，而且大部分装有主控进程和守护进程的机器的合法用户并不知道自己是整个拒绝服务攻击网络中的一部分，即使被攻击主机监测到也无济于事。

　　DDoS 所利用的协议漏洞主要有以下几种。

　　（1）利用 IP 源路由信息的攻击。由于 TCP/IP 体系中对 IP 数据包的源地址不进行验证，所以攻击者可以控制其众多代理端用捏造的 IP 地址发出攻击报文，并指明到达目标站点的传送路由，产生数据包溢出。

　　（2）利用 RIP 的攻击。RIP 是应用最广泛的路由协议，采用 RIP 的路由器会定时广播本地路由表到邻接的路由器，以刷新路由信息。通常站点接收到新路由时直接采纳，这使攻击者有机可乘。

　　（3）利用 ICMP 的攻击。绝大多数监视工具不显示 ICMP 包的数据部分，或不解析 ICMP 类型字段，所以 ICMP 数据包往往能直接通过防火墙。例如，从攻击软件 TFN（Tribe Flood Network）客户端到守护程序端的通信可直接通过 ICMP-ECHOREPLY（Type0）数据包完成。可直接用于发起攻击的 ICMP 报文还有：ICMP 重定向报文(Type5)、ICMP 目的站点不可达报文(Type3)、数据包超时报文(Type11)。

攻击者最常使用的分布式拒绝服务攻击程序主要有：Trinoo、TFN、TFN2K 等。

(1) Trinoo 攻击。Trinoo 是一种用 UDP 包进行攻击的工具软件。与针对某特定端口的一般 UDP flood 攻击相比，Trinoo 攻击随机指向目标端的各个 UDP 端口，产生大量 ICMP 不可到达报文，严重增加目标主机负担并占用带宽，使对目标主机的正常访问无法进行。

(2) TFN(Tribe Flood Network)攻击。TFN 是第一个公开的 UNIX DDoS 工具，由主控端程序和代理端程序两部分组成，其利用 ICMP 给主控端或代理端下命令，其来源可以做假。它可以发动 SYN flood、UDP flood、ICMP flood 及 Smurf 等攻击。

(3) TFN2K 攻击。TFN2K 是 TFN 的增强版，它增加了许多新功能：单向的对主控端的控制通道，主控端无法发现代理端地址；针对脆弱路由器的攻击手段；更强的加密功能，基于 Base64 编码，AES 加密随机选择目的端口。

3. 分布式反弹拒绝服务攻击

反弹技术就是利用反弹服务器实现攻击的技术。所谓反弹服务器(Reflector)是指当收到一个请求数据报后就会产生一个回应数据报的主机。例如所有的 Web 服务器、DNS 服务器和路由服务器都是反弹服务器。攻击者可以利用这些回应的数据报对目标机器发动 DDoS 攻击。

反弹服务器攻击过程和传统的 DDoS 攻击过程相似，如图 5-10 所示，如前面所述的 4 个步骤中，只是第 4 步改为：攻击者锁定大量的可以作为反弹服务器的服务器群，攻击命令发出后，代理守护进程向已锁定的反弹服务器群发送大量的欺骗请求数据包，其源地址为受害服务器或目标服务器。

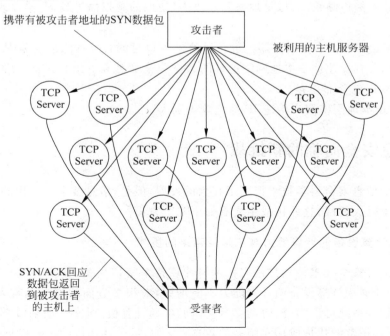

图 5-10　DDoS 攻击示意图

与传统 DDoS 攻击相比,①DRDoS 攻击更加难以抵御。实际上它的攻击网络结构和传统的相比多了第 4 层——被锁定的反弹服务器层。反弹服务器的数量可以远比驻有守护进程的代理服务器多,故反弹技术可以使攻击时的洪水流量变弱,最终才在目标机汇合为大量的洪水,其攻击规模也比传统 DDoS 攻击大得多。②目标机更难追查到攻击来源。目标机接收到的攻击数据报的源 IP 是真实的,反弹服务器追查到的数据报源 IP 是假的。又由于反弹服务器上收发数据报的流量较小(远小于代理服务器发送的数量),所以,服务器根据网络流量来自动检测是否为 DDoS 攻击源的这种机制将不起作用。

4. 拒绝服务攻击的防范

拒绝服务攻击会造成时间和金钱上的重大损失,但因为 Internet 上绝大多数网络都不限制源地址,伪造源地址非常容易;通过攻击代理的攻击,只能找到攻击代理的位置;各种反弹式攻击,无法定位源攻击者。所以完全阻止拒绝服务攻击是不可能的。不过防范工作可以减少被攻击的机会。

(1) 有效完善的设计网络:分散服务器的位置,避免被攻击时的瘫痪;设置负载均衡、反向代理、L4/L7 交换机的,加强对外提供服务的能力;有些 L4/L7 交换机本身具备一定的防范拒绝服务攻击能力。

(2) 带宽限制:限制特定协议占用的带宽,但这并不是完善的方法。

(3) 及时安装厂商补丁——减少被攻击的机会。

(4) 运行尽可能少的服务。

(5) 只允许必要的通信,设置严格的防火墙策略,封锁所有无用的数据;封锁敌意 IP 地址。

(6) 不要让自己的网络系统成为攻击者的帮凶。

(7) 保持网络安全:让攻击者无法非法获得对主机系统的访问。

(8) 安装入侵检测系统,尽早地检测到攻击,使用漏洞扫描工具,及早发现系统的弱点、漏洞并修补。

(9) 网络出口过滤:在路由器上进行过滤。入口过滤:所有源地址是保留地址的数据包全部丢弃;所有源地址是本地网络地址的数据包全部丢弃。出口过滤:所有源地址不是本地网络的数据包全部丢弃。

(10) 防止本地网络用户伪造 IP 地址攻击别人。

5.4 信息安全面临的新挑战

尽管当前信息安全科学技术得到了很大的发展,但是,信息技术和应用的不断发展变化也给其带来了巨大挑战,这些挑战主要有如下几个方面。

1. 通用计算设备的计算能力越来越强带来的挑战

当前的信息安全技术特别是密码技术与计算技术密切相关,其安全性本质上是计算安全性,由于当前通用计算设备的计算能力不断增强,对很多方面的安全性带来了巨大挑战。例如,DNA 软件系统可以联合、协调多台空闲的普通计算机,对文件加密口令和密钥进行穷搜,已经能够以正常的代价成功实施多类攻击;又如,量子计算机的不断发展向主要依赖数论的公钥密码算法带来了挑战,而新型的替代密码算法尚不成熟。

2. 计算环境日益复杂多样带来的挑战

随着网络高速化、无线化、移动化和设备小开支化的发展,信息安全的计算环境可能附加越来越多的制约,往往约束了常用方法的实施,而实用化的新方法往往又受到质疑。例如,传感器网络由于其潜在的军事用途,常常需要比较高的安全性,但由于结点的计算能力、功耗和尺寸均受到制约,因此难以实施通用的安全方法。当前,所谓轻量级密码的研究正试图寻找安全和计算环境之间合理的平衡手段,然而尚有待于发展。

3. 信息技术发展本身带来的问题

信息技术在给人们带来方便和信息共享的同时,也带来了安全问题,如密码分析者大量利用信息技术本身提供的计算和决策方法实施破解,网络攻击者利用网络技术本身设计大量的攻击工具、病毒和垃圾邮件;由于信息技术带来的信息共享、复制和传播能力,造成了当前难以对数字版权进行管理的局面。因此,美国计算研究协会(CRA)认为,创建无所不在的安全网络需求是对信息安全的巨大挑战。

4. 网络与系统攻击的复杂性和动态性仍较难把握

信息安全发展到今天,在对网络与系统攻击防护的理论研究方面仍然处于相对困难的状态,这些理论仍然较难完全刻画网络与系统攻击行为的复杂性和动态性,直接造成了防护方法主要依靠经验的局面,"道高一尺,魔高一丈"的情况时常发生。

5. 理论、技术与需求的差异性

随着计算环境、技术条件、应用场合和性能要求的复杂化,需要理论研究考虑更多的情况,这在一定程度上加大了研究的难度。在应用中,当前对宽带网络的高速安全处理还存在诸多困难,处理速度还很难跟上带宽的增长,此外,政府和军事部门的高安全要求与技术能够解决的安全问题之间尚存在差距。

习题

一、选择题

1. 网络系统的安全威胁主要来自_____。
   A. 黑客攻击 　　　　　　　　　B. 计算机病毒
   C. 操作系统安全漏洞 　　　　　D. 以上都是
2. 下面各项中,_____不属于网络安全技术。
   A. 数据加密技术 　　　　　　　B. 防火墙技术
   C. 病毒防治技术 　　　　　　　D. 实验室安全技术
3. 计算机病毒是计算机系统中一类隐藏在_____上蓄意破坏的捣乱程序。
   A. 内存 　　　B. 硬盘 　　　C. 存储介质 　　　D. 网络

4. 防火墙用于将 Internet 和内部网络隔离，_____。

    A. 是防止 Internet 火灾的硬件设施

    B. 是网络安全和信息安全的软件和硬件设施

    C. 是保护线路不受破坏的软件和硬件设施

    D. 是起抗电磁干扰作用的硬件设施

5. 假设使用一种加密算法，它的加密方法很简单：将每一个字母加 5，即 a 加密成 f。这种算法的密钥就是 5，那么它属于_____。

    A. 对称加密技术   B. 分组密码技术

    C. 公钥加密技术   D. 非对称加密技术

二、填空题

1. 信息安全研究领域的发展，经历了_____、_____、_____以及_____等阶段。

2. 信息保障的 PDRR 模型，其 5 个技术环节为_____、_____、_____、_____、_____。

3. 计算机信息系统的安全目标主要有：_____、_____、_____、_____和_____等。

4. 根据在系统中的作用，威胁信息系统的攻击可以划分为两大类：_____和_____。

5. 组织体系结构是信息系统安全的组织保障系统，由_____、_____和_____三个模块构成一个体系。

6. VPN 在实际应用中，主要有三种应用模式，分别是_____、_____和_____。

7. 防火墙的体系结构主要有：_____、_____、_____和_____。

8. J. Anderson 对入侵威胁进行了分类，指出来自内部的渗透者是系统安全的主要隐患，按照检测难度递增，把攻击分为_____（假冒他人的内部用户），_____（合法用户误用了对系统或数据的访问），_____（获取了对系统的管理控制）。

9. 计算机病毒具有以下几个特点：_____、_____、_____、_____、_____和_____。

三、简答题

1. 信息安全经历了哪几个发展阶段？每个阶段中的标志性事件是什么？

2. 信息安全的含义是什么？信息安全的安全目标包括哪几个？分别举例说明。

3. 安全策略与安全机制的关系是什么？常见的安全机制包括哪些？

4. 根据自己日常使用计算机和上网的经历，谈谈对信息安全含义的理解。

5. IPSec 主要有哪两种使用方式？每种方式的实用环境如何？

6. 防火墙的技术有哪些？试描述各种技术的特点并给出适用的场景。请说明防火墙在网络安全中的局限性。

7. 描述 VPN 的技术特点。

8. 简述恶意代码的分类，简述计算机病毒的发展。

9. 简述常见的计算机病毒检测方法与原理。

附录 A   阅读：计算机发展历程

从第一台真正意义上的电机计算埃尼亚克的诞生到今天已过去了七十多年,七十多年在人类历史上不过是短短的一瞬间,但这七十多年计算机给人类带来的变化却是翻天覆地的。

从计算机的使用来看,可以把计算机的发展过程分为这样几个阶段:前计算机时代,主机时代,个人计算机时代,互联网时代和后互联网时代。

A.1   前计算机时代

数字,从上古时期就和人类结下了不解之缘,那时人们采用结绳来记事。这在今天看来是很原始的方法,当时却是人类文明的一大进步。其实,古人远远比我们想象的聪明,结绳记事也远远比我们想象的复杂,如附图 A-1 所示。不同材质、不同颜色或不同大小的结,各自有不同的含义。比如一个"小结"代表"1",而一个"大结"代表"10",这是不是有点儿类似于今天的十进制数?

古代印加人用结绳来计数或者记录历史。它是由许多颜色的绳结编成的。这种结绳记事方法已经失传,目前还没有人能够了解其全部含义。

到了东汉时期,中国人发明了算盘,如附图 A-2 所示。算盘的伟大之处在于:①采用了五进制;②采用了"指令系统"。

附图 A-1   古人结绳记事

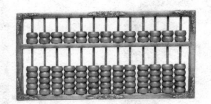

附图 A-2   中国古人发明的算盘,沿用至今

大家知道,算盘中间的横挡上面部分的算珠是"以一当五",这就是五进制的概念。可见当时的中国人是何等聪明!

算盘的最伟大之处在于它不依赖于人的大脑,而是靠"口诀"去计算。人很容易犯错误,珠算不需要人去做加减乘除,而是要人记忆一定的口诀,全部按照口诀来操作。这非常像今天的计算机。今天的计算机系统也是靠指令来工作的，只不过当时的人类还没有能力发明电子设备，而用人来代替电子设备执行指令。

算盘堪与中国古代四大发明相提并论，北宋名画《清明上河图》中赵太丞家药铺柜就画有一架算盘。由于珠算盘运算方便、快速，一千年来一直是中国古代劳动人民普遍使用的计算工具，即使现代最先进的电子计算器也不能完全取代珠算盘的作用。联合国教科文已经把珠算列为人类非物质文化遗产。

纵观人类社会发展历程，从创造工具和使用工具的方面开看，经历了简单工具，简单机械，复杂精密机械，电子技术，到复杂精密机械和电子技术相结合这样一个过程。

算盘可以归结为简单机械，但是，这一简单机械蕴含着大智慧，所以可以流传千年而不衰。

欧洲在度过了黑暗的中世纪以后，迎来了文艺复兴时期。由于思想的解放，自然科学也得到了飞速的发展。天文学、数学、物理学等都取得了令人瞩目的成就。到了 15 世纪，欧洲境内出现了超过五十所大学。欧洲国家已经在许多重要科技上领先世界。

A.1.1　能计算的机器

随着科学技术的进步，在科学研究中的计算也越来越复杂，人们对快速、准确的计算越来越渴求。

18 世纪末，因为科学研究的需要，法国发起了一项宏大的计算工程——人工编制《数学用表》，就像 20 世纪我国用的三角函数表或者对数表一样。那时，由于没有快速的计算工具，人们往往通过查表来获得相应的数值。

法国编制《数学用表》在没有先进计算工具的当时可谓是一件极其艰巨的工作。经过大量烦琐的计算，才完成了 17 卷大部头书稿，但存在大量的错误。

这件事让一位剑桥大学的老师巴贝奇（如附图 A-3 所示）萌生研制"计算机"的念头。经过努力，巴贝奇成功地研制出来第一台差分机，如附图 A-4 所示。它可以处理三个不同的 5 位数，计算精度达到 6 位小数，非常适合于编制航海和天文方面的数学用表。

附图 A-3　查尔斯·巴贝奇　　　　　　　　附图 A-4　巴贝奇发明的差分机

成功的喜悦激励着巴贝奇，他上书皇家学会，要求资助他建造第二台运算精度为 20 位的大型差分机。第二台差分机大约有 25 000 个零件，精度也要求很高，最终经过漫长的十几年的过程，以失败而告终。

从巴贝奇的失败可以看出，再伟大的设计，也需要和当时的工艺水平相结合。

自从巴贝奇设计差分机和分析机以后，19世纪下半叶到20世纪上半叶，是一个人类社会各方面均发生了翻天覆地变化的时代。在这个时期，数学、电磁学、天文学、物理学、文学以及各类艺术种类，都获得了长足的进步，同时，也诞生了一批为计算机的诞生而打下基础的大师，他们就像历史长河中的一颗颗璀璨的明珠，至今仍然闪烁着光芒。

A.1.2 布尔代数

乔治·布尔于1815年出生于英格兰的林肯，是皮匠的儿子，虽然家境贫寒，却凭借自己的聪慧和努力，成为最重要的数学家之一，如附图A-5所示。1835年，乔治·布尔开办了自己的学校。在备课的时候，布尔不满意当时的数学课本，决定自己编写教材。他大量阅读了很多数学家的著作和论文。在阅读这些著作和论文的过程中，他有了自己的认识和发现。

附图A-5 乔治·布尔

1847年，布尔出版了《逻辑的数学分析》，这是他对符号逻辑诸多贡献中的第一次。1849年，他被任命为位于爱尔兰科克的皇后学院的数学教授。1854年，他出版了《思维规律的研究》，这是他最著名的著作。在这本书中布尔介绍了现在以他的名字命名的布尔代数。布尔撰写了微分方程和差分方程的课本，这些课本在英国一直使用到19世纪末。

由于其在符号逻辑运算中的特殊贡献，很多计算机语言中将逻辑运算称为布尔运算，将其结果称为布尔值。而在今天很多的程序设计语言中，就有布尔型的变量。

A.1.3 真空二极管的诞生

历史的指针指到了1883年。美国发明家爱迪生在发明电灯泡期间为寻找电灯泡最佳灯丝材料，曾做过一项实验。他在真空电灯泡内部碳丝附近安装了一小截铜丝，希望铜丝能阻止碳丝蒸发。实验结果使爱迪生大失所望，但在无意中他发现，没有连接在电路里的铜丝，却因接收到碳丝发射的热电子而产生了微弱的电流。爱迪生并没有深入研究产生这个现象的原因，但发明家的敏感性促使他预料到了这个现象日后有可能有应用价值，于是他申报了专利，并称之为"爱迪生效应"。

"爱迪生效应"让大洋彼岸的一位青年的英国电气工程师弗莱明深深着迷，他坚信可以为"爱迪生效应"找到实际用途。经过反复实验，弗莱明终于发现，如果在真空灯泡里装上碳丝和铜板，分别充当阴极和屏极，则灯泡里的电子就能实现单向流动。

经过多次实验，1904年，弗莱明研制出一种能够充当交流电整流和无线电检波的特殊灯泡——"热离子阀"，从而催生了世界上第一只电子管，也就是人们所说的真空二极管，如附图A-6所示。

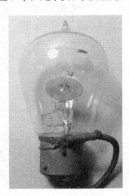

附图A-6 弗莱明实验用的灯泡

真空二极管作为检波元件首先用于无线电通信接收机，使接收灵敏度大幅提高。但早期的二极管性能很不稳定，直到高真空电子管发明后才获得广泛应用。

A.1.4　更强的功能——真空三极管

真空二极管的发明使电子技术往前进了一步,但真正带领人类步入电子世界的是真空三极管。真空三极管的发明者是美国工程师德福雷斯特,如附图 A-7 所示。

当英国弗莱明发明真空二极管的消息传来后,德福雷斯特也尝试制作了一个真空二极管。他选择了一段白金丝作为灯丝,在灯丝附近安装了一小块金属屏板,然后把一根导线弯成 Z 型,小心翼翼地安装到灯丝与金属屏板之间。德福雷斯特极其惊讶地发现,Z 型导线装入真空管内之后,只要通入一个微弱的变化电压,就能使在金属屏板上接收到的电流发生很大的变化,其变化的规律和 Z 型导线上的电流完全一致——这正是电子管的"放大"作用。

附图 A-7　德福雷斯特和他发明的真空三极管

1907 年,德福雷斯特向美国专利局申报了真空三极管的发明专利。

电子管主要在无线电装置里,它是通信、广播、电视等设备的关键零件。人们不久后发现,真空三极管除了可以处于放大状态外,还可充当开关器件,其速度要比继电器快成千上万倍,而且没有机械噪声。

电子管的发明,为计算机的出现,打下了物质基础。

A.1.5　计算机科学之父

这个时期有一个大师级的人物,对计算机的发展产生了深远的影响,他就是被称为"计算机科学之父"和"人工智能之父"的阿兰·图灵,如附图 A-8 所示。

阿兰·图灵,1912 年生于英国伦敦,1931 年考入剑桥大学国王学院,由于成绩优异而获得数学奖学金。在剑桥,他的数学能力得到充分的发展。

同年,阿兰·图灵提出了一个大胆的设想:能否有这样的一台机器,可以通过某种一般的机械步骤,能够一个接一个地解决所有的数学问题? 这就是有关图灵机的最初设想。其实图灵机一直是一个只存在概念上的计算机,图灵设想它就像一条永无边际的穿孔纸带,可以在一个存储了特定程序的机器上运行,如附图 A-9 所示。

附图 A-8　阿兰·图灵

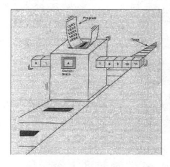

附图 A-9　图灵机的构想

1936 年，图灵根据自己的设想，发表了在计算机发展历史上影响深远的论文《论可计算数及其在判定问题中的应用》，首次阐明了现代计算机原理，从理论上证明了现代通用计算机存在的可能性。并提出"算法（Algorithm）"和"计算机（Computing Machine）"两个核心概念，至今影响深刻。

图灵把人在计算时所做的工作分解成简单的动作，与人的计算类似，机器需要：①存储器，用于储存计算结果；②一种语言，表示运算和数字；③扫描；④计算意向，即在计算过程中下一步打算做什么；⑤执行下一步计算。整个计算过程采用了二进位制，这就是后来人们所称的"图灵机"。

为了纪念图灵对计算机科学的巨大贡献，美国计算机协会（ACM）于 1966 年设立了一年一度的图灵奖，以表彰在计算机科学中做出突出贡献的人，图灵奖被喻为"计算机界的诺贝尔奖"。

A.2　主机时代

20 世纪的前 20 年，计算机的理论和技术的发展逐步成熟，为人类进入计算机时代打下了坚实的基础，人类开始进入计算机时代。

A.2.1　电子数字计算机之父

20 世纪 30 年代，依阿华州立大学物理系有位保加利亚裔副教授名叫约翰·文森特·阿塔那索夫，如附图 A-10 所示，他发现在求解线性偏微分方程组时，需要进行大量繁杂的计算，很耗时间。于是，他希望设计一台机器来解决这个问题。

阿塔那索夫的设计目标是能够解含有 29 个未知数的线性方程组的一台机器，经过两年反复研究实验，思路越来越清晰。于是他找到当时物理系正在读硕士学位的研究生克利福德·贝里一起进行研究，两个人终于在 1939 年造出来了一台完整的样机，证明了他们的概念是正确并且是可以实现的。

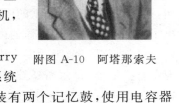

附图 A-10　阿塔那索夫

人们把这台样机称为 ABC，代表的意思是 Atanasoff-Berry Computer，即包含他们两人名字的计算机。这台计算机电路系统中装有 300 个电子真空管执行数字计算与逻辑运算。机器上装有两个记忆鼓，使用电容器来进行数值存储，以电量表示数值。数据输入采用打孔读卡，采用二进位制。

阿塔纳索夫的 ABC 正好处于模拟计算与数字计算的门槛上。从 ABC 开始，人类的计算从模拟向数字挺进。

A.2.2　第一还是第二

1943 年，第二次世界大战激战正酣时，美军迫切需要高速计算工具，以计算炮弹的弹道。宾夕法尼亚大学的艾克特和莫齐利研究小组获得 15 万美元的预算，用于研制高速度的计算机。

在当时，实现二进制的表示有多种方式：可以采用电容的"充电"和"放电"；可以采用继电器的触点的吸合和断开。

继电器在收到信号后因为有百分之一秒延时而降低了计算速度。而如果用真空三极管的导通或关断来表示二进制数，可以获得比继电器速度快成千上万倍的开关速度。这对于提升当时计算机的速度大有好处。因此，电子管被选为核心运算部件，如附图 A-11 所示。

由于这个项目是军方的项目，美军军械部弹道实验室的上尉赫尔曼·哥尔斯廷代表军方，负责军方和宾夕法尼亚摩尔电机学院的沟通。哥尔斯廷上尉本是位青年数学家，"珍珠港事件"后应征入伍。

1944 年夏天，赫尔曼·哥尔斯廷在美国东部的马里兰州阿伯丁火车站站台上等车时，碰到了大名鼎鼎的数学家冯·诺依曼，如附图 A-12 所示。

附图 A-11　世界上第一台采用电子管的计算机　　　　附图 A-12　冯·诺依曼

冯·诺依曼是个传奇人物，他自小就表现出罕见的数学天赋。在中学期间，他的老师就对他的数学禀赋惊叹不已，19 岁时他就发表了有影响的数学论文。1933 年，他被聘为美国普林斯顿大学高等研究院的终身教授，成为爱因斯坦最年轻的同事，当时他年仅 30 岁。

冯·诺依曼在数学、物理学、博弈论等领域都有不凡的建树。第二次世界大战爆发后，他参与了美国的一些重大的科研项目，如著名的制造原子弹的"曼哈顿计划"。从 1943 年开始，诺依曼成为奥本海默的中央实验室中身居要职的数学家，他对原子弹的最大贡献就是提出了一个引发核燃料爆炸的内爆方法，这个方法将研制出原子弹的时间缩短了大约一年。

哥尔斯廷以前听过冯·诺依曼的演讲，但无缘见面交谈。而此时，这位大数学家突然出现在自己面前，哥尔斯廷鼓起勇气做了自我介绍，两人就在阿伯丁站台上交谈起来。当哥尔斯廷告诉冯·诺依曼自己目前正在研制一台每秒钟能进行 333 次乘法运算的电子计算机时，冯·诺依曼的神情顿时严肃，连连追问。哥尔斯廷被问得汗流浃背，感觉就像在做"一场数学博士论文的答辩"。

原来，在"曼哈顿工程"时，冯·诺依曼就参与了原子核裂变的数据计算工作，庞大的数据运算全靠手工所花费的时间与精力是令人难以容忍的，而一台高速计算机正好派上用场。

这次谈话之后不久，诺依曼就赶往宾夕法尼亚大学，去看哥尔斯廷所讲的名为"爱尼亚克"（ENIAC）的机器（如附图 A-13 所示），当时已研制到一半，正在程序存储问题上遇到瓶颈，冯·诺依曼立即请求加入研究小组，并大胆地提出"实现程序由外存储向内存储的转化，所有程序指令必须用二进制的方式存储在磁带上。"

附图 A-13　第一台电子计算机 ENIAC

　　1945 年 6 月，冯·诺依曼将自己的思想撰写成文，提出了在数字计算机内部的存储器中存放程序的概念。这是所有现代电子计算机的范式，被称为"冯·诺依曼结构"，这是计算机发展史上的一个划时代的文献。

　　然而这篇文章只单独署了冯·诺依曼的名字，让研制者艾克特、莫齐利感到不满。也因为这个原因，冯·诺依曼的设想没能在"ENIAC"上第一次实现。

　　1946 年 2 月 14 日，拥有 17 468 个电子三极管、7200 个电子二极管、70 000 个电阻、10 000 个电容器、1500 个继电器、6000 多个开关、重达 30 吨的 ENIAC 诞生，ENIAC 最终花了军方 48 万美元。其每秒执行 5000 次加法或 400 次乘法的计算能力在今天看起来微不足道，但在当时却是一个质的飞跃。

　　ENIAC 具有不可动摇的历史地位，并确定了电子管在计算机发展中的重要性，在很长一段时间里被认为是历史上第一台电子管计算机。

　　但是，对于谁是世界上第一台电子管计算机，到底是前面讲到的 ABC 还是 ENIAC，现在还有争论。1973 年 10 月 19 日，美国明尼苏达州一家地方法院经过 135 次开庭审理，当众宣判："莫齐利和埃克特没有发明第一台计算机，只是利用了阿塔纳索夫发明中的构思。"从法律意义上，世界上第一台电子管计算机应该是 ABC。

　　但是，毕竟 ENIAC 是更加完整意义上的电子管计算机，它的影响更大，因而在人们心目中的地位是不可动摇的。"ENIAC"标志着计算机正式进入数字的时代。

A.2.3　献给世界的圣诞节礼物——晶体管

　　ENIAC 的诞生，大大提升了计算速度，但是，电子管计算机有一个很大的缺陷，那就是体积庞大，造价高昂，难以普及。

　　20 世纪 50～60 年代，是电子管收音机时代。当时在我国能够有一台电子管收音机，是很多家庭的梦想。一台电子管收音机的性能，包括灵敏度和功率，主要取决于它采用的电子管数量。一般的电子管收音机有五六个电子管，俗称"五灯"或者"六灯"。的确，电子管在工作时，灯丝会微微发红光，就像一个小灯泡一样。

　　ENIAC 具有近两万五千个真空二极管和三极管，这么多电子管一起工作，耗电量可想而知。ENIAC 耗电量相当于当时美国的一个小镇的总耗电量。每次一开机，整个费城西区的电灯都为之黯然失色。

　　功耗大，就意味着热量多，因为功耗都转化成了热量。几乎每 15 分钟就可能烧掉一个电子管，负责维护的人员要花 15 分钟才能找出坏掉的管子并更换一个好的。曾有人调侃道：只要那部机器可以连续运转一天，而没有一只真空管烧掉，那就是幸运的一天了。

　　散热问题，历来是电子设备要考虑的重要问题。今天，一个 CPU 集成了数亿只晶体管，尽快每一只晶体管的耗电非常小，但这么庞大数量的晶体管集成在一块橡皮大小的尺寸上一起工作，耗电量也是最棘手的问题之一。所以，现在的 CPU 的核心电压也来越低，因为功率和电压的平方成正比。所以说，耗电问题不解决，将会大大限制计算机的发展。而晶体管的出现，改变了这一局面。就在 ENIAC 投入使用一年以后的 1947 年 12 月 23 日，美国贝尔实验室的科学家巴丁博士、布莱顿博士和肖克利博士，在导体电路中进行用半导体晶体把声音信号放大的实验时，发明了科技史上具有划时代意义的成果——晶体管。因它是在圣诞节前夕发明的，而且对人们未来的生活产生如此巨大的影响，所以被称为"献给世界的圣诞节礼物"。

　　1947 年 12 月 23 日，再过一天就是圣诞节了，贝尔实验室提前放假，工作人员感谢老板"体贴"，都各自回家准备过圣诞节了。他们却不知道，此乃贝尔高层的刻意安排，一件大事即将发生。按照计划，贝尔实验室的高层主管们，下午将齐聚在他的实验室，来观察肖克利研究小组的"新发明"演示，那项新发明叫作"不用电子管的放大器"，如附图 A-14 所示。

附图 A-14　巴丁博士、布莱顿博士和肖克利博士

　　在肖克利实验室里，演示台上摆着示波器、信号发生器、变压器、话筒、耳机、电表和开关等，这些都是常规仪器，大家的目光不约而同地聚焦在那个"神秘装置"上。

　　肖克利的伙伴布莱顿简短地向上司们介绍了这个装置的构成："这个装置具有放大信号的功能，它是一个信号放大器。"声音虽然缓慢低沉，却令每个在场的人为之振奋。因为人们都注意到，在这个装置上没有电子管，因为在那个年代，电子管是放大器中必不可少的元件。如果有一个不用电子管的放大器，那将是人类历史上的伟大发明。

　　演示开始。布莱顿接通电源和信号发生器，他在输入端输入一个幅度较小的信号，而在输出端，信号的幅度明显变大。接着，布莱顿对着话筒讲话，话筒微弱的信号，经过放大器输出到耳机。贝尔的负责人们一个接一个戴着耳机试听，耳机里是布莱顿响亮的声音。要知道，话筒的信号，只有在被放大至少数十倍甚至数百倍后，才能这么响亮。

　　贝尔的负责人个个面露惊奇，难掩激动。这个用半导体材料制作的装置，在导体电路中产生了放大效应。科学家们敏感地意识到，这项发明即将开启科学发展史上的一个新篇章。

大家都异常兴奋：这是肖克利研究小组送给贝尔实验室的最好的圣诞大礼。

晶体管（如附图 A-15 所示）的发明，具有划时代的意义。晶体管作为电子管的更新换代产品，克服了电子管的几个重要缺点：功耗大，发热多，体积大，易碎，从而使人类迈入晶体管时代。1956 年，肖克利、巴丁和布莱顿三个人共同获得了诺贝尔物理奖。

1954 年，贝尔实验室研制成功第一台使用晶体管的计算机，取名"催迪克"（TRADIC），如附图 A-16 所示，它装有 800 个晶体管，而体积只有衣橱般大小。晶体管的快速开关性能和简单的结构，让催迪克引入了浮点运算，使速度有了极大的提高。

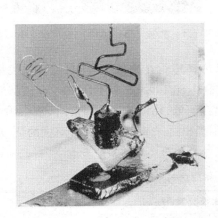

附图 A-15　人类历史上第一支晶体管　　　附图 A-16　首台晶体管计算机"催迪克"

军事领域是当时计算机服务的主要对象，催迪克诞生后不久，就被搬到了波音 B-52 亚音速远程战略轰炸机上。1955 年，美国在阿塔拉斯洲际导弹上装备了以晶体管为主要元件的小型计算机，计算机的进步直接促进了军事科技的发展。

A.2.4　更小，更强大——集成电路

相比电子管，晶体管又前进了一大步。但是，随着技术的发展，电子设备特别是计算机所使用的晶体管数量越来越多，而对设备的小型化、微型化的需求也越来越迫切。

1958 年，美国德州仪器的工程师杰克·凯尔比（Jack Kilby）把三个元件焊接在一起，完成一个独立的功能，这就是历史上第一块"集成电路"，如附图 A-17 所示。这块集成电路虽然粗糙，集成度当然也很低，对于计算机来说，并没有太大的意义，但是这却是人类迈向集成电路时代的开端。2000 年，杰克·凯尔比被授予诺贝尔奖。

随着工艺的进步，集成电路内可以容纳的晶体管越来越多。而随着集成度的提高，一个改变计算机发展进程的产品，也在孕育之中，那就是处理器。

世界上第一款商用处理器，是 Intel 4004。它的诞生充满了戏剧性。20 世纪 60 年代末，日本的一家计算器厂商 Busicom 要生产一种新的产品，期望能用于商场的收款机里，Busicom 的工程师带着自己的要求找到 Intel。

如今的巨无霸 Intel，当时只是一个小公司，刚刚成立不久，单纯生产存储器。Intel 虽然承接了这一设计订单，但研发进展非常缓慢，直到 1971 年，4004 才研发成功，远远超过合同期，如附图 A-18 所示。

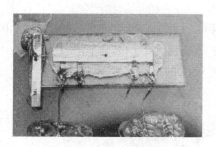

附图 A-17　第一块集成电路　　　　　附图 A-18　世界上第一款商用处理器：Intel 4004

延迟交货让 Busicom 极为恼怒，要求 Intel 降价。违约在先的 Intel 只能做出妥协但却附加了一个条件：允许 Intel 自由出售 4004 芯片。由此 Intel 完成了从单一存储器制造商向微处理器制造商的转型。如今 Busicom 已不知在何处，Intel 却成了芯片巨头。附表 A-1 给出了集成电路集成度的发展。假若当初 Intel 不提出这一要求或是及时交货的话，那么如今 PC 市场格局也许就会改写。

附表 A-1　集成电路的集成度的发展

名称	含　义	年代	晶体管数量/个	逻辑门数量/个
SSI	小规模集成度	1964	1～10	1～12
MSI	中规模集成度	1968	10～500	13～99
LSI	大规模集成度	1971	500～20 000	100～9999
VLSI	甚大规模集成度	1980	20 000～1 000 000	10 000～99 999
ULSI	超大规模集成度	1984	1 000 000 或更多	100 000 或更多

1965 年，英特尔创始人之一戈登·摩尔（Gordon Moore）提出：当价格不变时，集成电路上晶体管的密度，每年会增加一倍，性能也将提升一倍。

1975 年，戈登·摩尔将这一规律修正为：晶体管的密度每 18 个月将增加一倍，性能也提升一倍。换言之，每一美元所能买到的计算机性能，每隔 18～24 个月会翻一倍。这就是所谓的"摩尔定律"。在那以后的将近四十年的时间里，计算机芯片一直按照这一规律在发展。

A.2.5　为什么是晶体管

从上面的介绍我们知道，计算机的发展经历了电子管时代，晶体管时代，然后进入集成电路时代。今天处理器的集成度越来越高。最新的 CPU 集成度已高达十几亿个晶体管单元。

为什么技术发展到今天，仍然以晶体管作为基本单元？

当然最根本的原因是人类尚未找到能够替代晶体管的元器件。那么，我们来看看晶体管有什么特性，让它能够长期占据这么重要的地位。在研究晶体管之前，先看看它的父辈——电子管。常用的电子管是真空二极管和真空三极管。

真空二极管的符号如附图 A-19 所示，工作原理请参考附图 A-20。加热丝又称灯丝，通电后会把阴极加热到电子激发状态，如果阴极接通电源的负极，阳极接了电源的正极，在灯丝通电以后，阴极就会发射电子，而且向阳极移动，从而形成电流 I_p 的单向流动。

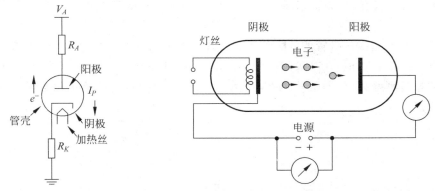

附图 A-19　真空二极管的
符号与极性

附图 A-20　真空二极管工作示意图

真空三极管的符号如附图 A-21 所示。它和真空二极管的结构很相似，但是在阴极和阳极之间加了一个栅极。栅极就像一道闸门，栅极接上负电压后，由于从阴极过来的电子也是带负电荷的，因为同性相斥的原理，栅极就可以控制流向阳极电荷的多少。这就形成了真空三极管的放大原理，如附图 A-22 所示。

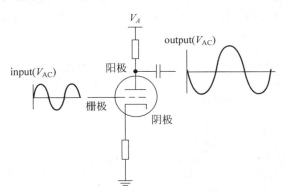

附图 A-21　电子管放大电路

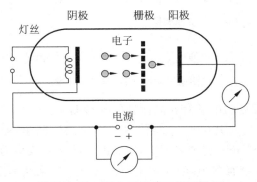

附图 A-22　真空三极管工作示意图

真空三极管不仅具有放大特性，而且可以控制阴极和阳极之间电流的通断。因为加在栅极的电压到一定的数值，就可以阻挡阴极的电子向阳极流动，这就是开关特性。

作为电子管的更新换代的产品，晶体管也具有类似的功能。总结起来，晶体管具有三种工作状态：放大状态、开关状态和高阻态。而二进制数据的存储就是利用了晶体管的开关状态。

我们来看看晶体三极管的放大作用。晶体三极管有三个极，分别是基极，集电极和发射极。和真空三极管相似，在基极加一个小的电压，在集电极可以得到一个放大的电压，只不过电压的相位刚好相反，如附图 A-23 所示。今天，单只三极管的放大倍数可以做到几十倍甚至几百倍。

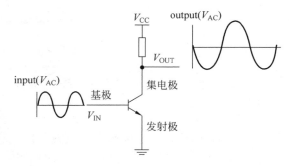

附图 A-23　晶体管放大电路

而三极管的开关作用可以用附图 A-24 来说明。当基极通过一很小的电流时，三极管导通，接在集电极和电源之间的灯泡就发光了。而当基极没有电流时，三极管截止，灯泡也就灭了。

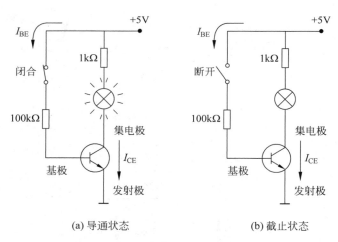

(a) 导通状态　　　　　　　　　　(b) 截止状态

附图 A-24　晶体管开关电路

附图 A-25 是一些常见的电子管和晶体管的外形图。

从 ENIAC 诞生到 20 世纪 60～70 年代约三十年的时间里，是主机（Mainframe）时代。现在已经很少使用 Mainframe 这个名词了，Mainframe 又被戏称为 Big Iron。简单地说，它是一种大型计算机系统，带有多个终端，多个用户通过终端来共享主机的资源。当年微软的

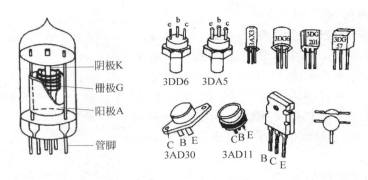

附图 A-25　真空三极管(左)和各种晶体管(右)

创始人比尔·盖茨和艾伦·保罗,就是使用这样一个型号为 DEC 公司生产的 PDP-10 的计算机系统"私下里"(未经过校方允许)开发 BASIC 程序的,如附图 A-26 和附图 A-27 所示。

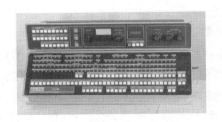

附图 A-26　PDP-10 计算机操作面板

附图 A-27　PDP-10 计算机

A.3　个人计算机时代

由于计算机的应用越来越广泛,而 Mainframe 体积庞大,价格昂贵,使用不便,到了 20 世纪 70 年代,陆续出现了一些体积小巧、可以放在桌面上的"个人计算机"。

A.3.1　人类历史上第一台微型计算机

1975 年 1 月份《大众电子学》杂志封面上刊登了一幅广告,出售微型计算机,型号是 Altair 8800,如附图 A-28 所示,这被认为是世界上第一台微型计算机,它是由 MITS(微型仪器遥测公司)设计的。它采用的 CPU 是 Intel 8080,主频 2.0MHz,而标准配置的内存只有 256B,最大可以扩展到 64KB。它没有键盘,操作采用面板上的开关。它也没有屏幕,显示采用的是面板上的 LED(发光二极管)。显然,这样的计算机只能采用二进制方式输入指令,而显示也只能是用发光二极管的"点亮"或者"熄灭"来表示。

更为奇特的是,MITS 的工程师们只擅长于硬件设计而不擅长软件设计,他们设计出了这台计算机硬件系统,却没有合适的操作系统,更谈不上丰富的应用软件了。

很多人打电话给 MITS 的负责人罗伯茨,说他们开发出来能够运行在 Altair 8800 上的软件，但是经过测试，都不成功。

　　1975 年年初，盖茨还在读大学二年级。一天，他的同学艾伦来到了他的宿舍，手里拿着新买的《大众电子学》1975 年 1 月号，对盖茨说，"这件事情在我们没参与的情况下发生了。"从这些话语里可以看出，艾伦和比尔·盖茨一直关注计算机的发展趋势，并预见到未来一定是 PC 的天下，于是他们着手为这台计算机编写 Basic 编译器。

　　由于没有 Altair 计算机，他们决定在学校实验室的 PDP-10 上模拟一台。他们买来了 8080 微处理器手册，了解 8080 的指令系统。在随后的几周，艾伦做模拟器和其他开发工具，盖茨在黄色记事本上不停地写代码。在模拟器完成以后，他将代码输进了计算机。

　　由于在此之前已经有编写 BASIC 解释器的经验，编写解释器本身并不是困难的事。但是，要把这个编译器运行在内存这么小的机器上，是一个巨大的挑战。

附图 A-28　1975 年 1 月号的《大众电子学》

我们知道，要运行一个程序，需要把它加载到内存中，这就要求内存能够容纳所加载的程序。当时的 Altair 的内存标准配置只有 256B，是无论如何也不可能运行 BSAIC 解释器的。尽管内存可以扩展的 64KB，但是内存条价格很高。他们决定要把代码精简到 4KB 以内，以便能够运行在 4KB 的内存环境上，这是一个折中的成本。经过努力，他们将代码精简到了 3.2KB。"这不是我是否能够编写代码的问题，而是能否将它浓缩到 4KB 以下，并使其超级快"，盖茨说，"它是我写过的最酷的程序。"

　　今天，我们在学习 C/C++ 语言的时候，会看到一些精简的写法以及算法，这就是当年留下来的痕迹。它要求程序书写尽可能简单，而使用的内存也尽可能少。这就是所谓的"效率第一"。而今天，随着技术的发展，软件也越来越庞大，而且可能是一个团队协作，这就要求软件开发要有详细的文档，并遵循"清晰第一"的原则。

　　1975 年 2 月，在 8 个月紧张编程后，他们终于完成解释器的开发工作。如附图 A-29 所示，长着大胡子的艾伦比娃娃脸的比尔·盖茨看起来更成熟，他负责去 MITS 公司现场演示的工作，而比尔·盖茨在学校里焦急地等待着。在 MITS 公司，技术人员打开了 Altair，艾

附图 A-29　学生时代的比尔·盖茨和艾伦·保罗

伦拿出了事先准备好的程序———一卷穿孔纸带。纸带输入机载入花了十几分钟的时间。罗伯茨和同事们交换着好奇的目光，心里却在怀疑这一次的实验是否能够成功。机器打出了"MEMORY SIZE?"，要求输入内存的大小。一位员工惊喜地叫道，"Hey，它打出东西了！"艾伦不紧不慢地输入了内存的大小：7168。Altair回应说："OK。"工程师的情绪越来越紧张。随后，艾伦输入了"PRINT 2＋2"，Altair的二极管亮了，显示"4"。这是人类历史上商业化的家用计算机上运行的第一个软件程序。

A.3.2 一个人的发明———人类历史上第一台个人计算机

尽管有如此多的不足，Altair 8800还是引起了很大的反响。因为到了20世纪70年代中期，对个人计算机的需求和技术条件正在酝酿并逐步趋于成熟。

首先从市场角度分析，经过了三十多年的应用发展，计算机（Mainframe）已经逐步深入军事、航空航天以及普通工业、商业领域。美国的大学乃至中学，都大力推广计算机教育。于1968年组建，最初只有4个结点的阿帕网，到了1971年已经扩充到15个结点。经过几年成功的运行后，已发展成为连接许多大学、研究所和公司，并能通过卫星通信与相距较远的夏威夷州、英国的伦敦和北欧的挪威连接，使欧洲用户也能通过英国和挪威的结点入网。1975年7月，阿帕网移交给美国国防部通信局管理，并逐步开始进入民用领域，因此全体社会对计算机的需要越来越大。

从技术角度分析，促成小型化能够放置在桌面上的计算机的条件也逐步具备。计算机最核心的CPU也逐步小型化，并且功能越来越强。

1974年4月，英特尔发布了一款具有划时代意义的处理器———Intel 8080。这是一枚8位处理器，有40个引脚，它的主频为2MHz，集成了4500只晶体管，每秒运算29万次，拥有16位地址总线和8位数据总线，包含7个8位寄存器，支持16位寻址，同时它也包含一些输入输出端口，有效解决了外部设备在内存寻址能力不足的问题。

Intel 8080处理器在发布之初就让当时的业界为之震动，因为采用了复杂的指令集和较高的时钟频率，处理能力大为提高，比它的上一代产品8008快了10倍。

与此同时，更多的公司也加入了CPU研发和生产行列。RCA（美国无线电公司）、Honeywell、Fairchild、美国国家半导体公司、AMD、摩托罗拉以及Zilog公司等都是当时市场上有力的竞争者。其中有一家名叫MOS Technology的公司，也发布了一款同等级别的CPU，型号是6502，它有40个引脚，主频也是2MHz，集成了3510只晶体管，有56条指令。同样拥有16位地址总线和8位数据总线。和Intel 8080不同的是，它的售价非常低，仅20美元一片，而当时Intel 8080的售价高达149美元。

尽管Altair 8800并不能算是真正的个人计算机，但在当时已经是革命性的了。Altair 8800以套件的形式卖给计算机爱好者，395美元一套，由爱好者自己组装。数月内，Altair 8800销量达数万台，并一度缺货，这是计算机销售史上的第一次缺货现象。

1975年，对计算机的发展来说，注定是非凡的一年。因为也是在这一年，另一个伟大的天才，也在思索着做一些事情，而他所做的这些事情，仅仅是出于自己的爱好，而令他没有想到的是，他的爱好却拉开了PC时代的序幕。他就是Apple Ⅰ和Apple Ⅱ的发明者———沃兹·尼亚克。

在这里，我们必须提及一个电子爱好者组织——家酿俱乐部（The Homebrew Computer Club），它是由一些硅谷的计算机技术爱好者自发组织创建的一个组织，成立于1975年3月，这个俱乐部的主题是"帮助他人"。他们每两周聚会一次，讨论自己在DIY计算机中的新发现、新问题，展示自己的新发明。他们还互相交换各种零件、芯片等。"没有家酿俱乐部，也许就没有苹果。"沃兹在后来写的一篇文章中说道。家酿俱乐部不仅促成了苹果公司的诞生，还催生了其他许多公司，像有着广泛影响的处理器技术公司、奥斯本计算机公司等。

1975年年中，家酿俱乐部又一次在门罗公园的一间车库聚会。有人拿出了《大众电子学》第一期，封面上刊登的Altair 8800，很多人都是Altair 8800的爱好者，大家热烈地讨论着关于Altair的方方面面。与比尔·盖茨和艾伦·保罗看到这一期杂志的封面反应不同的是，沃兹觉得自己能够设计一台更好的计算机。

当时沃兹还在著名的惠普公司上班，他白天在公司上班，晚上下班以后回家就开始他最喜欢的设计工作，他要设计一种前所未有的计算机。

首先，他将采用键盘作为输入工具。Altair 8800只能通过上下拨动开关输入"0"或"1"，或者用穿孔纸带输入。穿孔纸带价格昂贵，使用起来既耗时，又很不方便，效率很低。

其次，他还要解决计算机的启动问题。Altair 8800不能自动启动，开机后要首先加载启动程序，需要半个小时才能进入工作状态。沃兹的解决方案是增加一个只读存储器，把开机所需要的程序存在里面。因为只读存储器在关机后数据不会丢失，这样计算机再一次开机时，就能够自动启动了。新的计算机能够在一分钟之内完成Altair需要半个小时才能完成的加载工作。

再次，他要给计算机加一个显示屏，能够直观地显示信息。他采用的方案是用电视机作为显示工具。在Altair 8800上，如果想查看存储器上的信息，需要花费很多时间去观测那些指示灯，这是二进制的显示方式，很抽象，没有专业的知识也很难读懂。

沃兹最初采用的CPU是摩托罗拉生产的6800芯片，主要原因是它价格低，只有40美元一片。6800有40个引脚，他必须准确知道每一个引脚的功能以及它们是如何工作的。他花了几周的时间研究这个芯片，设计电路图。

后来，在一篇文章中，沃兹看到一种新一代的更为高级的微处理器将在美国西部的电子元器件展会上亮相，它是宾夕法尼亚MOS技术公司生产的6502微处理器，与摩托罗拉6800具有相同的引脚功能定义，可以直接替换6800，如附图A-30所示。而6502的价格只有20美元一片，他一下子买了很多芯片，并以5美元的价格买了一本说明手册。

附图A-30　MOS技术公司的6502 CPU

完成一个前所未有的设计，需要大量的时间酝酿。这是沃兹做事的风格。他每天提前两三个小时开车来到公司，独自享受清晨的宁静。他利用这段时间阅读工程杂志、芯片手册，研究芯片的结构和时序图。

他利用公司的视频终端来寻找所需要的零件，因为视频终端已经接入当时还不是很流行的阿帕网。

经过几个月的努力，沃兹终于做好了所有的准备工作，他买齐了需要的元器件，电路图也设计完成，他花了一整夜完成了焊接，现在新的计算机主板已经摆在了面前。

但是，整个工作还远远没有完成。现在制作出来的是一台"裸机"，他需要准备一些能够让计算机跑起来的程序。

第一个程序就是烧写在只读存储器里，能够让计算机启动并用键盘取代操作面板的监控程序。当时常用的编程方式是，租用昂贵的主机（Mainframe）分时终端，通过终端编写程序，主机会把编写的程序转换成二进制代码，这样就可以写入芯片了，因为芯片只识别二进制文件。

沃兹付不起终端使用费用，好在 MOS 技术公司提供了 6502 微处理器的编程手册，为每一条指令提供了"0"和"1"的二进制代码表示，他们甚至还提供了可以放在口袋里的袖珍卡片，包括多种二进制代码的构成，随身携带非常方便。

在手册和卡片的帮助下，沃兹完成了这些程序的编写，他还需要把这些程序烧写到芯片上，这需要专门的设备。这些设备在今天来说不算什么昂贵的设备，几十元几百元就可以买到，而在当时却并不便宜。好在惠普公司有这些设备。沃兹用公司的烧写器把二进制代码写进了芯片。

接下来就是硬件和程序的调试，可以想象，这个过程也不会一帆风顺。但是，最终见证奇迹的一刻终于到来了，沃兹在键盘上按了几个键，这些字母在屏幕上出现了。沃兹被自己的发明惊呆了。那一天是 1975 年 6 月 29 号，"我当时并没有意识到这一天多么重要"，沃兹后来在他的自传里说。但是，正如阿姆斯特朗在他走出登月舱，踏上月球所说的一样，这是他的一小步，却是计算机发展史上的一大步，"有史以来，键盘上敲打的字符，第一次在屏幕上直接显示出来"，沃兹说。

这就是 Apple Ⅰ 的第一个版本，如附图 A-31 所示。技术天才沃兹甚至在当时都没有认识到他的发明的伟大意义。而他的好友，只在里德学院读了一个学期就退学的乔布斯（如附图 A-32 所示），却独具慧眼，发现了它的商业价值。一个不善言辞，只喜欢发明，而对商业毫无兴趣的"大胡子"沃兹，遇到了虽然对技术并不精通，但是却具有敏锐的市场嗅觉、口才出众、天赋异禀的商业奇才，于是世界上最具创新能力的伟大公司诞生了，这就是苹果公司。

附图 A-31　Apple Ⅰ 主机板

附图 A-32　沃兹和乔布斯

Apple Ⅰ生产了 200 台,售价为 666.66 美元。而且用户还必须自己另外购买键盘、显示器和机箱。

今天,Apple Ⅰ早已被更迭了不知道多少次,但是它却作为伟大历史的见证,身价涨到上千倍,变成了收藏家的最爱。2014 年 10 月 23 日,一台苹果公司早期的 Apple Ⅰ在纽约的一次拍卖会上拍出 90.5 万美元的高价。

1976 年,乔布斯说服沃兹一起成立了苹果公司。1977 年 6 月 5 日,他们推出了 Apple Ⅰ的改进型 Apple Ⅱ,这款计算机沿用了 MOS 技术公司的 6502 微处理器,主频仍然为 1MHz,标准内存配置为 4KB。增加了用于读取程序和数据的磁带接口。并在 ROM 中内置了 interger BASIC 程序解释器。第二年,又增加了 5.25 英寸的软盘驱动器,取代了原来

附图 A-33　Apple Ⅱ主机

的磁带机。它有 8 个扩展槽,用以扩充内存,添加打印机控制卡、调制解调器卡等。至此,Apple Ⅱ已经接近于完整意义上的个人计算机,如附图 A-33 所示。

1980 年,苹果公司成为第一家出售 100 万台计算机的公司,也在这一年完成了继福特汽车公司之后美国历史上最大规模的一次股票首次公开发行(IPO),并因为在一天内产生了最多的百万富翁而载入史册。这一年,沃兹刚好 30 岁,而乔布斯只有 25 岁。

A.3.3　蓝色巨人的巨制——IBM PC

总结苹果公司发展的历程可以看出,市场需求,创新的设计和优秀的商业运作是成功的关键。

然而,这只是 PC 时代的开始,激烈的竞争还在后面。到了 20 世纪 70 年代末,在主机时代独领风骚的 IBM 也开始逐步意识到个人计算机市场的巨大。1980 年 4 月,IBM 公司召开了一次高层秘密会议,决定秘密研发新的小型计算机,项目代号为“国际象棋(Chess)”。他们制定的策略是:第一,要在一年内开发出能迅速普及的微型计算机;第二,IBM 必须实行“开放”政策,借助其他企业的科技成果,形成“市场合力”。因此,他们决定采用英特尔 8088 微处理器,让计算机“思考的速度远远快于它通信的速度”。同时,IBM 必须委托独立软件公司为它配置各种软件,其中最重要的软件之一就是操作系统。经反复斟酌,IBM 决定把新机器命名为“个人计算机”,即 IBM PC。

确定为新的计算机开发操作系统的合作伙伴是第一件大事。IBM 找了当时业界小有名气的微软。在签订了一大堆保密协议以后,IBM 向比尔·盖茨说明了来意。在当时,IBM 被称为“蓝色巨人”,业界翘楚,而微软正如它的名字一样,非常微小。比尔·盖茨手里只有 BASIC 程序解释器,没有操作系统的开发经验。在这种情况下,比尔·盖茨把 IBM 的代表介绍给了一个人——加里·基尔代尔,如附图 A-34 所示。

加里·基尔代尔是加州蒙特利的美国海军研究生学院的老师,主要从事软件方面的研究。

附图 A-34　基尔代尔

他曾帮助英特尔进行芯片的程序编写工作,并每周在英特尔兼职一天。Intel 8008 问世后,基尔代尔用这个芯片自制了几台叫 Intellec-8 的微机。后来英特尔送了一台计算机作为基尔代尔的部分酬劳,他把这台机器放在教室后方,成为海军研究生院的第一个微机实验室。好奇的学生下课后都来滴滴答答玩上几个小时。当 8008 升级为 8080 时,Intellec-8 变成了 Intellec-80,性能高出 10 倍。英特尔又加送了一台显示器和一台高速纸带阅读机。基尔代尔和学生们大受鼓舞。这时,刚好遇上 IBM 发明 8 英寸软盘的艾伦·舒加特,立刻和一位名叫戈登·恩巴克斯的学生一起,开发微机和控制程序 CP/M 的操作系统,这是世界上第一个磁盘操作系统(DOS)。

那时候没有人能够预见到未来 PC 业的辉煌。基尔代尔与英特尔的设计师一样,觉得微机最终会应用在家用搅拌器、食物汽化器上。

20 世纪 70 年代中期,微机领域比较有影响的公司有两家,一是前面说过的生产 Altair 8800 的 MITS,另一个是今日早无声息的 IMSAI。两个公司用的都是 8080。MITS 与盖茨合作,盖茨用 BASIC 语言开发出一个很简单的 DOS,但很不好用,而且和别的微机不兼容。后者则找基尔代尔,以 25 000 美元买下 CP/M 的许可使用权,CP/M 大受欢迎。

基尔代尔并没有意识到自己写了一个多么有价值的程序。他不喜欢商业,只对技术感兴趣。经过不断的修改完善,他开发了 5 个 CP/M 版本,为装有不同磁盘驱动器的不同计算机而设计。继 MSAI 购买之后,订单滚滚而来。最终有超过 2000 万套备份在使用。CP/M 也成了 20 世纪 70 年代末 80 年代初最有影响的 PC 操作系统。到 20 世纪 80 年代中期,它运行在 300 种计算机模型上,而且 3000 种软件支持 CP/M 机,CP/M 成了事实标准。

在比尔·盖茨的介绍下,IBM 和基尔代尔约好在蜿蜒海岸边的一号高速公路旁,秀丽的加州太平洋林园见面。然而,在约定的时间,基尔代尔并没有到场。

关于基尔代尔如何错失这笔 20 世纪最具价值的生意,流传着许多版本。有的说这位计算机博士骄傲自大,所以当 IBM 带着百年不遇的大生意找他时,他竟然驾着他的双引擎小飞机兜风去了,留下当律师的太太和 IBM 打交道。面对 IBM 一大堆协议书,她一天的大部分时间都花在讨价还价上,双方达成的唯一协议就是不要泄漏 IBM 来访这件事。但基尔代尔本人否定了这种说法,他说上午去处理一件紧急事务,下午三点就赶回来以便和 IBM 的人见面。对于 IBM 要签署的文件,他赞同妻子的做法。对于失去这次机会,他也只是耸耸肩而已。

由于 IBM 没能与基尔代尔达成合作,盖茨决定揽下这笔生意。但是编写一个操作系统起码要花一年时间,但 IBM 要求几个月内就完成。他们知道有一个叫蒂姆·帕特森的人编写了一个叫 QDOS 的操作系统,他们花了 5 万美元从蒂姆·帕特森手里买了源代码。经过修改成了微软的 MS-DOS。

比尔·盖茨的精明之处,不是把软件直接卖给 IBM,而是授权。IBM 每销售一台 PC,搭配一份操作系统,微软只收几美元的授权费。IBM 也很乐意接受这一方案,因为几美元对整机来说微不足道。况且他们预计,整个 PC 的市场容量也就是两万多台。

1981 年 8 月 12 日,IBM 推出了世界上第一台个人计算机——IBM 5150,如附图 A-35 所示,这台计算机重达 11.34kg,当时标价 1565 美元,相当于今天的 5000 美元。采用了 Intel 16 位的处理器 8088,主频 4.77MHz,内存 16KB。

这是世界上首次明确了 PC 的开放式业界标准,它允许任何人及厂商进入 PC 市场,这对于整个 PC 未来的发展具有极其重要的意义。

超出 IBM 预计的是，在 IBM PC 研制成功的第二年即 1982 年，就销售了二十多万台。也正是因为搭上了 IBM 这艘巨轮，微软才迅速成长为全球的巨无霸。

今天回过头来看 IBM 的成功，最根本的原因在于其开放的策略。

20 世纪 80 年代初期，市场上存在大量不同标准的个人计算机，比较著名的如 Apple Ⅱ，还有很多今天人们不太熟悉的型号，如 TRS-80、日本的 PC-9801 等。在行业格局看似已经被初步划定的情况下，IBM PC 后来居上，完全归功于其开放的策略。

附图 A-35　IBM PC-5150

当时，各家厂商的硬件标准各不相同，采用的微处理器也各不相同，各自研发自己的硬件电路、操作系统，各种应用软件互不兼容性。比如办公软件，在一个品牌的计算机上可以使用，在另外一个品牌上就无法使用，甚至同一个厂家不同型号的计算机也不兼容。

但是 IBM 却在 IBM PC 5150 上采用通用标准件，并拿出了一套令所有厂商都始料未及的解决方案——开放除 BIOS 以外的全部技术资料，让不同厂商之间的标准硬件可以相互调换，推动了整个行业向标准化方向发展。

这就有点儿类似于今天的开源思想。开放源代码把自己的技术全部公开，看似会制造一个又一个竞争对手，但是，通过开源，大大推动了整个行业的普及和发展。你的份额也许小了，但是整个行业蛋糕却大了很多，反而会让企业获得更大的收益。

最典型的例子就是 3D 打印机技术。3D 打印机的普及完全归功于开源技术。在 3D 打印技术开源之前，技术只掌握在少数几个企业手里，3D 打印机无异于阳春白雪，应用也就非常有限。3D 打印技术开源以后，很多个人爱好者都可以自己 DIY 各种各样的 3D 打印机，使得 3D 打印机变得触手可及，从而推动了 3D 打印机的应用，一下子催熟了整个市场，而受益最大的还是 3D 打印企业。

如果说 MITS 的 Altair 8800 点燃了微型计算机的星星之火，苹果拉开了 PC 时代的序幕，而 IBM 的加入，真正燃起了 PC 时代的燎原之火，也为互联网时代的到来打下了物质基础。

A. 4　互联网时代

20 世纪 50 年代，世界进入冷战时期。当时的苏联和美国是世界上的两个超级大国，他们之间军备竞赛日益激烈。

1957 年 10 月 4 日，苏联成功发射了世界上第一颗人造地球卫星。这令美国颇为震惊，一向自视甚高的美国人无法接受对手突然取得的伟大成就。更令他们尴尬的是，美国庞大的情报系统居然对此毫不知情。于是，在苏联成功发射卫星 5 天后，艾森豪威尔召开记者招待会，表达了对美国国家安全和科技水平的严重不安。

A.4.1 互联网的先驱——"阿帕网"

在苏联发射第一颗人造地球卫星后的两个月后,艾森豪威尔向国会提出了建立国防高级研究计划署,简称"阿帕",办公地点在五角大楼。新生的"阿帕"立即获得 520 万的筹备金和两亿美元的项目预算。这是当年中国国家外汇储备的三倍。

1962 年 10 月 14 日,美国侦察机发现苏联正在古巴建筑 6 个中程导弹基地,可以击中西半球的大多数城市,从而构成了"对所有美洲国家和平与安全的明显威胁"。

古巴导弹危机加剧了人们对军方网络的担忧。美国军方提交给当时的总统肯尼迪一份建议书,其中提出:中央控制式网络系统存在先天不足,苏联导弹只要摧毁该网络的中心,就可以令整个网络瘫痪。从这个意义上说,军队通信联络的网络化程度越高,受破坏的可能性就越大。肯尼迪随即命令规划署着手对军方的网络结构进行改进以消除隐患。这就是阿帕网的构想的由来。

1965 年,33 岁的罗伯特·泰勒(如附图 A-36 所示)被任命为阿帕信息技术处理办公室的第三任主任。上任之初,罗伯特决定实施"阿帕网"计划,他有几乎花不完的经费,他还需要一群杰出的人才。第一个要请的就是当时年仅 29 岁的林肯实验室高级研究员拉里·罗伯茨(如附图 A-37 所示)。

附图 A-36　互联网创始人之一罗伯特·泰勒

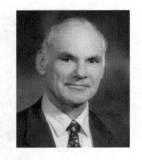

附图 A-37　互联网之父——拉里·罗伯茨

但拉里却对到五角大楼上班完全不感兴趣。他沉醉于自己的研究。泰勒并不死心,他向规划署署长求助,"你不是掌握着林肯实验室的经费吗?难道你没有办法让拉里为我们工作?"此举迅速奏效:1966 年 12 月,拉里来到规划署报道。

罗伯茨果然不负众望,阿帕网的架构迅速趋于成熟。1968 年 6 月,罗伯茨向规划署提交了报告《资源共享的计算机网络》,提出首先在美国西海岸选择 4 个结点进行实验。这 4 个结点分别是加州大学洛杉矶分校、斯坦福研究院、加州大学圣巴巴拉分校和犹他大学,参加联网实验的主机则包括 Sigma-7、IBM360、PDP-10 和 XDS-940 等当时的主流机型。

怎样才能把不同型号的计算机连在一起呢?林肯实验室克拉克提出方案,不需要将所有计算机都接入网络,只需在所有提供资源的大型主机与网络之间安装一台中介计算机,计算机系统间的不兼容问题就可迎刃而解。中介计算机的任务有两个:接收远程网络传来的信息并转换为本地主机使用的格式;负责线路调度工作。

　　如何传输数据？保罗·巴兰从大脑神经网组织的工作模式中得到灵感，提出了分布式网络的概念。这种布局结构没有中心，参与联网的主机既提供资源，又承担通信调度任务。这就像人脑细胞那样，所有神经元都有用武之地却没有任何一个是大脑"中心"。

　　巴兰设想将信息切分为标有传输起始和终止位置的标准化单元。每个单元都自动选择最快传输路径，任何单元的传输受阻都不影响其他单元的传输。对于受阻单元，只需系统重新发送一次即可。所有单元到达目的地后，就会被重新编排成原来的形状。巴兰坚信，数据连通一定比电路连通更有效也更安全，而这有助于美国军方网络在遭遇核打击时实现自存活。

　　罗伯特·卡恩和温顿·瑟夫提出了网络传输中的 TCP/IP 协议。克兰·罗克提出了分组交换理论。

　　经过一年多的努力，1969 年 10 月 29 日晚上 10 点半，克兰·罗克和助手在加州大学洛杉矶分校的实验室，另外一端，斯坦福研究所研究员比尔·杜瓦在五百多千米之外等待着他们。在今天看来这是人类历史上又一伟大时刻。但在当时，处在历史关头的他们只是想传输 5 个字母"LOG IN"。克兰·罗克输入了第一个字符"L"，然后电话里问比尔"有了吗？"比尔回答说："有了"；克兰·罗克输入了第二个字符"O"，比尔说"有了"；克兰·罗克又输入了第三个字符"G"又问比尔："有了吗？"这时，系统崩溃了。世界上第一次互联网通信实验，只传送了两个字母，但是，这却是互联网时代的开端。如附图 A-38 所示为阿帕网开发小组。

附图 A-38　阿帕网开发小组

A.4.2　从"阿帕网"到互联网

　　1970 年，阿帕网扩展到 15 个结点，然后以每二十天一个结点的速度增长。1973 年，阿帕网跨越大西洋利用卫星技术，与英国挪威实现连接。

　　20 世纪 80 年代，阿帕网的资金来源变成了美国国家科学基金会。依照美国法律，所有政府出资项目，都要体现纳税人的权利，都必须由纳税人分享。1983 年，阿帕网上与国防和军事无关的部分对外开放。担心军事安全问题的军方，建立了自己的网络，从阿帕网分离出来，原来意义上的阿帕网寿终正寝，阿帕网也改名为互联网。

　　然而这一阶段的互联网，并不属于普通人，仍然蜷缩在专业圈子，普通公众遥不可及。

当时，没有网页，看不到图像，更看不到视频，甚至连超文本链接也没有，连接到 Internet 需要经过一系列复杂的操作，只有专业人士，通过复杂的代码程序，才能访问特定的主机，获取特定的信息。还记得 DOS 吗？那个字符界面的操作系统，要记很多命令。当时的互联网比 DOS 操作还要复杂得多。

一个人物的出现，将互联网的高山变成了坦途。这个人就是蒂姆·伯纳斯·李（如附图 A-39 所示）。巧合的是，这一年蒂姆·伯纳斯·李也是 29 岁，和拉里登上互联网历史舞台的年龄相同。

附图 A-39　互联网之父——蒂姆·伯纳斯·李

1989 年，在著名的欧洲原子核研究会（CERN）工作的蒂姆·伯纳斯·李向 CERN 递交了一份立项建议书，建议采用超文本技术（Hypertext）把 CERN 内部的各个实验室连接起来，在系统建成后，将可能扩展到全世界。

1989 年仲夏，蒂姆成功开发出世界上第一个 Web 服务器和第一个 Web 客户机。虽然这个 Web 服务器简陋得只是允许用户进入主机以查询每个研究人员的电话号码，但它实实在在是一个所见即所得的超文本浏览器。1989 年 12 月，蒂姆为他的发明正式定名为 World Wide Web，中文翻译为万维网。1991 年 5 月，WWW 在 Internet 上首次露面，立即引起轰动，获得了极大的成功并被广泛推广应用。

以前人类已经创造的存在于不同的计算机之间的文本、图像、声音、视频等，很难被访问到。而有了蒂姆创造了超文本传输协议和超文本标记语言，这些数据可以很容易地通过超文本链接来访问。

"万维网的出现，以一种前所未有的形式，极大地推广了互联网的应用。让互联网的使用得到普及，"英国互联网之父彼得·克斯汀说："这种普及非常非常重要。"

更值得说明的是，在万维网大功告成的时候，伯纳斯·李放弃了专利申请，将自己的创造无偿地奉献给了全人类。如果他申请专利，无疑将成为世界上最富有的人。

有人评价伯纳斯·李和比尔·盖茨的不同，说比尔·盖茨不放弃任何一个商机，形容他像一只青蛙，瞪着双眼，紧盯着浮在水面上的所有昆虫，看准时机，迅速下手。

《时代》周刊将伯纳斯·李评为世纪最杰出的 100 位科学家之一。2017 年，蒂姆·伯纳斯·李获得被称为计算机界诺贝尔奖的"图灵奖"。

目光转到中国，1987 年 9 月 20 日 20 点 55 分，按照 TCP/IP，一封用英德两种文字书写，意为"跨越长城，走上世界"的电子邮件，从中国到达德国。这是中国互联网应用的开端。

1994 年 4 月 20 日，中国实现与互联网的全功能连接，成为进入国际互联网的第 77 个国家。

A.4.3 图形浏览器

历史有时会惊人的相似,但这种相似背后又有其不变的客观规律。从技术的角度而言,人类总是希望自己用最"懒惰"的方式,获得最大的控制权。这似乎是永恒不变的真理。

就计算机领域而言,为了拓展人类的能力,人们发明了计算机。但计算机是复杂的电路,为了方便操作,人们发明的操作系统,让人类离冷冰冰的机器远了一步,离自己的"懒惰"更近了一步。但字符界面的操作系统还是很麻烦,人们又发明了图形界面的操作系统,人们可以简单地单击鼠标,就能进行各种操作。互联网的发展,也遵循这个规律。

伯纳斯·李的发明,扫除了普通人访问互联网的绊脚石,让网页的设计和网站的访问更加简单。由此催生了各种各样的使用更加方便的浏览器,使得普通人不需要专门的知识,通过浏览器就可以轻松地访问各种网站。

1995年8月9日,硅谷一家创始资金只有400万美元的小公司——网景在华尔街上市,这家公司的唯一产品就是浏览器。24岁的创始人马克·安德森(如附图A-40所示),在睡梦中便完成了从普通人到亿万富翁的转变。当天,见证过人类百年发展历程的《华尔街日报》评论道,通用动力公司花了三四十年,才使市值达到27亿美元,而网景只用了一分钟。

附图 A-40　马克·安德森

安德森出生于爱荷华州锡达福尔斯市,1993年毕业于伊利诺伊大学,毕业后在加州企业集成技术公司工作。安德森随后遇见了吉姆·克拉克,他是刚离开硅谷制图(Silicon Graphics)的创始人。克拉克相信浏览器有巨大的商业机会,并建议成立一家互联网软件公司。很快,他们在加州圣克拉拉县山景城开始了创业,安德森担任联合创始人和技术副总裁。公司名称为网景通信,它的旗舰产品是导航者(Netscape Navigator),如附图 A-41所示。

导航者的创新在于,它是一款图形界面的浏览器,可以方便地用鼠标操作,而在这之前的浏览器是字符界面的浏览器。这有点儿像 Windows 和 DOS 的区别。

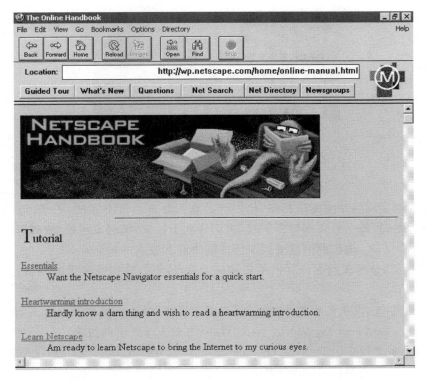

附图 A-41　网景公司浏览器导航者

正如它的名字那样,导航者让冲浪者能够在信息的汪洋大海中,迅速、方便地找到自己所需要的内容,不需要专业知识,不需要学习时间。

这些创新让导航者推出的短短 4 个月之内,就有 600 万台连接互联网的计算机安装试用装,市场份额从 0 暴增到 75%。而在这之前,人类历史上没有任何一个商品有如此快的增长。

网景一夜崛起的神话,让互联网技术第一次向世界展示了它汇聚财富的惊人速度和巨大规模。吸引着无数的创业者和风险投资,奋不顾身地投入其中,一个千帆竞渡,万马奔腾的新时代拉开了序幕。

A.4.4　搜索引擎

浏览器的发明,使得人们访问互联网的门槛降低到零,各种各样的网站也像雨后春笋一样,以爆发式的速度成长起来,每天都有成千上万的网站诞生。互联网上的信息呈现了爆发式的增长。这个增长太快了,以至于产生了一个新的难题:那就是面对这样一个信息的汪洋大海,人们很难快速、准确地找到自己想要的信息。这时,斯坦福大学的杨致远也遇到了同样的问题。

1994 年 4 月,杨致远和大卫·费罗(如附图 A-42 所示)正在撰写毕业论文。为了寻找资料,他们整天泡在网上。在这个过程中,他们收集到很多自己感兴趣的站点并加入到书签中,以便查找。

附图 A-42　杨致远和大卫·费罗

可是随着收集到的站点越来越多，他们感到查找起来非常不方便，于是，他们把这些书签按类别进行整理，每个目录都容不下时，再细分成子目录，编制成网站，放到网络上让其他冲浪的人共享。不久，他们的网站受到了广泛的欢迎和极大的关注。

1994 年秋天，全球联网的计算机不超过一千万台，他们放在棚屋里的网站，日访问量超过了一百万。

到 1994 年冬天，两人忙得连吃饭、睡觉都成了奢侈，学业也扔在了一边。他们给这个网站起名叫 Jerrys Guide to the World Wide Web（杰瑞全球咨讯网指南）。

当时，网上多个搜索引擎，如 WebCrawler、Lycos、Worm、Infoseek 等，这些网站都靠软件自动搜索起家，虽范围广泛，但不准确。而《指南》则纯粹是手工制品，搜索准确，更加实用。实际上，到 1994 年年底，《指南》已成为搜索引擎的领导者。

杨致远和大卫·费罗一边维护日益膨胀的网络资源，一边寻找商机，每天只睡 4 个小时。杨致远回忆说："这项工作很艰苦，但充满了乐趣。我们想用网络做一切，也许什么也做不成。但我们不在乎，我们不会失去任何东西。"

为了公司的发展，他们和多家风险投资接触过，但都没有谈成。最后杨致远找到了红杉资本（Sequoia Capital）公司，它是硅谷最负盛名的风险投资公司，曾向苹果（曾引导过个人计算机革命）、Atari（视频游戏工业的领袖）、甲骨文（大型数据库供应商）、Cisco 系统（网络硬件商）等公司投资。

经过反复考虑，红杉公司打破了从不向免费模式投资的先例，用 100 万美元的资本，换取这家小公司 25％ 的股份。只有几台旧计算机的杨致远和大卫·费罗，凭借他们的智慧，获得了公司的大部分股权。这样的持股比例，意在让两位囊中羞涩、大脑活跃的年轻人继续掌握公司的决策权。

互联网在极短的时间里，教导美国社会这样的新观念：个人智慧和巨量资本有同等甚至更高的地位。接受这一观念的，不仅是美国人，在大洋彼岸的日本，有一个人也看到了雅虎的潜力，他就是软银（Softbank）的孙正义。他先后两次到美国考察雅虎公司，然后用一亿美元换取了这家一直亏损的公司 38％ 的股份。美国投资界一片哗然。

仅两个月后，孙正义的莽撞却被市场奉为跨时代的精明。1996 年 4 月 12 日，雅虎上市，孙正义仅售出 2％ 的股票，就成功套现 4 亿美元。如果他把所有的股票卖出，将获得 75 亿美元的回报。

搜索引擎的诞生，标志着互联网时代正逐步走向成熟。

A.5　后互联网时代

从 18 世纪开始,人类文明进入了快速发展时期,并以大约一个世纪为周期进行更新迭代。18 世纪中叶,第一次工业革命以蒸汽机作为动力机被广泛使用为标志,开创了以机器代替手工劳动的时代。19 世纪中期,人类进入了"电气时代",也就是第二次工业革命。20 世纪中期,以原子能、电子计算机、空间技术和生物工程的发明和应用为主要标志的第三次工业革命爆发了。

但是到了 21 世纪,新的工业革命提前到来了。2014 年,德国汉诺威工业博览会提出了第 4 次工业革命,也就是以互联网产业化、工业智能化、工业一体化为代表,以人工智能、清洁能源、无人控制技术、量子信息技术、虚拟现实以及生物技术为主的全新技术革命。毋庸置疑,这一新技术革命的基础是计算机技术。

计算机的发展,就是人类不断对速度和体积的追求。那就是,要求速度越来越快,而体积越来越小。到了 21 世纪的今天,摩尔定律已经不再适用,因为技术已经发展到了相当高的水平。

Intel 4004 集成了 2250 个晶体管,制程工艺还是 $10\mu m$ 的,时钟频率是 108kHz,每秒执行 6 万条指令(0.06MIPS)。而今天的 Intel Core i7 集成了超过 14 亿个晶体管,制程工艺是 22nm,时钟频率高达 3.2GHz,每秒执行超过 76 亿条指令(76 383MIPS)。

今天我们放在口袋里的智能手机,就可以理解为一个带有操作系统的计算机,虽然很小,但其性能已经是当年 ENIAC 的上百万倍。如果说网景公司的导航者浏览器,开启了互联网时代的大门,那么,智能手机的普及,则将人类带入移动互联网时代。

2017 年 1 月 22 日,中国互联网络信息中心(CNNIC)在京发布第 39 次《中国互联网络发展状况统计报告》。截至 2016 年 12 月,中国网民规模达 7.31 亿,相当于欧洲人口总量,互联网普及率达到 53.2%。中国互联网行业整体向规范化、价值化发展,同时,移动互联网推动消费模式共享化、设备智能化和场景多元化。

A.5.1　大数据时代

移动互联网时代的一个最典型的特征是人人可以感受到,那就是万物互联,时时互联。

今天,每一台计算机,不管是台式计算机还是笔记本,都会通过有线或者无线网络和互联网相连。而我们每一个人的手机,也会通过无线网络和互联网相联。不仅如此,今天还出现了物联网的概念,即"Internet of Things(IoT)"。它有两层意思:其一,物联网的核心和基础仍然是互联网,是在互联网基础上的延伸和扩展的网络;其二,其用户端延伸和扩展到了任何物品与物品之间,进行信息交换和通信,也就是物物相息。物联网通过智能感知、识别技术与普适计算等通信感知技术,广泛应用于网络的融合中。

而"万物互联,时时互联"的结果之一,就是产生了大量的数据。因此今天也是一个大数据时代。"大数据"是指这样一种现象:互联网公司在日常运营中生成、累积的用户网络行为数据。这些数据的规模是如此庞大,以至于不能用 G 或 T 来衡量。

最早提出"大数据"的是全球知名咨询公司麦肯锡,而今天越来越多的政府、企业等机构开始意识到数据正在成为组织最重要的资产，数据分析能力正在成为组织的核心竞争力。就政府的行为，这里举两个例子。

2012年3月22日，奥巴马政府宣布投资两亿美元拉动大数据相关产业发展，将"大数据战略"上升为国家意志。奥巴马政府将数据定义为"未来的新石油"，并表示一个国家拥有数据的规模、活性及解释运用的能力将成为综合国力的重要组成部分，未来，对数据的占有和控制甚至将成为陆权、海权、空权之外的另一种国家核心资产。

联合国也在2012年发布了大数据政务白皮书，指出大数据对于联合国和各国政府来说是一个历史性的机遇，人们如今可以使用极为丰富的数据资源，来对社会经济进行前所未有的实时分析，帮助政府更好地响应社会和经济运行。

而各个企业，更是积极地在大数据时代寻找新的发展机遇，我们再看一个具体的例子。

华尔街"德温特资本市场"公司首席执行官保罗·霍廷每天的工作之一，就是利用计算机程序分析全球3.4亿微博账户的留言，进而判断民众情绪，再以1～50进行打分。根据打分结果，霍廷再决定如何处理手中数以百万美元计的股票。霍廷的判断原则很简单：如果所有人似乎都高兴，那就买入；如果大家的焦虑情绪上升，那就抛售。这一招收效显著——当年第一季度，霍廷的公司获得了7%的收益率。

A.5.2 人工智能与机器学习

2016年3月15日，AlphaGo对阵世界冠军李世石，成为世界瞩目的"人机大战"1.0版，结果是谷歌围棋人工智能AlphaGo以总比分4：1战胜李世石，取得了人机围棋对决的胜利。

Go在英文有一个意思是指围棋。围棋是中国人发明的，世界上只有中、日、韩三国比较流行，也是总体实力最强的三个国家。AlphaGo（阿尔法围棋）是一款围棋人工智能程序。由谷歌（Google）旗下DeepMind公司开发。

媒体在描述DeepMind胜利的时候，将人工智能（AI）、机器学习（Machine Learning）和深度学习（Deep Learning）都用上了。这三者在AlphaGo击败李世石的过程中都起了作用，但它们说的并不是一回事。我们用一个图来描述三者之间的关系。

如附图A-43所示，人工智能是最早出现的，最广泛的概念；而机器学习的概念出现得稍晚一点儿，它是人工智能的一个子集；出现最晚，也是最里层的是深度学习，它又是机器学习的一个子集，它是今天人工智能大爆炸的核心驱动力。

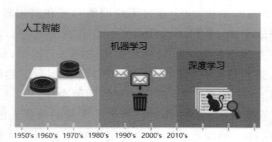

附图A-43 人工智能机器学习和深度学习之间的关系

　　早在 1956 年，几个计算机科学家就提出了"人工智能"的概念，先驱们就梦想着用当时刚刚出现的计算机来构造复杂的、拥有与人类智慧同样本质特性的机器。这就是我们现在所说的"强人工智能"（General AI）。这个无所不能的机器，它有着我们所有的感知（甚至比人更多），我们所有的理性，可以像我们一样思考。

　　当然，这样的强人工智能的机器，现在还只存在于电影和科幻小说中，原因不难理解，我们还没法实现它们，至少目前还不行。

　　我们目前能实现的，一般被称为"弱人工智能"（Narrow AI）。弱人工智能是能够与人一样，甚至比人更好地执行特定任务的技术，例如图像分类或人脸识别。

A.5.3　机器学习

　　机器学习，是计算机利用已有的数据，得出了某种模型，并利用此模型预测未来的一种方法。

　　机器学习过程是这样的：首先，需要在计算机中存储历史的数据。接着，将这些数据通过机器学习算法进行处理，这个过程叫作"训练"，处理的结果可以被我们用来对新的数据进行预测，这个结果称为"模型"。对新数据的预测过程在机器学习中叫作"预测"。"训练"与"预测"是机器学习的两个过程，"模型"则是过程的中间输出结果，"训练"产生"模型"，"模型"指导"预测"。

　　机器学习中的"训练"与"预测"过程可以对应到人类的"归纳"和"推测"过程。通过这样的对应，可以发现，机器学习的思想并不复杂，仅仅是对人类在生活中学习成长的一个模拟。由于机器学习不是基于编程形成的结果，因此它的处理过程不是因果的逻辑，而是通过归纳思想得出的相关性结论。人类思维和机器学习的对比如附图 A-44 所示。

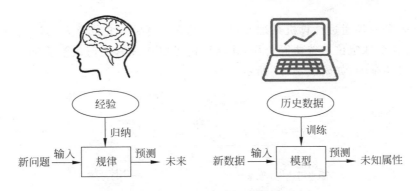

附图 A-44　人类思维和机器学习的对比

A.5.4　深度学习——机器学习领域的璀璨明星

　　深度学习的概念最早由 Hinton 等人于 2006 年提出。深度学习的概念源于人工神经网络的研究。含多隐层的多层感知器就是一种深度学习结构。深度学习通过组合低层特征形成更加抽象的高层表示属性类别或特征，以发现数据的分布式特征表示。

2012 年 6 月，《纽约时报》披露了 Google Brain 项目，吸引了公众的广泛关注。这个项目是由著名的斯坦福大学的机器学习教授吴恩达（Andrew Ng）和在大规模计算机系统方面的世界顶尖专家 Jeff Dean 共同主导，用 16 000 个 CPU Core 的并行计算平台训练一种称为"深度神经网络"（Deep Neural Networks，DNN）的机器学习模型。

项目负责人之一吴恩达称：我们没有像通常做的那样自己框定边界，而是直接把海量数据投放到算法中，让数据自己说话，系统会自动从数据中学习。

2012 年 11 月，微软在中国天津的一次活动上公开演示了一个全自动的同声传译系统，讲演者用英文演讲，后台的计算机一气呵成自动完成语音识别、英中机器翻译和中文语音合成，效果非常流畅。据报道，后面支撑的关键技术也是 DNN，或者深度学习。

从原理上讲，深度学习其实是对人类大脑的工作方式的模仿。例如，人类识别一个图像，从瞳孔摄入像素开始，接着做初步处理（大脑皮层某些细胞发现边缘和方向），然后抽象（大脑判定，眼前的物体的形状），然后进一步抽象（大脑进一步判定该物体是某人的面部图像），如附图 A-45 所示。

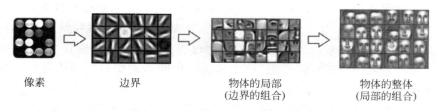

| 像素 | 边界 | 物体的局部
（边界的组合） | 物体的整体
（局部的组合） |

附图 A-45　人类识别图像的过程

A.5.5　自动驾驶

自动驾驶是一种通过计算机系统实现汽车的无人驾驶。它依靠人工智能、视觉计算、雷达、监控装置和全球定位系统协同合作，让计算机可以在没有任何人类主动的操作下，自动安全地操作机动车辆，如附图 A-46 所示。

附图 A-46　自动驾驶汽车的感知控制系统

自动驾驶汽车技术的研发，在 20 世纪也已经有数十年的历史，于 21 世纪初呈现出接近实用化的趋势，比如，谷歌自动驾驶汽车于 2012 年 5 月获得了美国首个自动驾驶车辆许可证。

2014 年 12 月中下旬，谷歌首次展示自动驾驶原型车成品，该车可全功能运行。2015 年夏天在加利福尼亚州山景城的公路上测试了自动驾驶汽车。

参 考 文 献

[1]　上海市教育委员会.计算机应用基础教程(2011 版).上海：华东师范大学出版社,2014.
[2]　张超等.计算机导论.北京：清华大学出版社,2015.
[3]　沃尔特·艾萨克森.史蒂夫乔布斯传.北京：中信出版社,2011.
[4]　史蒂夫·沃兹尼亚克,杰娜·史密斯.沃兹传.北京：中信出版社,2013.
[5]　杰弗里·扬,等.活着就为改变世界.蒋永军,译.北京：中信出版社,2010.
[6]　小托马斯·沃森,等.父与子——IBM 发家史.北京：新华出版社,1993.
[7]　周志华.机器学习.北京：清华大学出版社,2016.
[8]　维基百科：https://www.wikipedia.org/
[9]　百度百科：https://baike.baidu.com/

图 书 资 源 支 持

感谢您一直以来对清华版图书的支持和爱护。为了配合本书的使用,本书提供配套的资源,有需求的读者请扫描下方的"书圈"微信公众号二维码,在图书专区下载,也可以拨打电话或发送电子邮件咨询。

如果您在使用本书的过程中遇到了什么问题,或者有相关图书出版计划,也请您发邮件告诉我们,以便我们更好地为您服务。

我们的联系方式:

地　　址:北京海淀区双清路学研大厦 A 座 707

邮　　编:100084

电　　话:010－62770175－4604

资源下载:http://www.tup.com.cn

电子邮件:weijj@tup.tsinghua.edu.cn

QQ:883604(请写明您的单位和姓名)

用微信扫一扫右边的二维码,即可关注清华大学出版社公众号"书圈"。

资源下载、样书申请

书圈